全国职业院校**建筑类**专业教材

QUANGUO ZHIYE YUANXIAO

JIANZHULEI ZHUANYE JIAOCAI

建筑识图与构造

谭立波◎主编

中国劳动社会保障出版社

简介

本教材为全国职业院校建筑类专业教材，共分为十章，首先介绍了建筑识图基础、形体投影图绘制的相关知识，在此基础上还介绍了建筑工程图识读与绘制、建筑构造概述、地基与基础、墙体、楼地层、楼梯和电梯、门和窗、屋顶等主要内容，每章后设置了“思考练习题”，部分章节后设置了“技能训练”。本教材配有习题册和电子课件，习题册供学生课后练习使用，帮助学生巩固所学内容，习题册参考答案和电子课件可登录技工教育网（http://jg.class.com.cn）在相应的书目下载。

本教材由谭立波任主编，赵国平任副主编，董光宇、唐丽慧参加编写。

图书在版编目（CIP）数据

建筑识图与构造 / 谭立波主编. -- 北京 : 中国劳动社会保障出版社，2024
全国职业院校建筑类专业教材
ISBN 978-7-5167-6139-7

Ⅰ. ①建…　Ⅱ. ①谭…　Ⅲ. ①建筑制图 - 识图 - 职业教育 - 教材②建筑构造 - 职业教育 - 教材　Ⅳ. ①TU2

中国国家版本馆 CIP 数据核字（2024）第 052792 号

中国劳动社会保障出版社出版发行

（北京市惠新东街 1 号　邮政编码：100029）

*

三河市华骏印务包装有限公司印刷装订　　新华书店经销

787 毫米 ×1092 毫米　16 开本　16.75 印张　373 千字

2024 年 5 月第 1 版　　2025 年 12 月第 2 次印刷

定价：42.00 元

营销中心电话：400-606-6496

出版社网址：http://www.class.com.cn

http://jg.class.com.cn

前言

PREFACE

近年来，我国建筑行业进入了新的发展阶段。基于对当前建筑行业技能型人才需求及职业院校教学实际的调研分析，我们组织开发了这套全国职业院校建筑类专业教材，分为“建筑施工”“建筑设备安装”“建筑装饰”和“工程造价”四个专业方向。教材的编审人员由教学经验丰富、实践能力强的一线骨干教师和来自企业的设计、施工人员组成。

在本次教材开发工作中，我们主要做了以下几方面工作：

第一，突出教材的实用性。在“适用、实用、够用”的原则下，根据建筑行业相关企业的工作实际和相关院校的教学需要安排教材结构和内容，设计了大量来源于生产、生活实际的案例、例题、练习题和技能训练，引导学生运用所学知识分析和解决实际问题，教材体系合理、完善，贴近岗位实际与教学实际。

第二，突出教材的先进性。根据当前建筑行业对岗位知识与技能的实际需求设计教学内容，贯彻新标准。例如，在相关教材中全面贯彻《混凝土结构施工图平面整体表示方法制图规则和构造详图（现浇混凝土框架、剪力墙、梁、板）》（22G101—1）和《建设用砂》（GB/T 14684—2022）等最新图集和国家标准，《建筑 CAD》以新版的 AutoCAD 软件作为教学软件载体等。此外，新材料、新设备、新技术、新工艺在相关教材中也得到了体现。

第三，突出教材的易用性。充分保证教材的印刷质量，全部主教材均采用双色或四色印刷，图表丰富，营造出更加直观的认知环境；设置了“想一想”和“知识拓展”等栏目，引导学生自主学习；教材配套开发了习题册参考答案和电子课件，可登录技工教育网（http://jg.class.com.cn）在相应的书目下载。

本套教材在编写过程中，得到了智能制造与智能装备类技工教育和职业培训教学指导委员会及一批职业院校的大力支持，教材的编审人员做了大量的工作，在此，我们表示诚挚的谢意！同时，恳切希望用书单位和广大读者对教材提出宝贵意见和建议。

编者

目录
CONTENTS

第一章 建筑识图基础

学习目标

掌握建筑制图相关国家标准，能正确选择绘图工具和仪器，并使用绘图工具和仪器绘制建筑工程图，能运用建筑制图的基本知识绘制建筑形体投影图。

绘制建筑工程图，首先要熟悉国家标准《房屋建筑制图统一标准》(GB/T 50001—2017)的各项规定，其次必须了解各种绘图工具和仪器的构造和性能，并掌握正确使用及维护各种绘图工具和仪器的方法，最后应掌握正确绘制建筑工程图的方法和步骤，目的是保证绘图质量，提高绘图速度。本章主要讲述《房屋建筑制图统一标准》(GB/T 50001—2017)、绘图工具和仪器的使用方法、绘制建筑工程图的一般方法和步骤等绘图基本知识。

第一节 制图标准与制图工具简介

建筑工程图是按照国家工程建设标准的有关规定绘制的图样，它用投影的方法表达工程物体的形状和大小，能准确地表达出建筑物的建筑、结构和设备等设计的内容与技术要求。建筑工程图是审批建筑工程项目的依据，是生产施工中备料和施工的依据，还是编制概算、预算和决算及审核工程造价的依据。工程竣工时，要按照建筑工程图的设计要求进行质量检查和验收，并以此评价工程质量的优劣。总之，建筑工程图是具有法律效力的技术文件。

一、制图标准

为了使工程图规格基本统一，图面清晰简明，便于交流技术思想，满足设计、施工、存档的要求，国家发布了一系列相关标准，包括《房屋建筑制图统一标准》(GB/T 50001—2017)、《总图制图标准》(GB/T 50103—2010)、《建筑制图标准》(GB/T 50104—2010)、《建筑结构制图标准》(GB/T 50105—2010)、《建筑给水排水制图标准》(GB/T 50106—2010)、《暖通空调制图标准》(GB/T 50114—2010)，工程人员在工作中必须遵守上述标准。

《房屋建筑制图统一标准》(GB/T 50001—2017)是房屋建筑制图的基本规定，适用于总图、建筑、结构、给水排水、暖通空调、电气等各专业制图，适用于手工制图、计算机制图，适用于新建、改建、扩建工程的各阶段设计图、竣工图，适用于原有建筑物、构筑物和总平面的实测图，适用于通用设计图、标准设计图。房屋建筑制图除应符合本标准的规定外，还应符合国家现行有关标准的规定。

二、制图工具

目前，建筑工程设计的施工图都是使用绘图软件绘制的，但在学习制图时仍要了解绘图工具和仪器的性能、特点，熟悉绘图工具的正确使用方法。

1. 图板

图板的作用是放置和固定图纸，有三种规格，即 0 号（900 mm × 1 200 mm）、1 号（600 mm × 900 mm）和 2 号（445 mm × 600 mm）。图板的表面应光洁、平整，工作边必须平直，如图 1–1 所示。制图作业通常选用 1 号图板或 2 号图板。

2. 丁字尺

丁字尺主要用于画水平线，由相互垂直的尺头和尺身组成，尺身带有刻度，如图 1–1 所示。绘图时，尺头内侧必须靠紧图板的左侧工作边，用左手稳住尺身，用右手沿尺身上边缘从左至右画出一系列的水平线，画水平线的顺序是从上至下。画同一张图纸要求用同一把丁字尺。丁字尺用完后应倒挂起来，防止尺身变形。

3. 三角板、圆规、分规和铅笔

（1）三角板

三角板有 30°、60°、90° 和 45°、45°、90° 两种。作图时用三角板和丁字尺配合画铅垂线，画铅垂线的顺序是从左至右，画线时移动三角板使其一直角边贴紧丁字尺的工作边，用左手按住三角板和丁字尺，右手握笔由下而上画出一系列的铅垂线，如图 1–2 所示。丁字尺与三角板配合使用，也可以画出 15°、30°、45°、60°、75° 的倾斜直线及它们的平行线，如图 1–3 所示。

（2）圆规、分规

圆规的作用是画圆或圆弧。圆规换上针尖插脚可作分规用，分规可等分直线和圆弧，还可确定一系列定长，如图 1–4 所示。

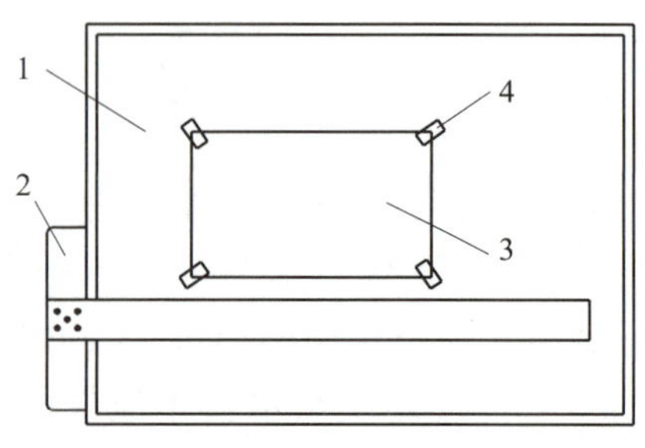

图 1–1　图板及丁字尺

1—图板　2—丁字尺　3—图纸　4—胶带纸

图 1–2　丁字尺与三角板配合画铅垂线

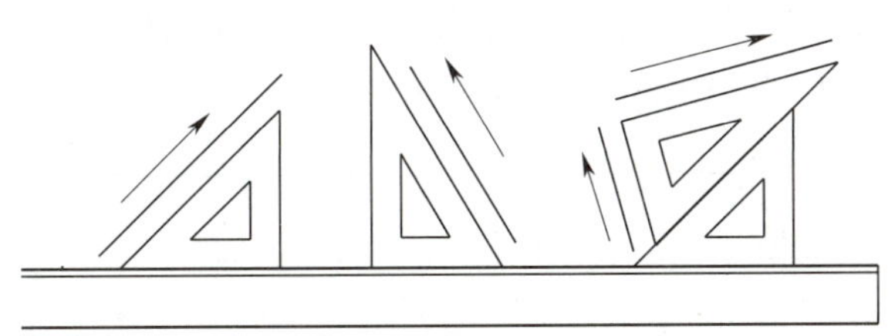

图 1–3　丁字尺与三角板配合画倾斜直线

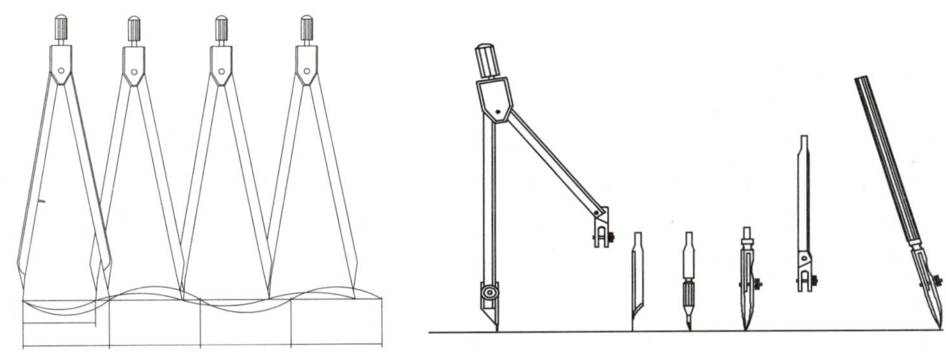

图 1–4　圆规和分规的使用

（3）铅笔

铅笔有木质铅笔和活芯铅笔两种。铅笔铅芯的硬度以标号来区别。B、2B 等表示软铅芯，画出的线条又黑又浓，适合绘制粗实线；H、2H 等表示硬铅芯，画出的线条比较浅淡，适合画底稿；HB 表示软硬适中的铅芯，画出的线条浓淡适中，适合写字和绘制细实线。画细线或写字用的铅笔削成如图 1–5a 所示的锥形，画中粗线或粗线用的铅笔削成如图 1–5b 所示的鸭嘴形。

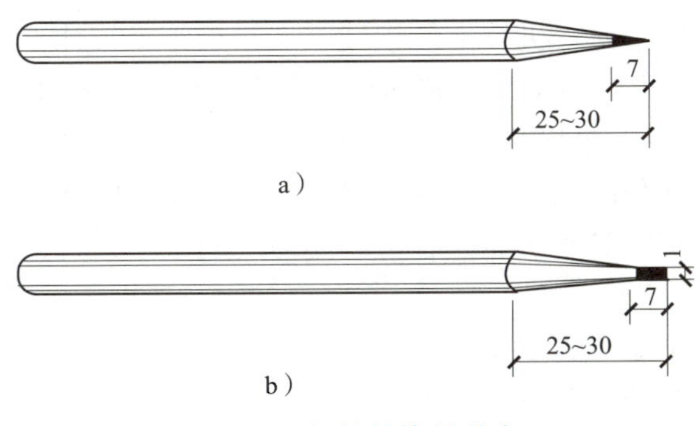

图 1–5　铅笔的修削形式

a）锥形笔尖　b）鸭嘴形笔尖

4. 比例尺

比例尺是刻有不同比例的直尺，用于放大或缩小实际尺寸，如图 1–6 所示。常用的比例尺是三棱尺，如百分比例尺（1∶100、1∶200、1∶300、1∶400、1∶500、1∶600）和千分比例尺（1∶1 000、1∶1 250、1∶1 500、1∶2 000、1∶2 500、1∶5 000）。有的比例尺做成直尺形状，称为比例直尺，它有一行刻度和三行数字，表示三种比例，即 1∶100、1∶200、1∶500。尺上刻度所注数字的单位是米。

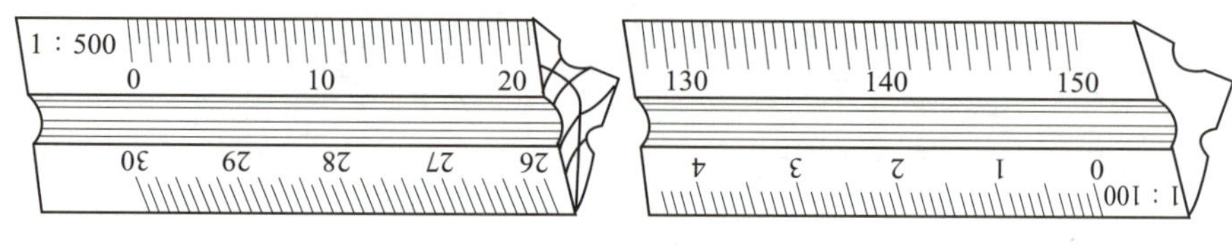

图 1–6 比例尺

三、计算机辅助设计的发展和应用

CAD（Computer Aided Design）即计算机辅助设计，是指工程师和设计师使用计算机和信息技术进行产品或工程的设计。CAD 技术起步于 20 世纪 50 年代后期。进入 20 世纪 60 年代，随着在计算机屏幕上绘图变为可能，CAD 技术开始迅速发展。人们希望借助此项技术摆脱烦琐、费时、绘制精度低的传统手工绘图。此时，CAD 技术的出发点是用传统的三视图方法表达零件，以图纸为媒介进行技术交流，这就是二维计算机绘图技术。CAD 技术以二维绘图为主要目标的算法一直持续到 20 世纪 70 年代末期，以后作为 CAD 技术的一个分支而继续发展。

AutoCAD 是美国 Autodesk 公司研发的一款应用范围非常广泛的软件，被用于建筑、机械、电子、服装设计等多个行业。根据行业应用的不同特点，国内建筑行业在 AutoCAD 技术平台的基础上自主研发了一款非常优秀的建筑设计软件——天正 CAD 建筑设计软件。目前，国内大中型企业建筑设计普遍使用的就是天正 CAD 建筑设计软件。在结构设计方面，国内建筑企业常用的是中国建筑科学研究院开发的 PKPM CAD 结构设计软件。在建筑草图设计方面，国内外设计企业目前常用的是 Sketch up 草图设计软件，设计师利用它能自如地表达自己的设计意图。

土木工程是较早应用计算机技术的领域之一，近年来，计算机技术取得了飞速的发展，已经深入土木工程的各个分支和学科。今天，计算机 CAD 技术已经逐渐步入成熟阶段，建筑师可以利用 CAD 技术设计图样，进行建筑内、外空间三维效果的预览，以及三维建筑演示动画和虚拟现实技术等更为复杂的设计服务。AutoCAD 凭借强大的辅助图形设计和三维实体造型功能，必将改变传统的绘图方式，使绘图工作变得更轻松和高效。

CAD 在工程设计中的应用主要包括以下几个方面：

1. 建筑设计，包括方案设计、三维造型、建筑渲染图设计、平面布景、建筑构造设计、小区规划、日照分析、室内装潢等。

2. 结构设计，包括有限元分析、结构平面设计、框 / 排架结构计算和分析、高层结构分析、地基及基础设计、钢结构设计与加工等。

3. 设备设计，包括水、电、暖各种设备及管道设计。

4. 城市规划、城市交通设计，如城市道路、高架、轻轨、地铁等市政工程设计。

5. 市政管线设计，如自来水和污水排放、煤气、电力、暖气、通信（包括电话、

有线电视、数据通信等）各类市政管道线路设计。

6. 交通工程设计，如公路、桥梁、铁路、航空、机场、港口、码头等。

7. 水利工程设计，如大坝、水渠、河海工程等。

8. 其他工程设计和管理，如房地产开发及物业管理、工程概算和预算、施工过程控制与管理、旅游景点设计与布置、智能大厦设计等。

第二节　图幅、图线、字体

一、图幅和标题栏

1. 图幅

图幅是指由图纸宽度与长度组成的图面，是图纸幅面的简称。它应符合表 1–1 的规定和如图 1–7 至图 1–10 所示的格式。

表 1–1　图幅及图框尺寸　mm

尺寸代号	幅面代号				
	A0	A1	A2	A3	A4
$b \times l$	841 × 1 189	594 × 841	420 × 594	297 × 420	210 × 297
c	10			5	
a	25				

注：表中 b 为幅面短边尺寸，l 为幅面长边尺寸，c 为图框线与幅面线间宽度，a 为图框线与装订边间宽度。

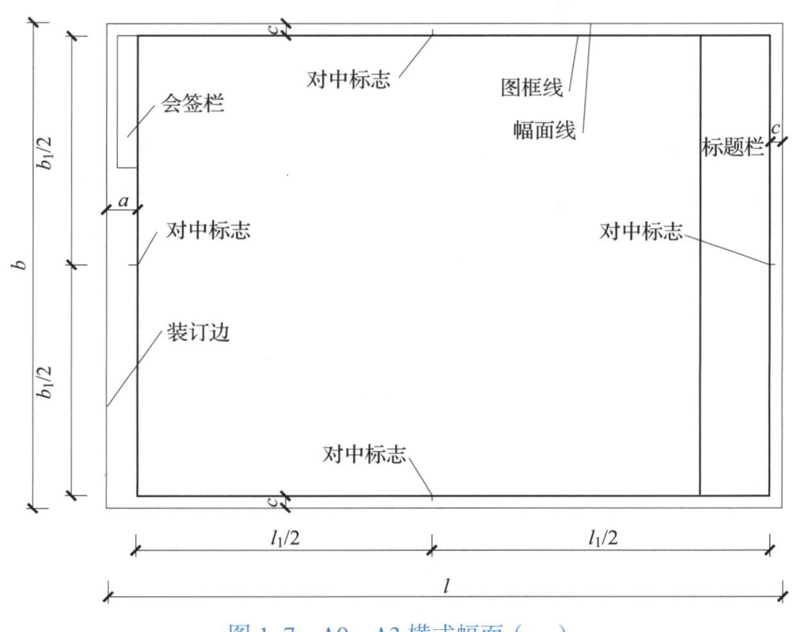

图 1–7　A0 ~ A3 横式幅面（一）

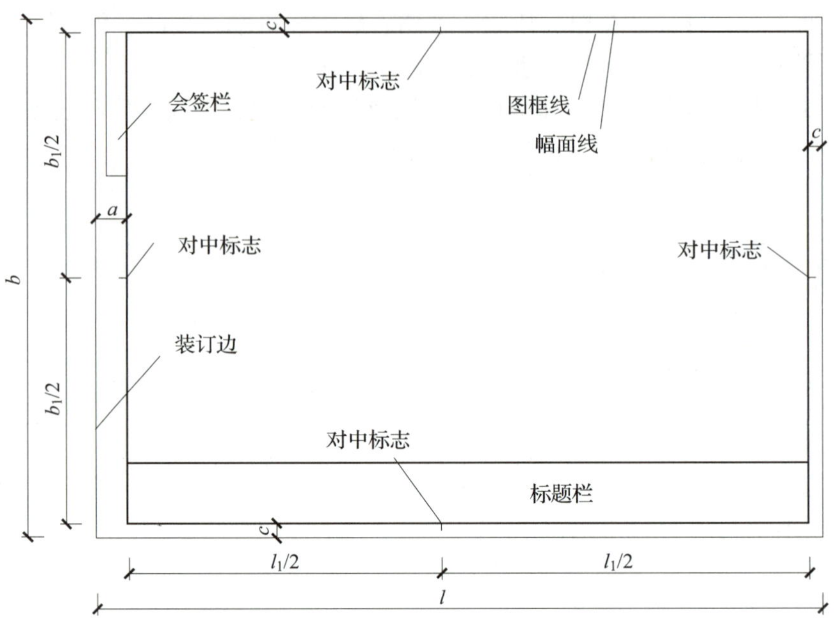

图 1–8　A0 ~ A3 横式幅面（二）

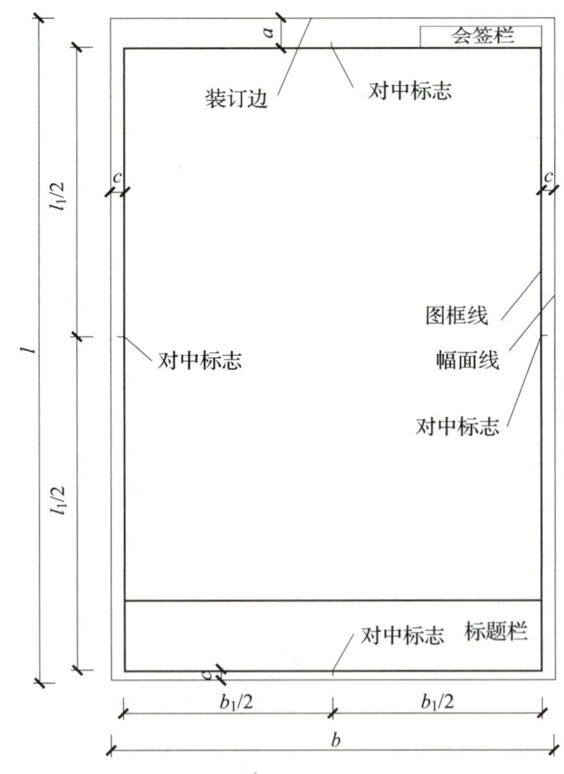

图 1–9　A0 ~ A4 立式幅面（一）

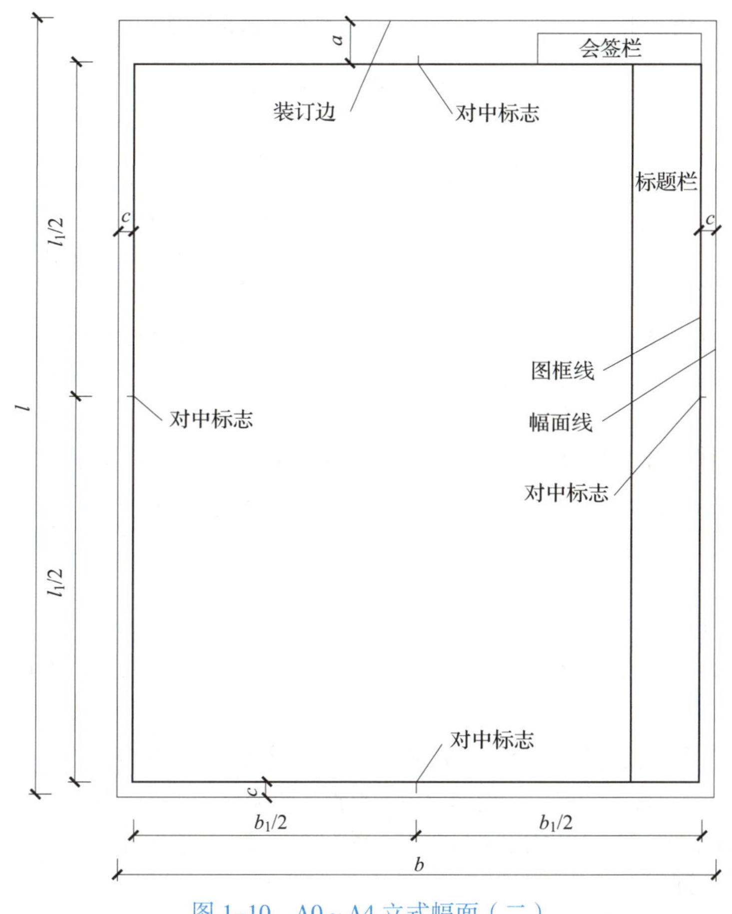

图 1-10　A0 ~ A4 立式幅面（二）

从表 1-1 可以看出，图幅边长尺寸有一定规律，即 $l=2b$。A1 幅面是 A0 的对裁，A2 幅面是 A1 的对裁，其余以此类推。图幅分为横式幅面和立式幅面两种形式。以长边为水平边的图幅称为横式幅面，以短边为水平边的图幅称为立式幅面。A0 ~ A3 图纸宜横式使用，必要时也可立式使用。图纸的短边尺寸不应加长，A0 ~ A3 幅面长边尺寸可加长，但必须遵守国家标准《房屋建筑制图统一标准》（GB/T 50001—2017）的规定，见表 1-2。有特殊需要的图纸，可采用边长尺寸为 841 mm × 891 mm 与 1 189 mm × 1 261 mm 的幅面。

表 1-2　图纸长边加长尺寸　mm

幅面尺寸	长边尺寸	长边加长后的尺寸
A0	1 189	1 486（A0+1/4l）、1 783（A0+1/2l）、2 080（A0+3/4l）、2 378（A0+l）
A1	841	1 051（A1+1/4l）、1 261（A1+1/2l）、1 471（A1+3/4l）、1 682（A1+l）、1 892（A1+5/4l）、2 102（A1+3/2l）

续表

幅面尺寸	长边尺寸	长边加长后的尺寸
A2	594	743（A2+1/4l）、891（A2+1/2l）、1 041（A2+3/4l）、1 189（A2+l）、1 338（A2+5/4l）、1 486（A2+3/2l）、1 635（A2+7/4l）、1 783（A2+2l）、1 932（A2+9/4l）、2 080（A2+5/2l）
A3	420	630（A3+1/2l）、841（A3+l）、1 051（A3+3/2l）、1 261（A3+2l）、1 471（A3+5/2l）、1 682（A3+3l）、1 892（A3+7/2l）

一套工程设计图中，每个专业所使用的图纸不宜多于两种幅面，不含目录及表格所采用的 A4 幅面。

2. 标题栏

标题栏一般画在图纸的右边或下边，并根据工程需要选择确定其尺寸、格式及分区，如图 1–11 和图 1–12 所示。签字区应包含实名列和签名列。涉外工程的标题栏内，各项主要内容的中文下方应附有译文，设计单位的上方或左方应加“中华人民共和国”字样。在计算机制图文件中使用电子签名与认证时，应符合《中华人民共和国电子签名法》的规定。

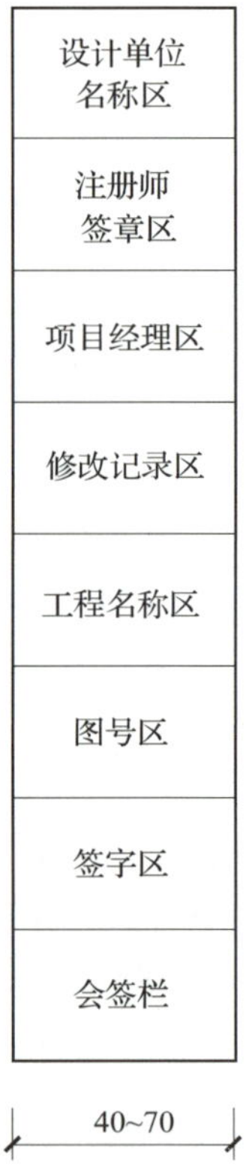

3. 图纸编排顺序

工程图纸应按图纸目录、设计说明、总图、建筑图、结构图、给水排水图、暖通空调图、电气图的顺序进行编排。

各专业的图纸应按图纸内容的主次关系、逻辑关系进行分类，做到有序排列。

二、图线

在工程制图中，图线是指起点和终点间以任何方式连接的一种几何图形，形状可以是直线或曲线、连续线或不连续线。不同的线型和不同粗细的图线表达不同的内容。图样中有多种图线，即实线、虚线、单点长画线、双点长画线、折断线、波浪线等。实线、虚线有四种不同的宽度，即粗、中粗、中、细，它们的比例为 1∶0.7∶0.5∶0.25；单点长画线、双点长画线有三种不同的宽度，即粗、中、细，它们的比例为 1∶0.5∶0.25；折断线、波浪线只有细线，它们的线宽为 0.25b。图线的种类及用途见表 1–3。

设计单位名称区
注册师签章区
项目经理区
修改记录区
工程名称区
图号区
签字区
会签栏

40~70

图 1–11　标题栏（一）

设计单位名称区	注册师签章区	项目经理区	修改记录区	工程名称区	图号区	签字区	会签栏

30~50

图 1–12　标题栏（二）

表 1-3 图线的种类及用途

名称		线型	线宽	一般用途
实线	粗		b	主要可见轮廓线
	中粗		$0.7b$	可见轮廓线、变更云线
	中		$0.5b$	可见轮廓线、尺寸线
	细		$0.25b$	图例填充线、家具线
虚线	粗		b	见各有关专业制图标准
	中粗		$0.7b$	不可见轮廓线
	中		$0.5b$	不可见轮廓线、图例线
	细		$0.25b$	图例填充线、家具线
单点长画线	粗		b	见各有关专业制图标准
	中		$0.5b$	见各有关专业制图标准
	细		$0.25b$	中心线、对称线、轴线等
双点长画线	粗		b	见各有关专业制图标准
	中		$0.5b$	见各有关专业制图标准
	细		$0.25b$	假想轮廓线、成型前原始轮廓线
折断线	细		$0.25b$	断开界线
波浪线	细		$0.25b$	断开界线

图线的基本线宽 b 宜从 1.4 mm、1.0 mm、0.7 mm、0.5 mm 线宽系列中选取。图线宽度应不小于 0.1 mm。在每幅图样中，应根据复杂程度与比例大小，先选定基本线宽 b，再选用表 1-4 中相应的线宽组。图纸的图框线和标题栏线可采用表 1-5 所列的线宽。

表 1-4 线宽组 mm

线宽比	线宽组			
b	1.4	1.0	0.7	0.5
$0.7b$	1.0	0.7	0.5	0.35
$0.5b$	0.7	0.5	0.35	0.25
$0.25b$	0.35	0.25	0.18	0.13

注：1. 需要缩微的图纸，不宜采用 0.18 mm 及更细的线宽。

2. 同一张图纸内，各不同线宽中的细线可统一采用较细的线宽组的细线。

表 1–5　图框线和标题栏线的宽度　mm

幅面代号	图框线	标题栏外框线、对中标志	标题栏分格线、幅面线
A0、A1	b	$0.5b$	$0.25b$
A2、A3、A4	b	$0.7b$	$0.35b$

画图线时要注意以下事项：

1. 在同一张图纸内，相同比例的各图样应选用相同的线宽组。

2. 相互平行的图例线，其净间隙或线中间隙不宜小于 0.2 mm。

3. 虚线、单点长画线或双点长画线的线段长度和间隔宜各自相等。

4. 当在较小图形中绘制有困难时，单点长画线或双点长画线可用实线代替。

5. 单点长画线或双点长画线的两端不应是点。点画线与点画线交接或点画线与其他图线交接时，应是线段交接。

6. 虚线与虚线交接或虚线与其他图线交接时，应是线段交接。虚线为实线的延长线时，不得与实线相接。

7. 图线不得与文字、数字或符号重叠、混淆，不可避免时，应首先保证文字的清晰。

三、字体

字体是指文字的风格式样，又称书体。图样上书写的文字、数字或符号等均应笔画清晰、字体端正、排列整齐，标点符号应清楚、正确。

1. 汉字

汉字的简化字书写应符合国家有关汉字简化方案的规定。文字的字高应从表 1–6 中选用。字高大于 10 mm 的文字宜采用 True type 字体，如需书写更大的字，其高度应按 $\sqrt{2}$ 的倍数递增。

表 1–6　文字的字高　mm

字体种类	汉字矢量字体	True type 字体及非汉字矢量字体
字高	3.5、5、7、10、14、20	3、4、6、8、10、14、20

图样及说明中的汉字宜优先采用 True type 字体中的宋体字型，采用矢量字体时应为长仿宋体字型。同一图纸字体种类不应超过两种。长仿宋体的高度与宽度的关系应符合表 1–7 的规定，黑体字的高度与宽度应相同。大标题、图册封面、地形图等的汉字也可书写成其他字体，但应易于辨认，其高宽比宜为 1。

表 1–7　长仿宋体的高度与宽度的关系　mm

字高	20	14	10	7	5	3.5
字宽	14	10	7	5	3.5	2.5

长仿宋体汉字的高度应不小于 3.5 mm，一般的文字说明采用 3.5 号字或 5 号字，各种图的标题多采用 7 号字或 10 号字。书写长仿宋体汉字的要领是横平竖直、起落分明、高宽足够、布局均匀。长仿宋体汉字的基本笔画见表 1–8。

表 1–8 长仿宋体汉字的基本笔画

名称	横	竖	撇	捺	点	挑	钩	折
笔画形状								

以下是长仿宋体字例：

一二三四五六七八九十建筑制图住宅办公楼宿舍厂房房屋旅馆

幼儿园东南西北中发白平立抛面底层顶层标准层设计说明基础

承重墙梁柱楼梯框架砖混结构门窗屋顶阳台雨篷勒脚散水明沟

2. 数字和字母

图样及说明中的数字和字母宜优先采用 True type 字体中的 Roman 字型，并符合表 1–9 的规定。

表 1–9 数字和字母书写规则

书写格式	一般字体	窄字体
大写字母高度	h	h
小写字母高度（上下均无延伸）	$\frac{7}{10}h$	$\frac{10}{14}h$
小写字母伸出的头部或尾部	$\frac{3}{10}h$	$\frac{4}{10}h$
笔画宽度	$\frac{1}{10}h$	$\frac{1}{14}h$
字母间距	$\frac{2}{10}h$	$\frac{2}{14}h$
上下行基准线最小间距	$\frac{15}{10}h$	$\frac{21}{14}h$
词间距	$\frac{6}{10}h$	$\frac{6}{14}h$

工程图样上书写的数字和字母的字高不应小于 2.5 mm。当字母单独用作代号时，不使用 I、O 及 Z 三个字母，以免同数字 1、0、2 相混淆。

数字和字母如需写成斜体字，其斜度应是从字的底线逆时针向上倾斜 75°。斜体字的高度和宽度应与相应的直体字相等，具体如图 1–13 所示。

A B C D E F G H I J K L M N

O P Q R S T U V W X Y Z

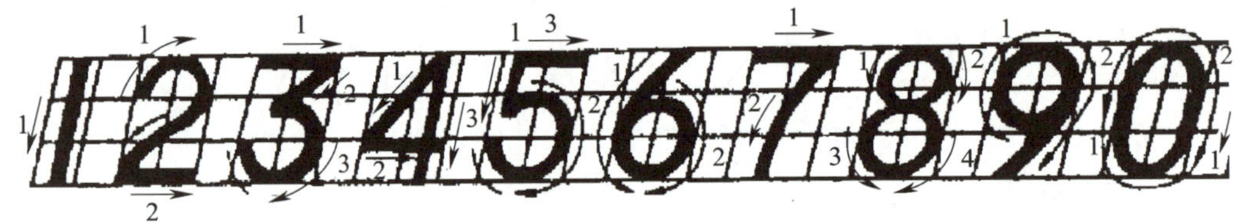

图 1–13　数字和字母斜体示例

注写数量的数值时应采用正体阿拉伯数字。各种计量单位凡前面有量值的，均应采用国家颁布的单位符号注写，单位符号应采用正体字母。分数、百分数和比例数的注写应采用阿拉伯数字和数学符号。当注写的数字小于 1 时，应写出个位的“0”，小数点应采用圆点，齐基准线书写。长仿宋汉字、数字、字母应符合国家标准《技术制图　字体》(GB/T 14691—1993) 的有关规定。

第三节　比例、尺寸标注、常用建筑材料图例

一、比例

比例是指图中图形与其实物相应要素的线性尺寸之比。比例的大小是指比值的大小，如 1 : 50 小于 1 : 20。比例的符号为“:”，比例应以阿拉伯数字表示，如 1 : 1、1 : 2、1 : 100 等。

图样中的比例宜注写在图名的右侧，字的基准线应取平；比例字号大小宜比图名的字号小一号或二号，如图 1–14 所示。

绘图所用的比例应根据图样的用途与被绘对象的复杂程度从表 1–10 中选用，并应优先采用表中的常用比例。

一般情况下，一个图样应选用一种比例。根据专业制图需要，同一图样也可选用两种比例。特殊情况下，还可自选比例，这时除应注出绘图比例外，还应在适当位置绘制出相应的比例尺。

<u>平面图</u>　1 : 100

图 1–14　比例的注写

表 1–10　　绘图所用的比例

常用比例	1∶1、1∶2、1∶5、1∶10、1∶20、1∶30、1∶50、1∶100、1∶150、1∶200、1∶500、1∶1 000、1∶2 000
可用比例	1∶3、1∶4、1∶6、1∶15、1∶25、1∶40、1∶60、1∶80、1∶250、1∶300、1∶400、1∶600、1∶5 000、1∶10 000、1∶20 000、1∶50 000、1∶100 000、1∶200 000

二、尺寸标注

图样只能表达物体的形状，它的大小和各部分的相对位置由标注的尺寸来确定。因此，正确地标注尺寸极为重要。标注尺寸时要求准确、详尽和清晰。

1. 标注尺寸的四要素

图样上的尺寸应包括尺寸线、尺寸界线、尺寸起止符号和尺寸数字，它们被称为标注尺寸的四要素，如图 1–15 所示。

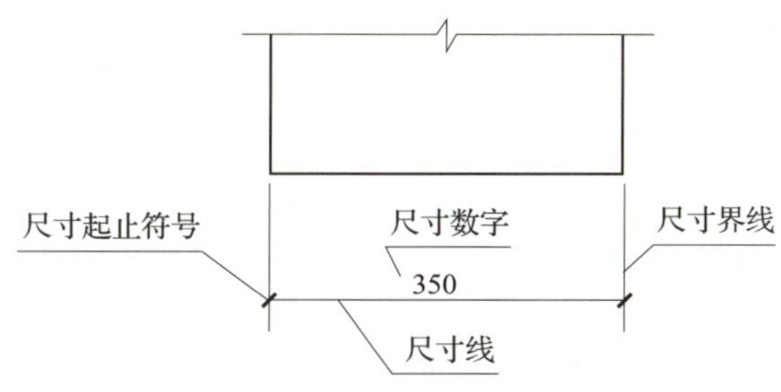

图 1–15　标注尺寸的四要素

（1）尺寸线

尺寸线应与所标注的线段相互平行，并用细实线绘制，且不能用图样本身的任何图线代替，如图 1–16a 所示。

（2）尺寸界线

如图 1–16b 所示，尺寸界线与被标注的线段应垂直，用细实线绘制。尺寸界线可用图样轮廓线代替，与被标注线段的间距应不小于 2 mm。尺寸界线宜超出尺寸线 2 ~ 3 mm。

（3）尺寸起止符号

尺寸起止符号用中粗斜短线绘制，长度宜为 2 ~ 3 mm，其倾斜方向应与尺寸界线成 45°。标注半径、直径、角度、弧长的尺寸起止符号时，宜用箭头表示，如图 1–16c 所示；当相邻尺寸界线的间隔都很小时，尺寸起止符号可用涂黑的小圆点，如图 1–16d 所示。

（4）尺寸数字

图样上的尺寸应以尺寸数字为准，不得从图上直接量取。图样上的尺寸单位，除标高及总平面图以 m 为单位外，其他必须以 mm 为单位。标注尺寸时，数字不注单位。

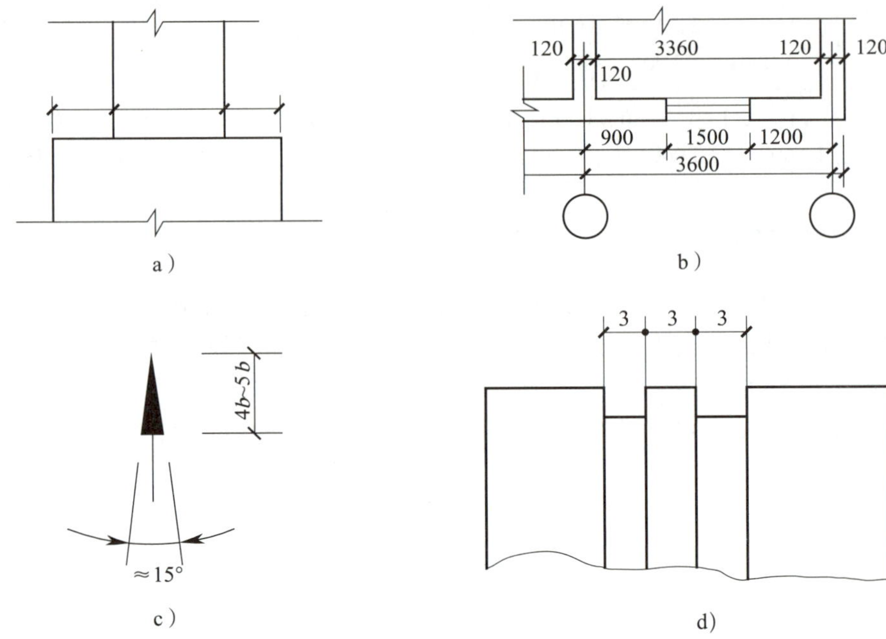

图 1–16　尺寸线、尺寸界线和尺寸起止符号

尺寸数字用阿拉伯数字注写，同一张图样上的尺寸数字大小应一致，尺寸数字一般选 3.5 号字或 5 号字。尺寸数字的注写和辨认方向为读数方向，规定为三种：水平数字的字头向上，竖直数字的字头向左，倾斜数字的字头应有向上的趋势。在图 1–17a 所示阴影区内不得标注尺寸，应按图 1–17b 所示标注。

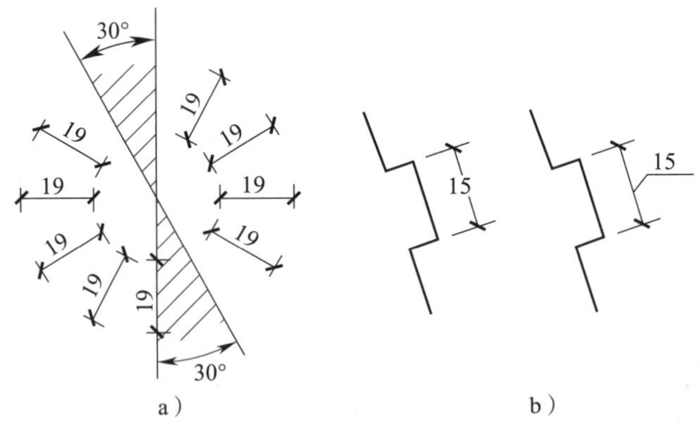

图 1–17　尺寸数字的注写方向

尺寸数字一般应依据其方向注写在靠近尺寸线的上方中部。如没有足够的注写位置，最外边的尺寸数字可注写在尺寸界线的外侧，中间相邻的尺寸数字可上下错开注写，可用引出线表示标注尺寸的位置，如图 1–18 所示。

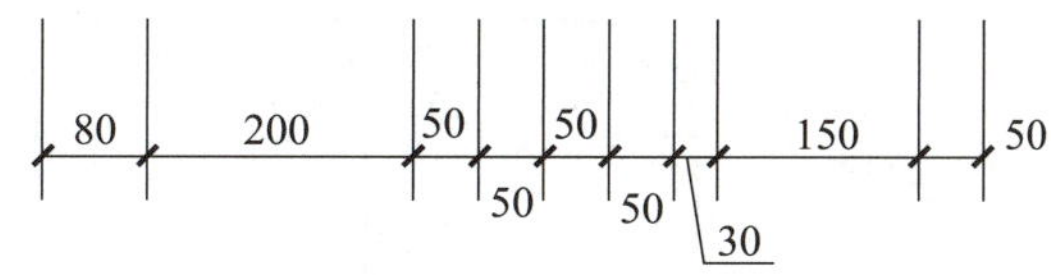

图 1–18　尺寸数字的注写位置

（5）尺寸的排列与布置

尺寸宜标注在图样轮廓以外，不宜与图线、文字及符号等相交，不可避免时，必须断开尺寸数字处的图线，如图 1–19 所示。互相平行的尺寸线应从被注写的图样轮廓线由近向远整齐排列，较小尺寸应离轮廓线较近，较大尺寸应离轮廓线较远，如图 1–20 所示。

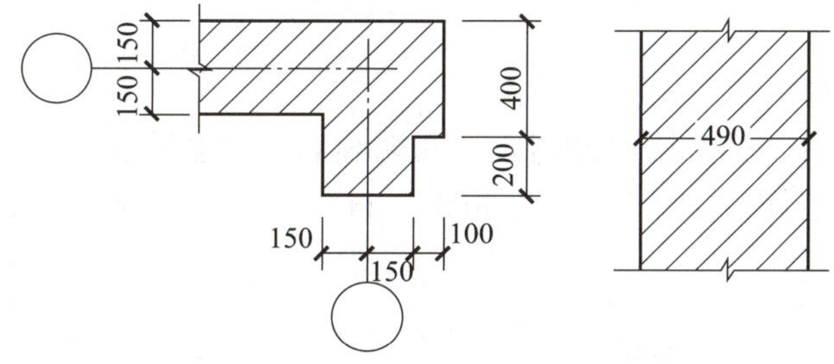

图 1–19　尺寸数字的注写

图样轮廓以外的尺寸界线与图样最外轮廓之间的距离不宜小于 10 mm。平行排列的尺寸线的间距宜为 7 ~ 10 mm，并应保持一致。总尺寸的尺寸界线应靠近所指部位，中间分尺寸的尺寸界线可稍短，但其长度应相等，如图 1–20 所示。

2. 半径、直径、球的尺寸标注

（1）半径尺寸的标注

半径尺寸线应一端从圆心开始，另一端画箭头指向圆弧，“R”表示半径，加注在半径数字前，如图 1–21 所示。

较小圆弧的半径可按图 1–22 所示的形式标注。较大圆弧的半径可按图 1–23 所示的形式标注。

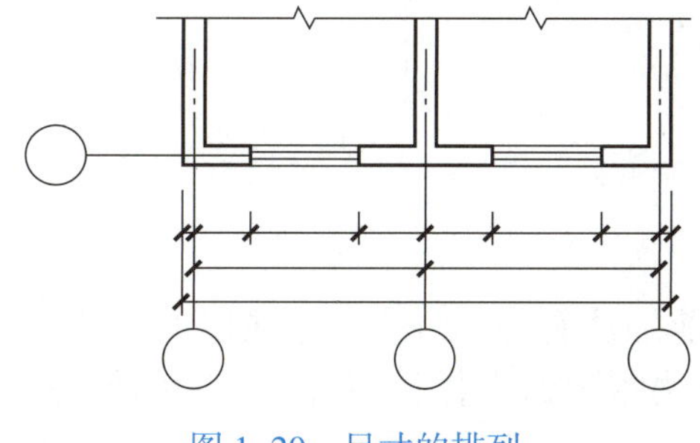
图 1–20　尺寸的排列

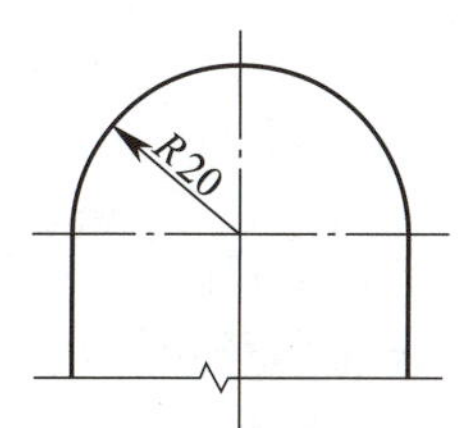

图 1–21　半径的标注方法

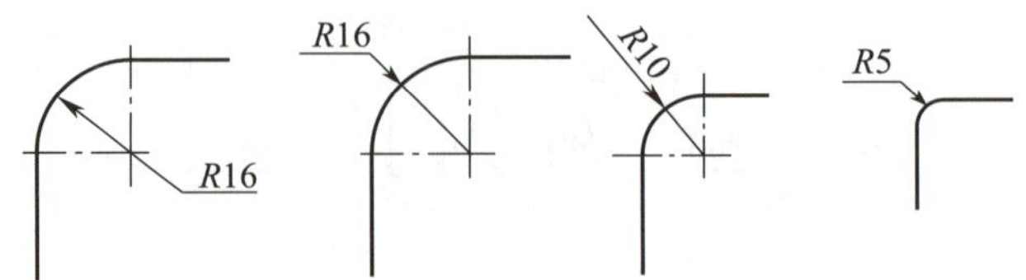

图 1–22　较小圆弧半径的标注方法

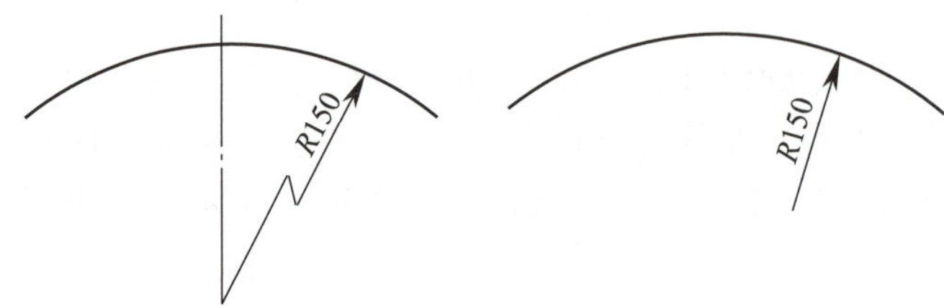

图 1–23　较大圆弧半径的标注方法

（2）直径尺寸的标注

标注直径尺寸时，尺寸线通过圆心，两端画箭头指至圆弧，或标注在圆的两条平行切线内。直径数字前应加注“*ϕ*”，如图 1–24 所示。较小圆的直径尺寸可标注在圆外，如图 1–25 所示。

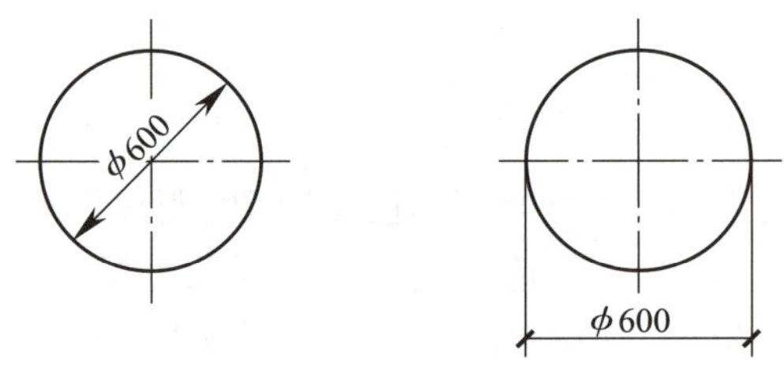

图 1–24　圆直径的标注方法

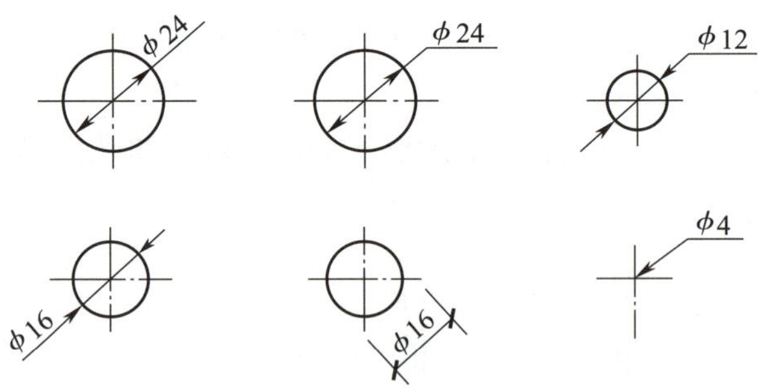

图 1–25　较小圆直径的标注方法

（3）球尺寸的标注

标注球的半径尺寸时，应在尺寸数字前加注符号“*SR*”；标注球的直径尺寸时，应在尺寸数字前加注符号“*Sϕ*”。其注写方法与圆弧半径和圆直径尺寸的标注方法相同，如图 1–26 所示。

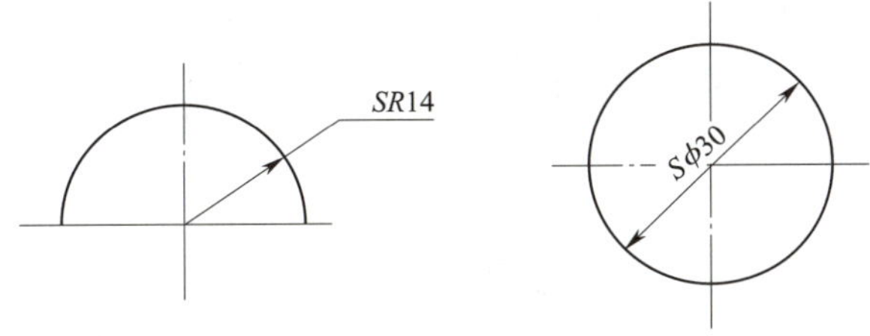

图 1–26　球尺寸的标注方法

3. 角度、弧长、弦长的标注

（1）角度的标注

角度的尺寸线应以圆弧表示。该圆弧的圆心应是该角的顶点，角的两条边为尺寸界线。起止符号应以箭头表示，如没有足够位置画箭头，可用圆点代替，角度数字应沿尺寸线方向注写，如图 1–27 所示。

（2）弧长的标注

标注圆弧的弧长时，尺寸线应以与该圆弧同心的圆弧线表示，尺寸界线应指向圆心，起止符号用箭头表示，弧长数字上方应加注圆弧符号“⌒”，如图 1–28 所示。

（3）弦长的标注

标注圆弧的弦长时，尺寸线应以平行于该弦的直线表示，尺寸界线应垂直于该弦，起止符号用中粗斜短线表示，如图 1–29 所示。

图 1–27　角度的标注方法

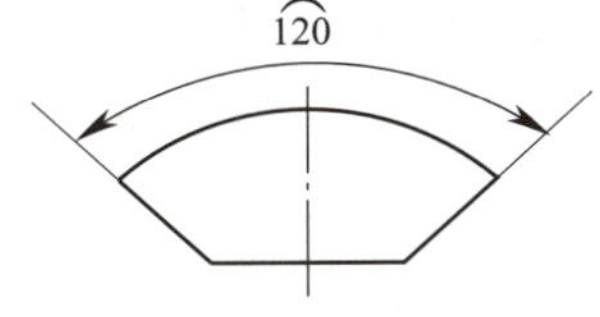

图 1–28　弧长的标注方法

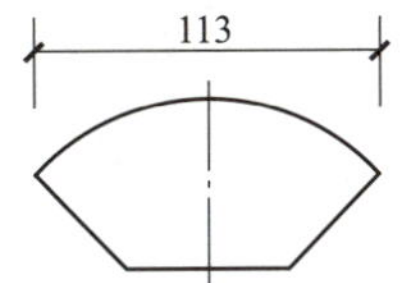

图 1–29　弦长的标注方法

4. 薄板厚度、正方形、坡度、非圆曲线的尺寸标注

（1）在薄板板面标注板厚尺寸时，应在厚度数字前加厚度符号“*t*”，如图 1–30 所示。

（2）标注正方形的尺寸时，可用“边长 × 边长”的形式，也可在边长数字前加正方形符号“□”，如图 1–31 所示。

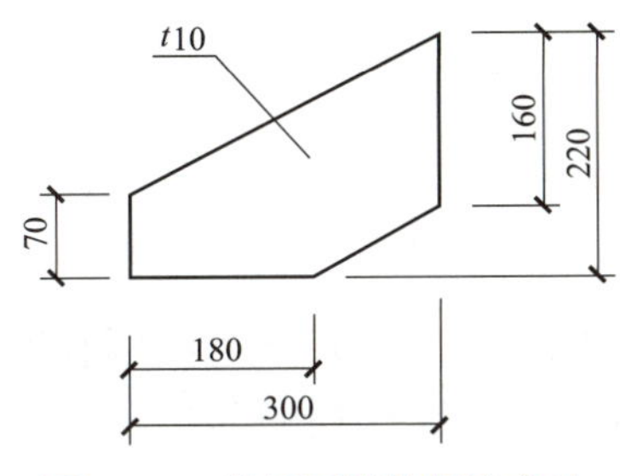

图 1–30　薄板厚度的标注方法

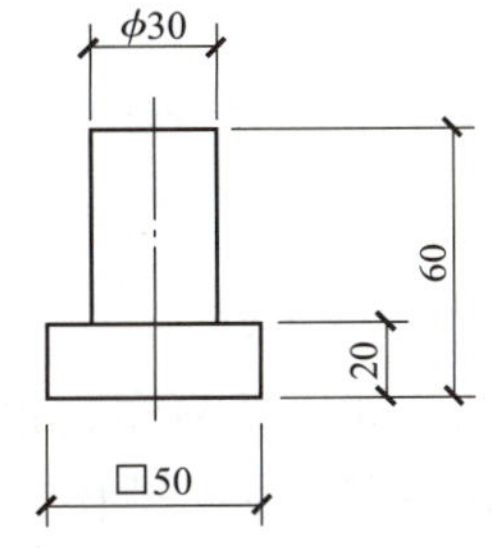

图 1–31　标注正方形尺寸

（3）标注坡度时，应加注坡度符号“←——”和坡度值，如图 1–32a 和图 1–32b 所示，该符号为单面箭头，箭头应指向下坡方向。坡度也可用直角三角形的形式标注，如图 1–32c 所示。

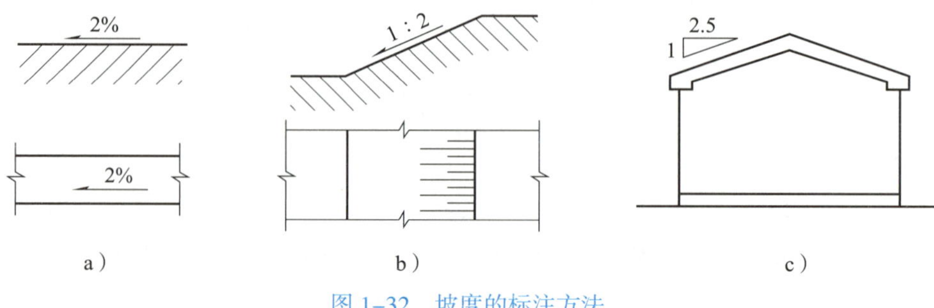

图 1–32　坡度的标注方法

（4）外形为非圆曲线的构件可用坐标形式标注尺寸，如图 1–33 所示。复杂的图形可用网格形式标注尺寸，如图 1–34 所示。

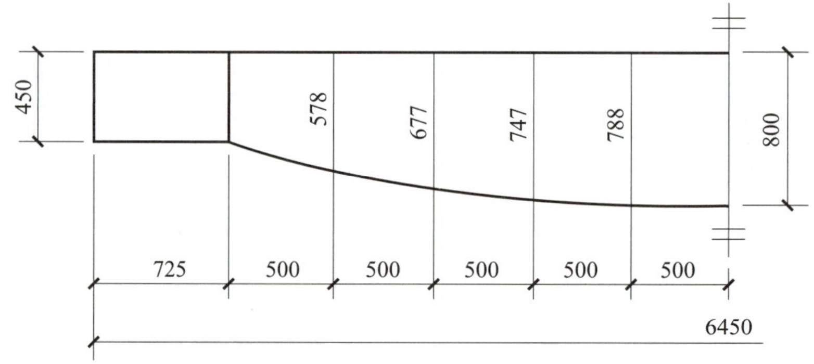

图 1–33　坐标法标注曲线尺寸

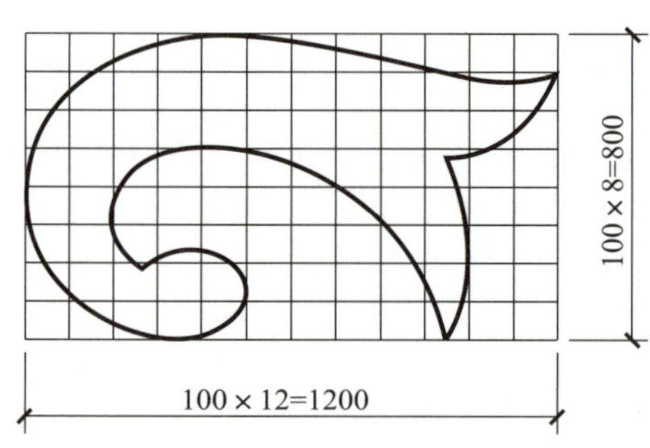

图 1–34　网格法标注曲线尺寸

5. 尺寸的简化标注

在单线图（如桁架简图、钢筋简图、管线简图）上，杆件或管线的长度尺寸数字可直接沿杆件或管线的一侧注写，如图 1–35 所示。连续排列的等长尺寸可用“等长尺寸 × 个数 = 总长”的形式标注，如图 1–36 所示。

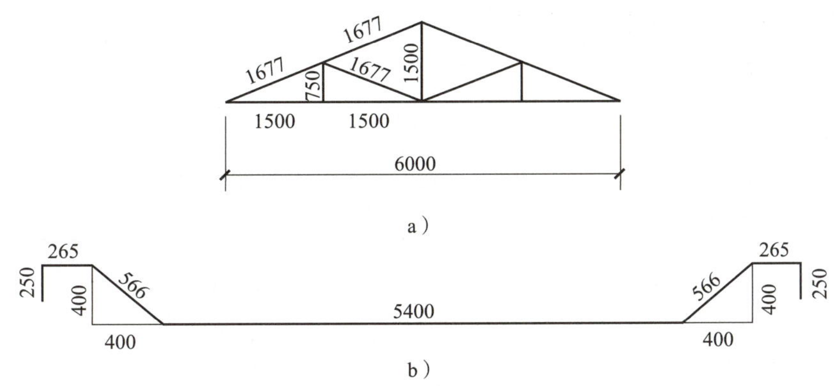

图 1-35　单线图尺寸的标注方法

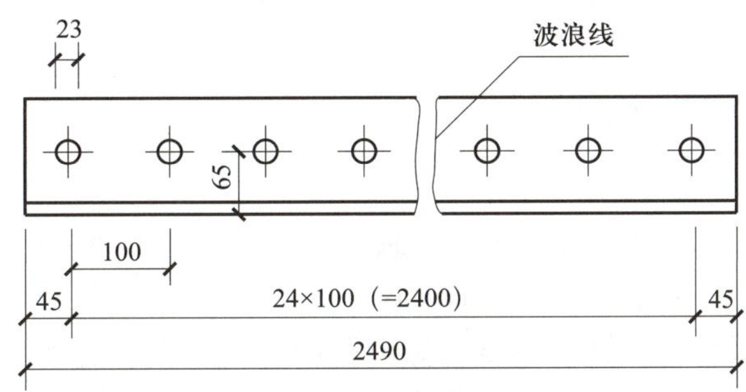

图 1-36　等长尺寸的简化标注方法

构配件内的构造因素（如孔、槽等）如相同，可仅标注其中一个要素的尺寸，如图 1-37 所示。

对称构配件采用对称省略画法时，该对称构配件的尺寸线应略超过对称符号，仅在尺寸线的一端画尺寸起止符号，尺寸数字应按整体全尺寸注写，其注写位置宜与对称符号对齐，如图 1-38 所示。如果两个构配件的个别尺寸数字不同，可在同一图样中将其中一个构配件的不同尺寸数字注写在括号内，如图 1-39 所示。

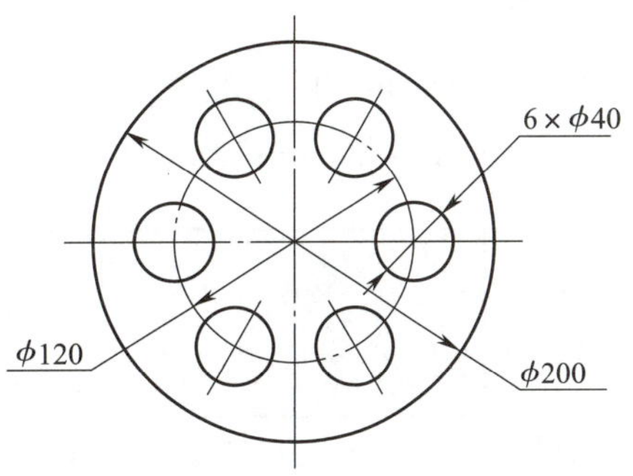

图 1-37　相同要素尺寸的标注方法

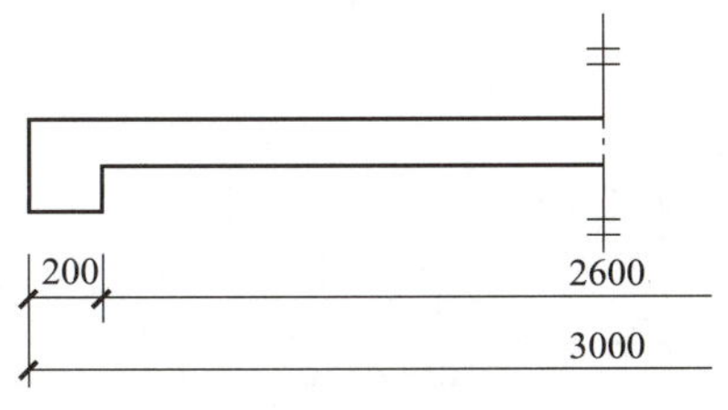

图 1-38　对称构件尺寸的标注方法

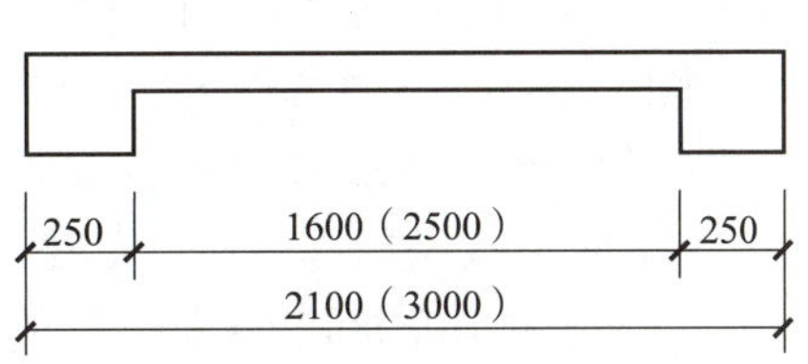

图 1-39　相似构件尺寸的标注方法

如果数个构配件仅某些尺寸不同，这些有变化的尺寸数字可用字母注写在同一图样中，另列表格写明其具体尺寸，如图 1–40 所示。

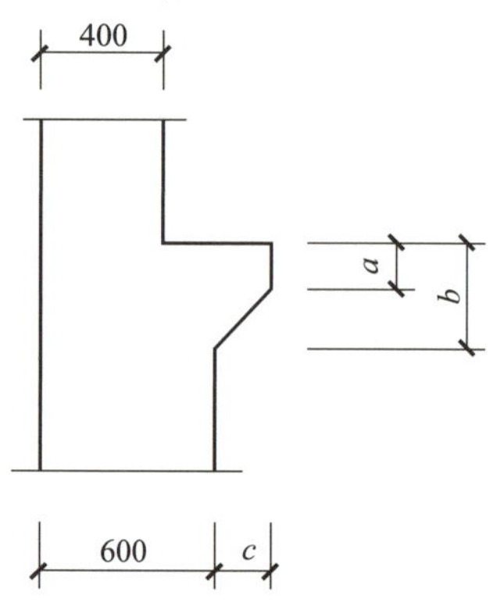

构件编号	*a*	*b*	*c*
Z—1	200	400	200
Z—2	250	450	200
Z—3	200	450	250

图 1–40　相似构配件尺寸的表格式标注方法

三、常用建筑材料图例

1. 一般规定

（1）此处仅规定常用建筑材料的图例画法，对其尺度比例不做具体规定。使用时，应根据图样大小而定，并应注意下列事项：

1）图例线应间隔均匀、疏密适度，做到图例正确、表示清楚。

2）不同品种的同类材料使用同一图例时（如某些特定部位的石膏板必须注明是防水石膏板时），应在图上附加必要的说明。

3）两个相同的图例相接时，图例线宜错开或使其倾斜方向相反，如图 1–41 所示。

4）两个相邻的涂黑图例（如混凝土构件、金属件）间应留有空隙。其宽度不得小于 0.5 mm，如图 1–42 所示。

图 1–41　相同图例相接时的画法

图 1–42　相邻涂黑图例的画法

（2）下列情况可不加图例，但应加文字说明：

1）一张图纸内的图样只用一种图例时。

2）图形较小，无法画出建筑材料图例时。

（3）需画出的建筑材料图例面积过大时，可在断面轮廓线内，沿轮廓线做局部表示，如图 1–43 所示。

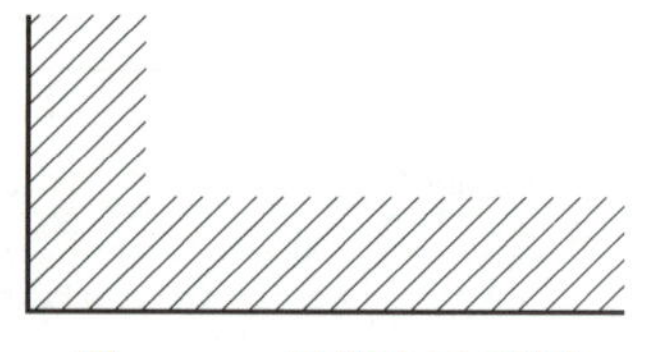
图 1–43　局部表示图例

（4）当选用国家标准中未包括的建筑材料时，可自编图例，但不得与标准所列的图例重复。绘制时，应在适当

位置画出该材料图例，并加以说明。

2. 常用建筑材料图例

常用建筑材料应按表 1–11 所列图例的画法绘制。

表 1–11　　常用建筑材料图例

序号	名称	图例	备注
1	自然土壤		包括各种自然土壤
2	夯实土壤		—
3	砂、灰土		—
4	砂砾石、碎砖三合土	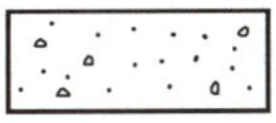	—
5	石材	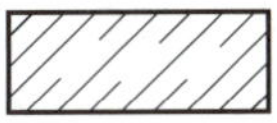	—
6	毛石	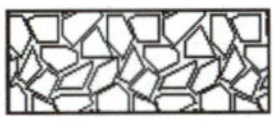	—
7	实心砖、多孔砖	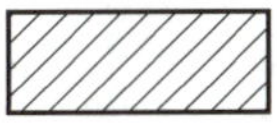	包括普通砖、多孔砖、混凝土砖等砌体
8	耐火砖	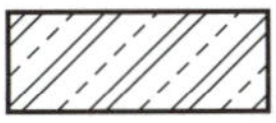	包括耐酸砖等砌体
9	空心砖、空心砌块		包括空心砖、普通或轻骨料混凝土小型空心砌块等砌体
10	饰面砖		包括铺地砖、玻璃马赛克、陶瓷锦砖、人造大理石等
11	焦渣、矿渣	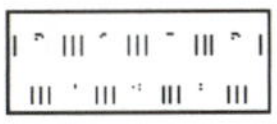	包括与水泥、石灰等混合而成的材料
12	混凝土		1. 包括各种强度等级、骨料、添加剂的混凝土 2. 在剖面图上绘制表达钢筋时，不需绘制图例线 3. 断面图形较小，不易绘制表达图例线时，可填黑或深灰
13	钢筋混凝土	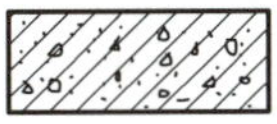	
14	多孔材料		包括水泥珍珠岩、沥青珍珠岩、泡沫混凝土、软木、蛭石制品等

续表

序号	名称	图例	备注
15	纤维材料		包括矿棉、岩棉、玻璃棉、麻丝、木丝板、纤维板等
16	泡沫塑料材料		包括聚苯乙烯、聚乙烯、聚氨酯等聚合物类材料
17	木材		1. 上图为横断面，其中左上图为垫木、木砖或木龙骨 2. 下图为纵断面
18	胶合板		应注明为 × 层胶合板
19	石膏板		包括圆孔和方孔石膏板、防水石膏板、硅钙板、防火石膏板等
20	金属		1. 包括各种金属 2. 图形较小时，可填黑或深灰
21	网状材料		1. 包括金属、塑料网状材料 2. 应注明具体材料名称
22	液体		应注明具体液体名称
23	玻璃		包括平板玻璃、磨砂玻璃、夹丝玻璃、钢化玻璃、中空玻璃、夹层玻璃、镀膜玻璃等
24	橡胶		—
25	塑料		包括各种软、硬塑料及有机玻璃等
26	防水材料		构造层次多或绘制比例大时，采用上面的图例
27	粉刷		本图例采用较稀的点

注：除木材图例外，图例中的斜线、短斜线、交叉斜线等均为 45°。

第四节 绘图的一般方法和步骤

在过去，建筑设计、施工部门绘制工程图时，一般先画铅笔底图（原图），然后描硫酸图，最后晒图。现在，在学校教学中一般画铅笔图和 CAD 图。只有掌握正确的铅笔图制图方法和步骤，才能够提高绘图质量和绘图速度。

一、绘图前的准备工作

1. 阅读相关资料，了解所要绘制图样的内容和要求。

2. 布置好绘图环境。要求光线明亮、柔和，使光线从左前方射入，绘图桌椅高度要调整合适，绘图姿势要正确。

3. 准备好绘图仪器和工具，把图板、工具和仪器擦干净，削磨好铅笔和圆规所用铅芯。

4. 按所绘图样的大小和比例确定图幅。

5. 将图纸用透明胶带纸固定在图板的左下方。图纸左边至图板边缘 3 ~ 5 cm，图纸下方至图板边缘至少要留一个丁字尺尺身的宽度。

二、画底稿线

1. 画图幅、图框和标题栏。

2. 根据选定的比例估计图样及注写尺寸所占用的面积，布置图的位置，使整个图形协调、匀称。

3. 画图样时，用尖细的 2H 铅笔轻轻地画，先画对称线、中心线和主要轮廓线，再逐步画图样的细部图线，最后画尺寸线、尺寸界线、尺寸起止符号。材料图例可不画，待加深时一并画出。

4. 完成底稿后，必须认真检查，保证图样的准确和完整。

三、加深

1. 用 HB 铅笔加深细实线、点画线、折断线、波浪线、尺寸线和尺寸界线。

2. 加深中实线和虚线。顺序为从上至下、从左至右，最后从左上方至右下方。

3. 用 B 或 2B 铅笔加深粗实线和曲线，顺序同中实线。在加深圆弧时，圆规的铅芯比画直线的铅芯软一号。同一类型图线粗细要一致。

4. 用 HB 铅笔画出材料图例。

5. 用 HB 铅笔标注尺寸和注写文字，最后加深图框和标题栏。

技能训练 1　图线及材料图例绘制

一、目的

1. 掌握常用绘图工具和仪器的正确使用方法。

2. 练习各种图线和材料图例的画法。

3. 熟悉并掌握绘图的一般方法和步骤。

二、内容

1. 用 1∶1 的比例将图 1–44 所示图样抄绘在一张 A3 的图纸上。

2. 图名为“图线及材料图例”，图号为 01。

3. 本作业为铅笔图。

三、要求

1. 绘图前必须熟悉教材中与绘图有关的内容。

2. 布图均匀、线型准确、粗细分明、轻重一致、交接正确、字体端正、图面整洁。

3. 图线应按表 1–3 和表 1–4 的要求选择线宽组，建议粗实线宽度为 0.7 mm。

4. 汉字用长仿宋体 7 号字；数字可用直体 5 号字，也可用斜体 5 号字。要求字号大小一致，最好用圆规钢针尖或分规画格后书写。

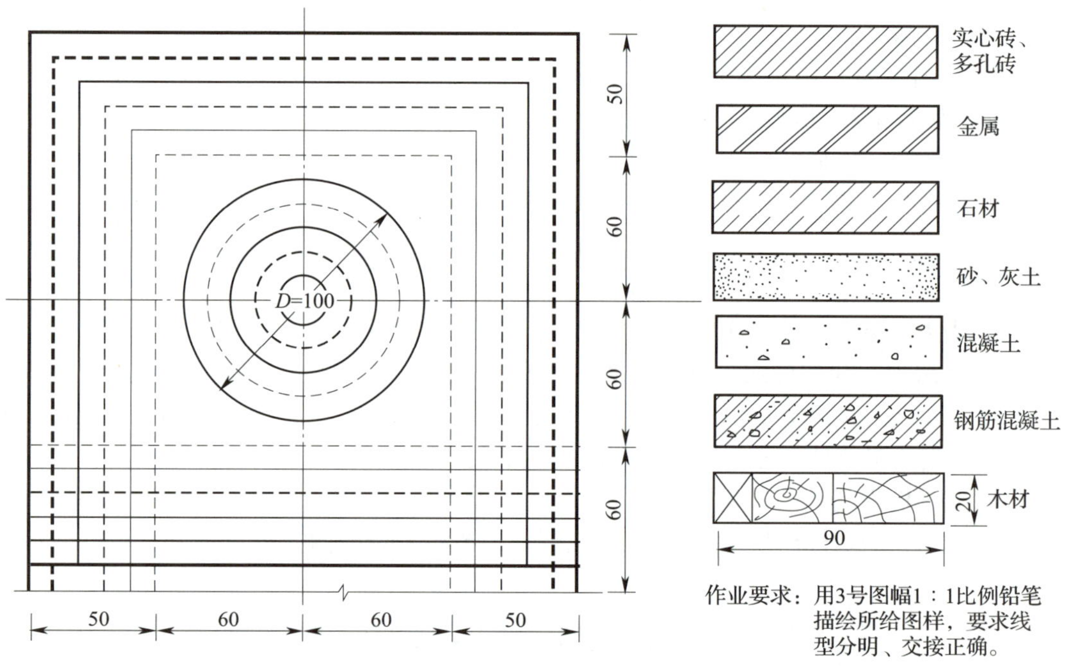

图 1–44　图线及材料图例

四、说明

1. 图线部分的尺寸是作图时的参考尺寸，抄绘图样时不必标注。

2. 材料图例中的斜线均为 45° 细实线（木材图例除外），间距为 3 ~ 5 mm。材料图例线可不画底稿线，在加深图线之前一次完成。混凝土图例中的三角形为封闭三角形。木材图例中的年轮线及木纹线应画得形象一些，线型为细实线。

3. 材料图例框的尺寸完全相同，可只标注一组，各图例框间距视图幅位置自定。

1. 制图的常用工具有哪些?
2. 图纸幅面有哪几种规格?
3. 线型有哪几种? 每种线型的宽度有哪几种? 分别用在何种场合?
4. 制图常用的比例有哪些?
5. 组成尺寸标注的四要素是什么?

第二章 形体投影图绘制

学习目标

能绘制简单物体的三面投影图，能绘制点、直线和平面的三面投影图，能绘制基本形体和组合形体的三面投影图并能阅读形体投影图，能绘制正等轴测图和正面斜二等轴测图，能绘制剖面图和断面图。

本章首先学习点、直线、平面的投影，引导学生进一步理解和掌握基本几何体和组合体的投影；其次学习正等轴测图和正面斜二等轴测图的绘制方法，培养学生的空间想象能力；最后学习剖面图和断面图的绘制方法，为进一步识读建筑施工图打下良好的基础。

第一节 物体的三面投影图绘制

在工程中，建筑物要根据图样才能建造，图样是三维空间的建筑在二维平面上的表达。各种工程使用的图样大多数采用正投影图的画法，本节主要介绍投影法，特别是正投影的基本原理、特性。学生学完本节后，应熟悉三面投影图的形成及特性，并能够初步运用正投影原理绘制物体的三面投影图。

一、投影法

1. 投影的概念

投影是在成影现象基础上形成的，把空间物体（或称为形体）用图样（平面图形）表示是以投影法（简称投影）为基础的。如图 2-1 所示，假设空间点 S 为光源，光源发出的光线为投射线（或投影线），投射线照射形体，并将其投射到一个平面上（用 P 表示），在该平面上则可以得到形体的影子，这就是投影的过程。这一过程称为投影（法），P 面称为投影面，S 点

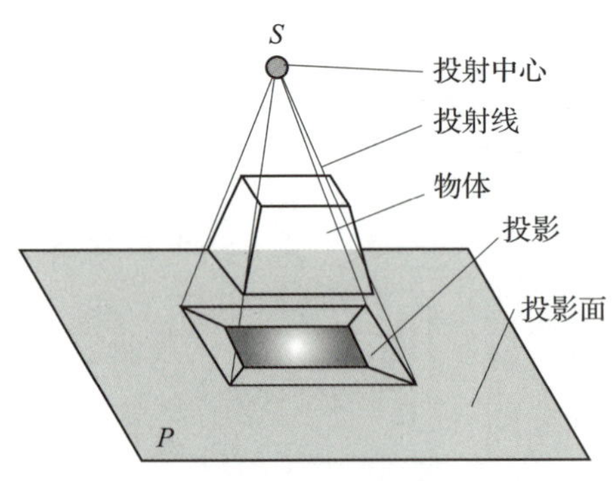

图 2-1　投影的概念

称为投射中心。按照投影法绘制的图形称为物体的投影图。构成投影的三要素是投射中心、物体和投影面。投影原理是绘制投影图的基础，掌握投影原理就容易学会画图。

活动体验

你玩过手影游戏吗？玩手影游戏需要哪三个要素？玩玩以下的手影游戏并表演给其他同学看，看看谁能用手影创造出最多的动物，如图 2–2 所示。

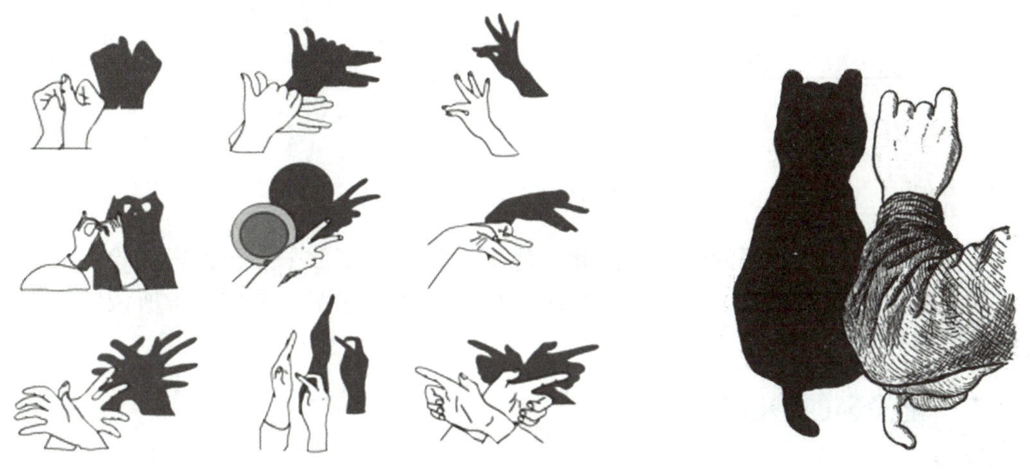

图 2–2 手影游戏

2. 投影的分类

投影分为两类，即中心投影和平行投影。

（1）中心投影

由投射中心 S 发出的投射线作出物体的投影，称为中心投影。这种投影的方法称为中心投影法，如图 2–1 所示。采用中心投影法时，物体与投影面的距离不同，所产生的投影图大小也不同，俗称“近大远小”。

（2）平行投影

如果投射中心 S 在无限远处，那么物体到投影面之间的投射线可以看作互相平行的，此时形成的物体的投影称为平行投影。这种投影的方法称为平行投影法，如图 2–3 所示。采用平行投影法时，物体与投影面之间的距离变化不影响投影图的大小。

平行投影又分为以下两种：

1）斜投影。当投射方向倾斜于投影面时，所得到的平行投影称为斜投影。这种投影的方法称为斜投影法，如图 2–3a 所示。

2）正投影。当投射方向垂直于投影面时，所得到的平行投影称为正投影。这种投影的方法称为正投影法，如图 2–3b 所示。

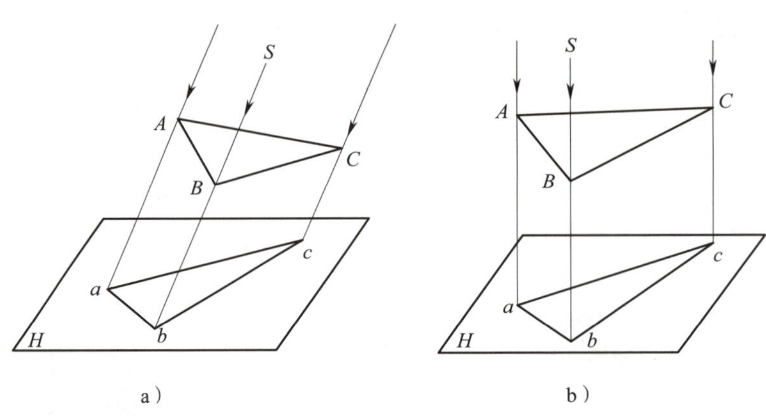

图 2-3　平行投影法

a）斜投影法　b）正投影法

正投影具有度量性好的优点，因此，建筑工程图样多数采用正投影法绘制，在今后课程中将主要介绍正投影法的相关知识。如不加特殊说明，本教材中所说的投影都是指正投影。

二、正投影的特性

1. 类似性

类似性是指点的投影仍然是点，直线的投影一般情况下是直线（特殊情况下是点，见“积聚性”）。如图 2-4 所示，过空间点 *A* 向投影面 *H* 作投射线（垂线），投射线与投影面 *H* 的交点（垂足）即为 *A* 点的投影，记作 *a*；过直线 *BC* 作投射面，投射面与投影面 *H* 的交线即为直线 *BC* 的投影，记作 *bc*。

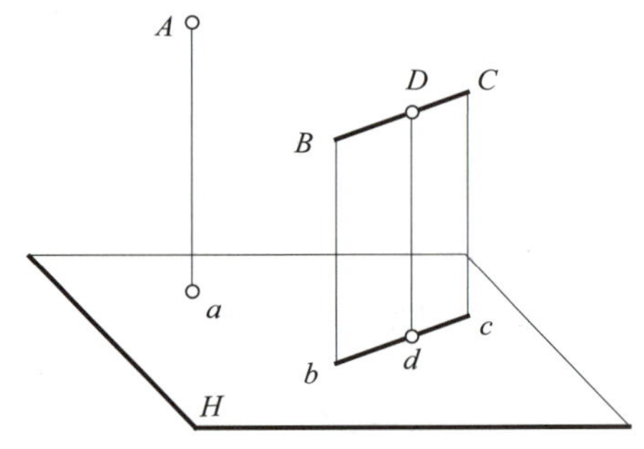

图 2-4　类似性、从属性、定比性

2. 从属性

从属性是指点在直线上，点的投影一定在直线的同面投影上。如图 2-4 所示，点 *D* 在直线 *BC* 上，其投影点 *d* 一定在直线 *BC* 的投影 *bc* 上。

3. 定比性

定比性是指点分直线所成的比例等于点的投影分直线的投影所成的比例。如图 2-4 所示，点 *D* 在 *BC* 上，则 $BD/DC=bd/dc$。

4. 积聚性

积聚性是指如果直线垂直于投影面，那么直线的投影积聚为一点；如果平面垂直于投影面，那么平面的投影积聚为一条直线。如图 2-5 所示，若 $AB\perp H$，则 *a*（*b*）是一个点；若 $\triangle DEF\perp H$，则 *def* 是一条直线。

5. 全等性

全等性是指如果直线平行于投影面，那么直线的投影反映实长；如果平面平行于

投影面，那么平面的投影反映实形。如图 2-6 所示，若 $EF//H$ 面，则 ef 为 EF 的实长；若△$ABC//H$ 面，则△abc 为△ABC 的实形。

以上特性均可用几何知识加以证明（本书从略）。

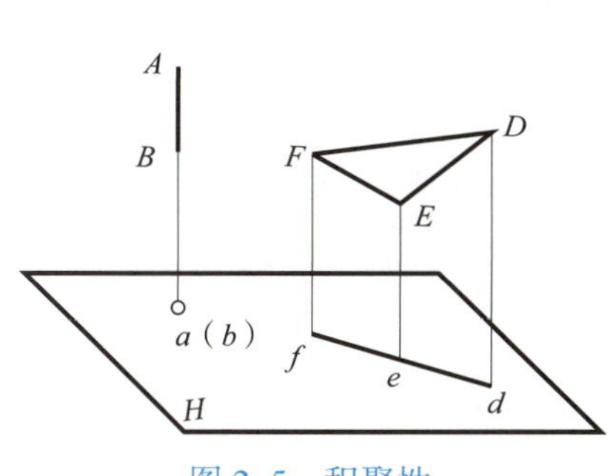

图 2-5　积聚性

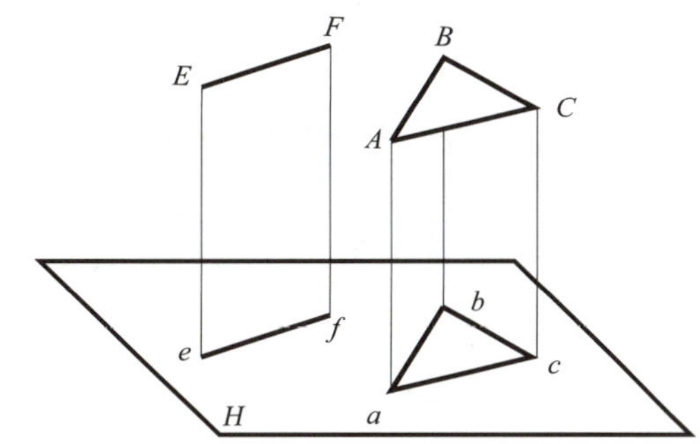

图 2-6　全等性

三、三面投影图的绘制与特性

1. 三面投影图的绘制

（1）单面投影图的绘制

如图 2-7 所示，把与地面平行的投影面称为水平投影面，用“H”表示，物体在水平投影面 H 上的投影称为水平投影。物体Ⅰ和物体Ⅱ的水平投影相同，如果根据水平投影图确定物体的形状，那么它可以是物体Ⅰ，还可以是物体Ⅱ，也可以是其他物体。由此可见，单面正投影图不能唯一地确定物体形状，必须增加投影面。

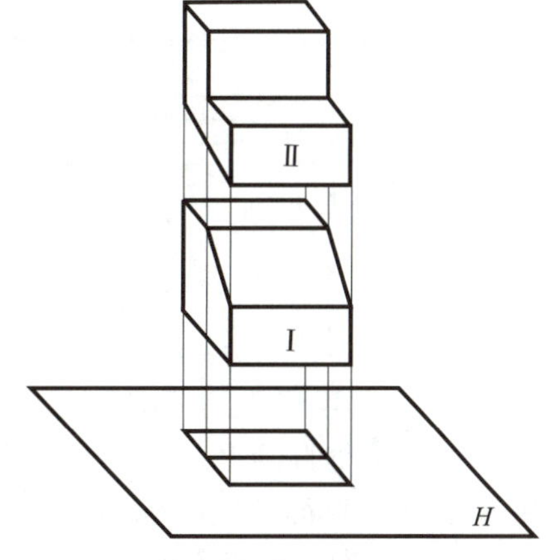

图 2-7　物体的单面投影

（2）两面投影图的绘制

在水平投影面的基础上再增加一个投影面，使新增加的投影面与水平投影面相互垂直，称为正立投影面，用“V”表示，物体在正立投影面的投影称为正面投影。如图 2-8 所示，物体Ⅰ和物体Ⅱ的正面投影也相同，如果根据其水平投影和正面投影确定物体Ⅰ、Ⅱ的形状，也不是唯一的。这就需要在此基础上再增加投影面，才能准确地表达物体的形状。

（3）三面投影图的绘制

如图 2-9 所示，在水平投影面 H 和正立投影面 V 的基础上再增加一个投影面，称为侧立投影面，用“W”表示，使侧立投影面与“H”和“V”均相互垂直，物体在侧立投影面的投影称为侧面投影。物体Ⅰ和物体Ⅱ的侧面投影不同。

物体的三面投影图可以唯一地确定该物体的形状。

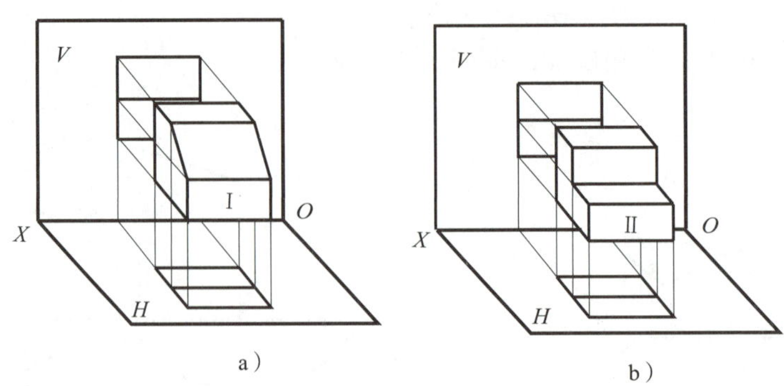

图 2–8　物体的两面投影

a）物体 I　b）物体 II

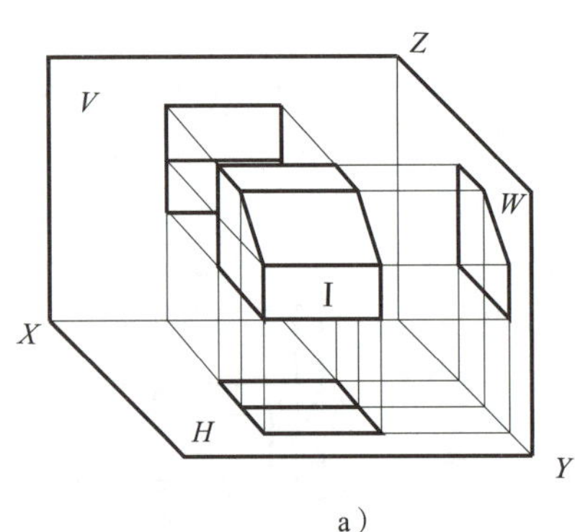

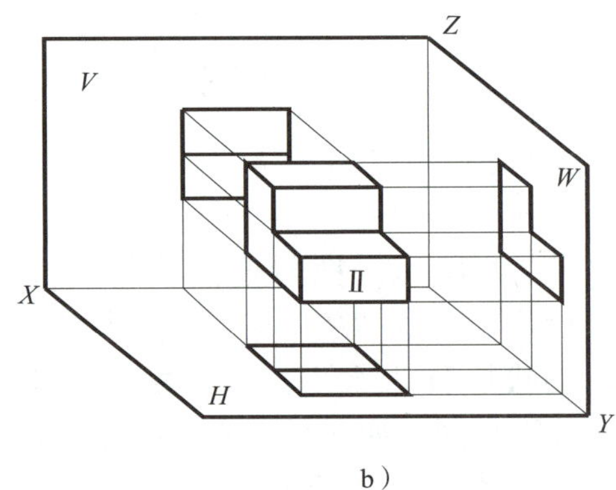

图 2–9　物体的三面投影

a）物体 I　b）物体 II

2. 三面投影图的特性

在互相垂直的 *V*、*H*、*W* 三个面组成的三投影面体系中，*V* 面和 *H* 面的交线称为 *X* 轴，*H* 面与 *W* 面的交线称为 *Y* 轴，*V* 面和 *W* 面的交线称为 *Z* 轴。三轴线的交点称为原点 *O*。只有把三个投影面展开，才能使空间物体的三个投影平面上表示。展开时规定：*V* 面不动，*H* 面绕 *X* 轴向下旋转 90°，*W* 面绕 *Z* 轴向后旋转 90°，使 *V*、*H*、*W* 三个面位于同一平面上，如图 2–10a 所示。经这样展开后，*Y* 轴一分为二，在 *H* 面的 *Y* 轴标注为 Y_H，在 *W* 面的 *Y* 轴标注为 Y_W，如图 2–10b 所示。由于投影平面可以是无限大的，所以 *H*、*V*、*W* 面的边框可以不画，如图 2–10c 所示。

三面投影图的特性有以下两点：

（1）物体在 *X*、*Y*、*Z* 轴相对应的尺寸分别表示物体的长、宽、高。水平投影反映物体的长和宽，正面投影反映物体的长和高，侧面投影反映物体的宽和高。

（2）水平投影和正面投影之间长度对正，水平投影和侧面投影之间宽度相等，正面投影和侧面投影之间高度平齐，即画图时必须遵循“长对正、宽相等、高平齐”的投影关系。

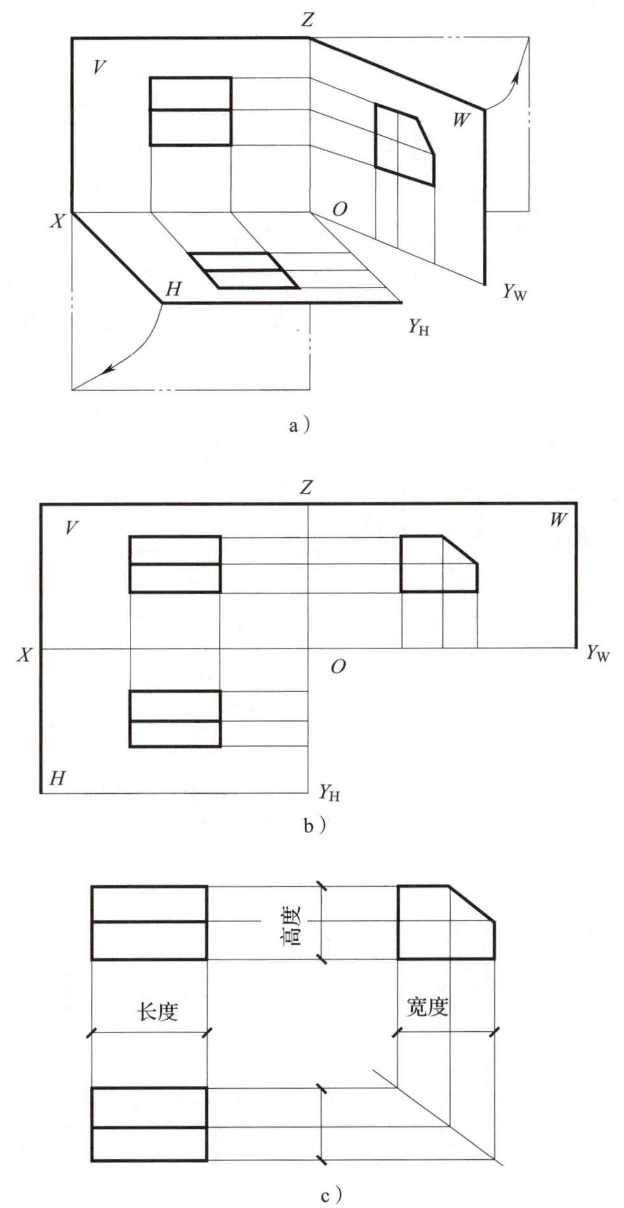

图 2-10　三面投影图的绘制

a）展开方式　b）展开后的三面投影图　c）无投影面边框的三面投影图

第二节　点的三面投影图绘制

点是构成空间物体的最基本的几何元素，同时也是解决画法几何问题的基础。下面讨论点的投影规律及特性，以及两点之间相对位置、重影点的判别与绘制。

一、点的三面投影图绘制

点只有空间位置，无大小。点的投影仍然是点，实际上是该点向投影面所作垂线与投影面的交点。如图 2–11a 所示，现在将一点 A 置于三投影面体系中，由点 A 分别向 V、H、W 面作垂线，垂线与 V 面的交点 a' 称为点 A 的正面投影，垂线与 H 面的交点 a 称为点 A 的水平投影，垂线与 W 面的交点 a'' 称为点 A 的侧面投影。如果将点 A 向三投影面所作的垂线作投影，则点 A 每两面投影的连线分别与 X、Y、Z 轴相交，其交点分别记作 a_X、a_Y、a_Z。一般来说，空间一点的任意两面投影都能够唯一确定其空间位置。空间点在 V、H、W 面的投影，以及投影连线与坐标轴的交点见表 2–1。

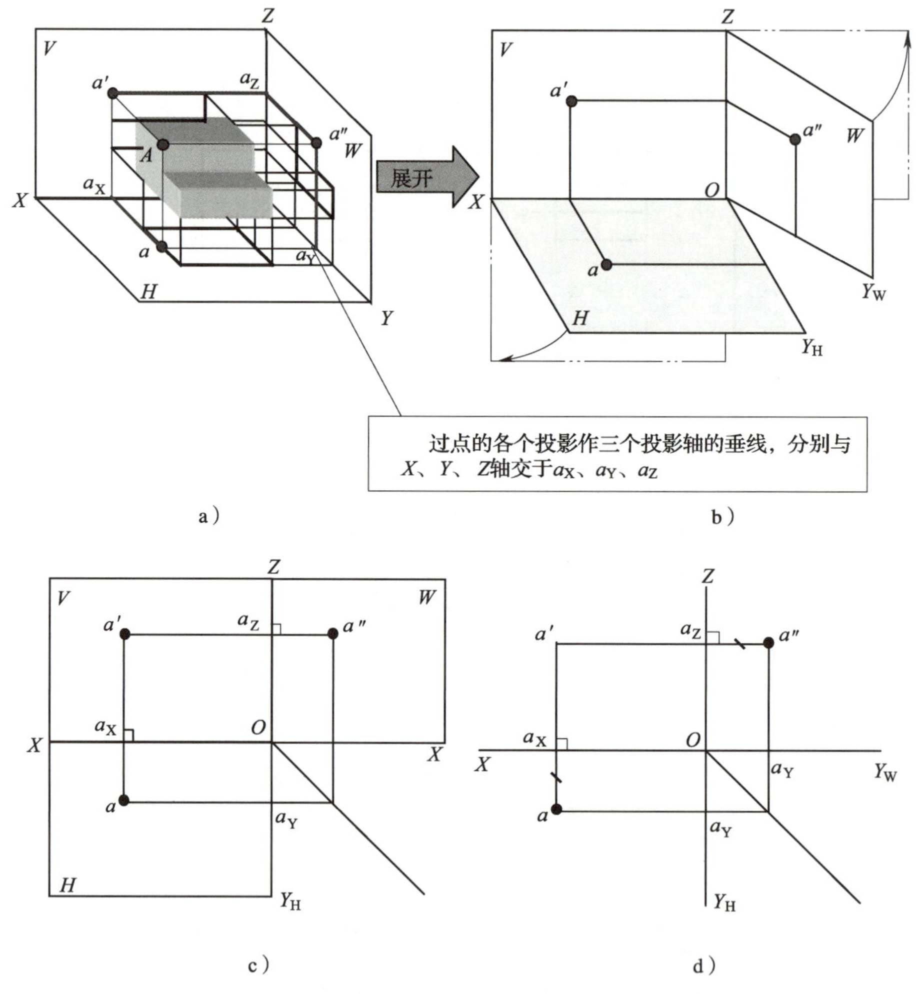

图 2–11　点的三面投影

表 2–1　空间点在坐标平面的投影以及投影连线与坐标轴的交点（以点 A 为例）

投影名称	a	a'	a''	a_X	a_Y	a_Z
所在投影面或坐标轴	H 面	V 面	W 面	X 轴	Y 轴	Z 轴

图 2–11b 是按图 2–10 的展开方法将图 2–11a 中点 A 的三面投影 a、a' 和 a'' 展开在同一平面上，这样就得到了点 A 的三面投影图，如图 2–11c 所示。图 2–11d 是省略投影面边框后点 A 的三面投影图。一般情况下，点的三面投影均采用此画法。

点的三面投影特性有以下两点：

1. 点的投影连线垂直于相应的投影轴，如图 2–11 所示。

（1）连接 a 和 a'，得直线 aa'，$aa' \perp X$ 轴。

（2）连接 a' 和 a''，得直线 $a'a''$，$a'a'' \perp Z$ 轴。

（3）连接 a 和 a''，得直线 aa''，$aa'' \perp Y$ 轴。

2. 点 A 到 H 面的距离等于点 A 的水平投影 a' 到 X 轴的距离，也等于点 A 的侧面投影 a'' 到 Y 轴的距离；点 A 到 V 面的距离等于点 A 的水平投影 a 到 X 轴的距离，也等于点 A 的侧面投影 a'' 到 Z 轴的距离；点 A 到 W 面的距离等于点 A 的水平投影 a 到 Y 轴的距离，也等于点 A 的正面投影 a' 到 Z 轴的距离。即点的某一投影到某一轴的距离等于空间点到某一投影面的距离。

由以上特性可知：只要已知点的任意两面投影，就一定能绘制出该点的第三面投影。

【例 2–1】如图 2–12 所示，已知点 B 的两面投影，绘制其第三面投影。

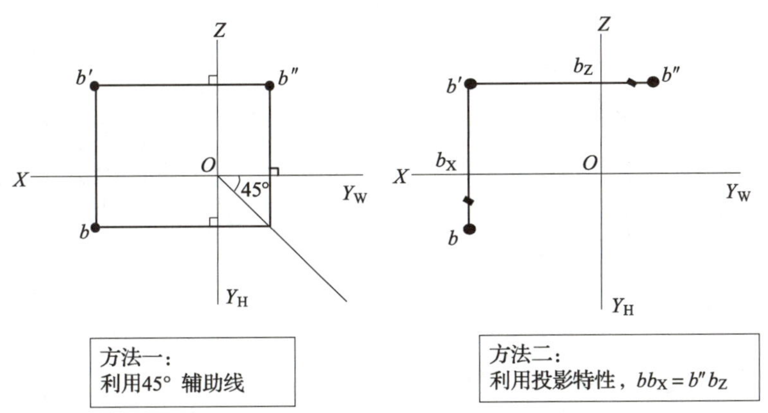

图 2–12　绘制点的第三面投影

二、点的投影绘制与直角坐标系的关系

如图 2–13 所示，将三投影面看作直角坐标系。投影面相当于坐标面，投影轴相当于坐标轴，投影面的原点相当于坐标面原点。

空间点 A 到三个投影面的距离：$|Aa|=z$，$|Aa'|=y$，$|Aa''|=x$。在投影图上，点 A 的每一面投影可由相应的坐标表示，即 $a(x, y)$、$a'(x, z)$、$a''(y, z)$，用坐标来表示点 A，则可记作 $A(x, y, z)$，x、y、z 的坐标值单位为 mm，可为正、负或零。

实际作图结果可知：如果一个点的三个坐标均不为零，则点位于三投影面体系的空间；如果其中一个坐标为零，则点位于某投影面上；如果其中两个坐标为零，则点位于投影轴上。

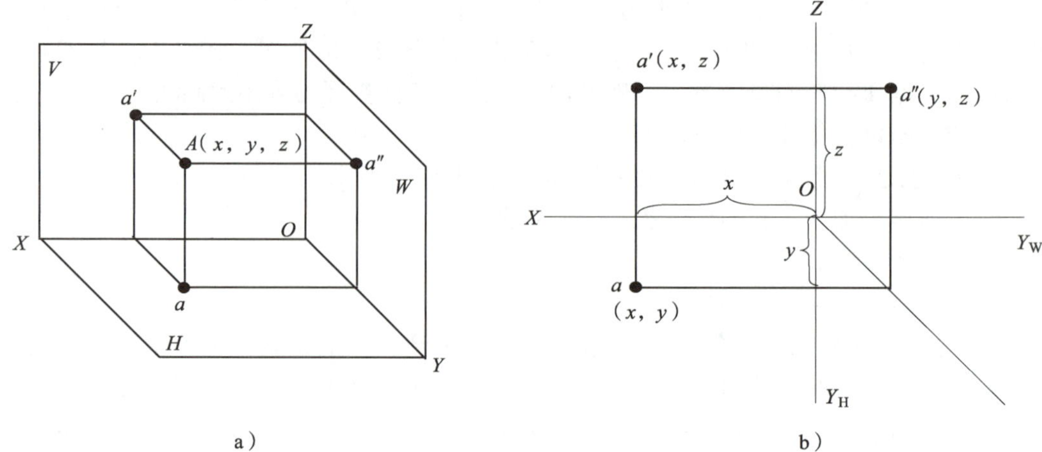

图 2-13　点的投影与坐标系的关系

a）立体图　b）投影图

【例 2-2】如图 2-14 所示，空间点 *A*、*B*、*C* 的坐标分别为 *A*（10，5，20）、*B*（20，0，5）、*C*（0，10，0），求作三点的立体图和三面投影图。

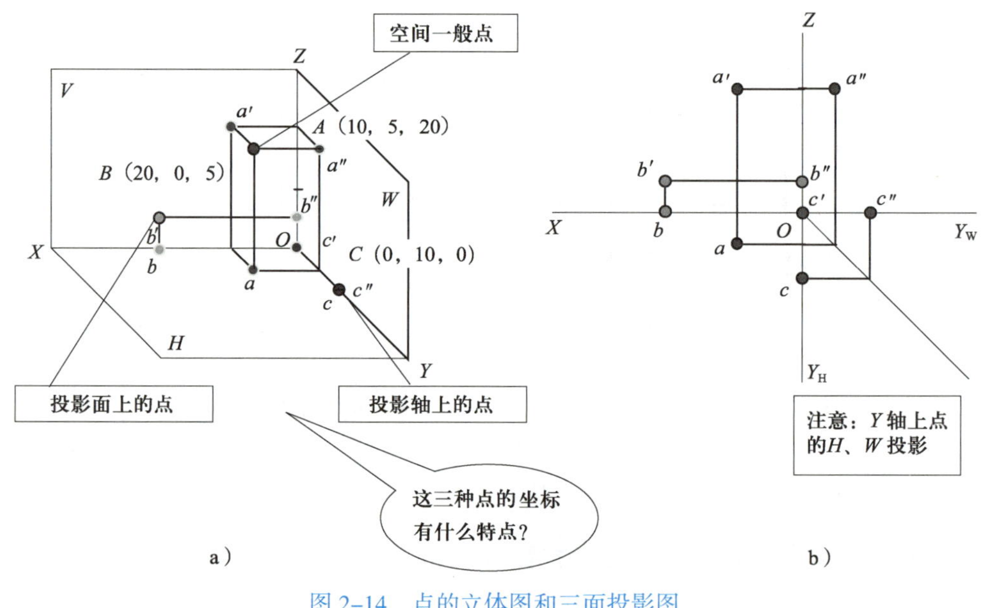

图 2-14　点的立体图和三面投影图

a）点的立体图　b）点的三面投影图

三、两点的相对位置和重影点的绘制

1. 两点的相对位置

两点的相对位置是指空间两点的左右、前后、上下位置关系。*x* 坐标值表示空间两点的左右关系，其中 *x* 坐标值大的点在左边，*x* 坐标值小的点在右边；*y* 坐标值表示空间两点的前后关系，其中 *y* 坐标值大的点在前边，*y* 坐标值小的点在后边；*z* 坐标值

表示空间两点的上下关系，其中 z 坐标值大的点在上边，z 坐标值小的点在下边。由此可见：根据两点的坐标值可以确定两点的左右、前后、上下位置关系。*H* 面投影反映左右、前后关系，*V* 面投影反映左右、上下关系，*W* 面投影反映前后、上下关系。

由图 2–15 可见：点 *A* 在左，点 *D* 在右；点 *A* 在前，点 *C* 在后；点 *A* 在上，点 *B* 在下。

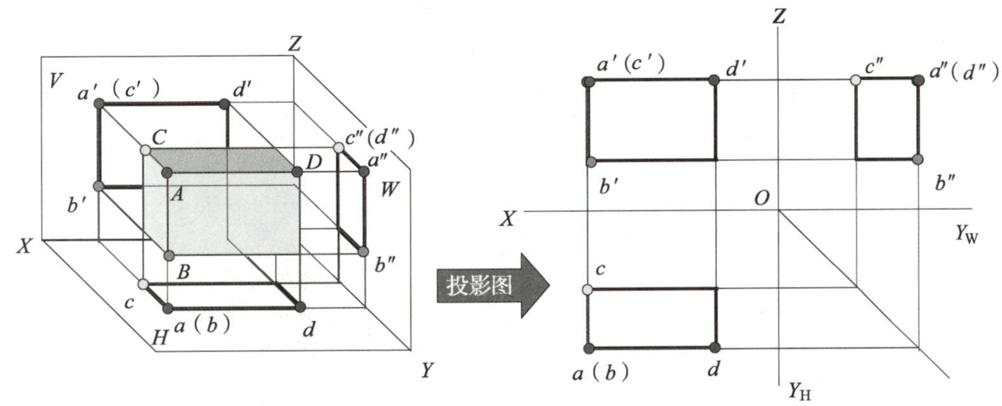

图 2–15　两点的相对位置和重影点

2. 重影点的绘制

如果两个点在同一垂直于某一投影面的直线上，那么这两个点在该投影面上的投影重合为一点，把这两个点称为该投影面的重影点，如图 2–15 所示。

水平投影重合的两个点 *A*、*B* 称为水平重影点。点 *A* 在上，点 *B* 在下，反映两点之间的上下关系，相对于 *H* 面的投影 *a* 可见，（*b*）不可见，记作 *a*（*b*）。

正面投影重合的两个点 *A*、*C* 称为正面重影点。点 *A* 在前，点 *C* 在后，反映两点之间的前后关系，相对于 *V* 面的投影 *a*′可见，（*c*′）不可见，记作 *a*′（*c*′）。

侧面投影重合的两个点 *A*、*D* 称为侧面重影点。点 *A* 在左，点 *D* 在右，反映两点之间的左右关系，相对于 *W* 面的投影 *a*″可见，（*d*″）不可见，记作 *a*″（*d*″）。

综上所述，当空间两点或多点相对于某一投影面重影时，不可见点的标号（字母）用括号括起来。只有学好重影点可见性的判别，才能真正理解空间几何元素之间的相对位置关系，为今后读图打下良好的基础。

第三节　直线的三面投影图绘制

一、直线的三面投影图绘制

直线的投影是通过直线的投射面与投影面的交线。直线的投影一般情况下仍为直线，只有当直线与投影面垂直的时候，投影才积聚为一点。已知直线上两个点的投影，连接这两个点的各个同面投影，就得到了直线的三面投影。

1. 一般位置直线投影的绘制

同时倾斜于三个投影面的直线称为一般位置直线。它与 H 面的倾角为 α，与 V 面的倾角为 β，与 W 面的倾角为 γ，如图 2-16 所示。

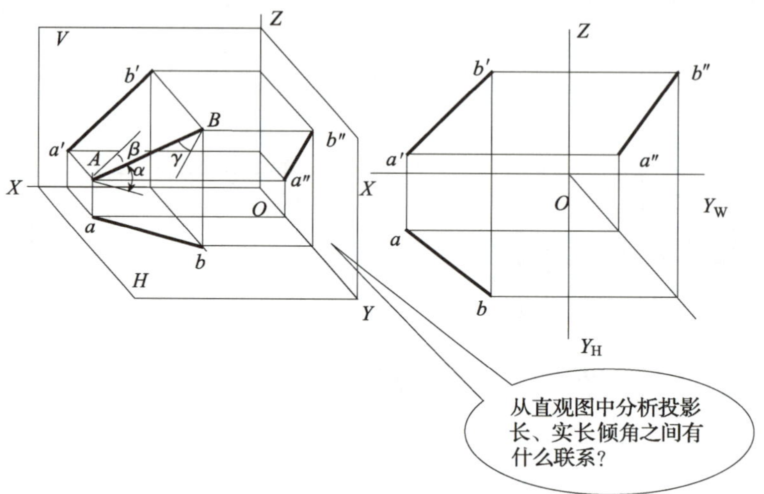

图 2-16　一般位置直线的投影

一般位置直线具有以下投影特性：

（1）一般位置直线的三面投影均倾斜于投影轴。

（2）一般位置直线的投影长度小于实长，即 $ab=|AB|\cos\alpha$、$a'b'=|AB|\cos\beta$、$a''b''=|AB|\cos\gamma$。

（3）一般位置直线的投影与轴的倾角不反映 α、β、γ 的实际大小。

2. 投影面垂直线投影的绘制

与某一个投影面垂直，与另外两个投影面平行的直线称为投影面垂直线。投影面垂直线分为三种（见图 2-17）：与 H 面垂直的直线称为铅垂线，与 V 面垂直的直线称为正垂线，与 W 面垂直的直线称为侧垂线。

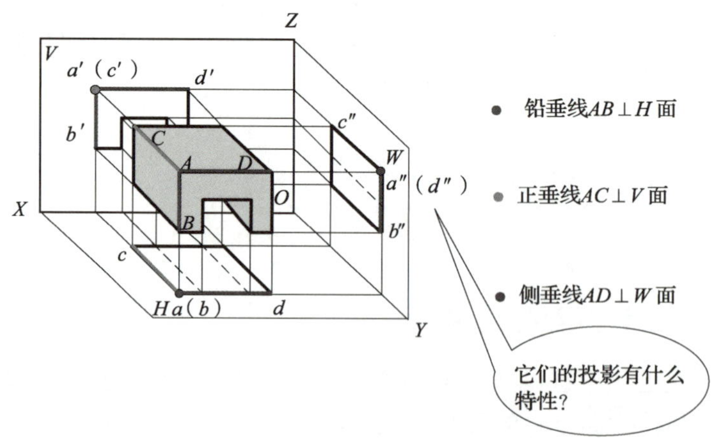

图 2-17　投影面垂直线的投影

由表 2–2 可知，投影面垂直线的投影特性可概括如下：

（1）投影面垂直线在它所垂直的投影面上的投影积聚为一点。

（2）投影面垂直线在另外两面的投影同时平行于某一个投影轴，并且反映该直线的实长。

（3）投影面垂直线的 α、β、γ 角为 0° 或 90°。

表 2–2　　投影面垂直线的投影特性

	立体图	三视图	投影图	投影特性
铅垂线				1. ab 积聚成一点 2. $a'b'//Z$，$a''b''//Z$，并反映实长
正垂线				1. $a'c'$ 积聚成一点 2. $ac//Y_H$，$a''c''//Y_W$，并反映实长
侧垂线				1. $a''d''$ 积聚成一点 2. $a'd'//X$，$ad//X$，并反映实长

思考

在生活中，有什么物体可以看作投影面垂直线？从图 2–18 中能看出它们是哪一个投影面的垂直线吗？

图 2–18　生活中的投影面垂直线

3. 投影面平行线投影的绘制

与某一个投影面平行，与另外两个投影面均倾斜的直线称为投影面平行线。投影面平行线分为三种：与 H 面平行的直线称为水平线，与 V 面平行的直线称为正平线，与 W 面平行的直线称为侧平线，如图 2–19 所示。

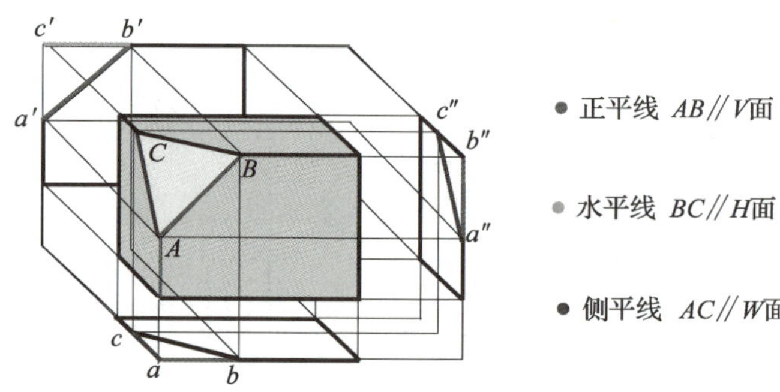

图 2–19　投影面垂直线的投影

投影面平行线的投影特性概括如下：投影面平行线在它所平行的投影面上的投影倾斜于投影轴，并且反映该直线的实长；实长投影与投影轴的交角反映直线与相应投影面的倾角实形；投影面平行线在另外两面的投影同时垂直于某一个投影轴，并且均小于直线的实长。

投影面垂直线与投影面平行线统称为投影面的特殊位置直线。

直线的投影作图只需作出任意两面投影即可确定直线的位置（相对于投影面的位置）。

（1）水平线投影的绘制

水平线投影的绘制如图 2–20 所示。

水平线投影特性如下：

1）直线的水平投影反映直线的实长，且反映 β、γ 角的实形。

2）直线的正面投影（$a'b'$）平行于 X 轴，侧面投影（$a''b''$）平行于 Y_W 轴，均小于实长。

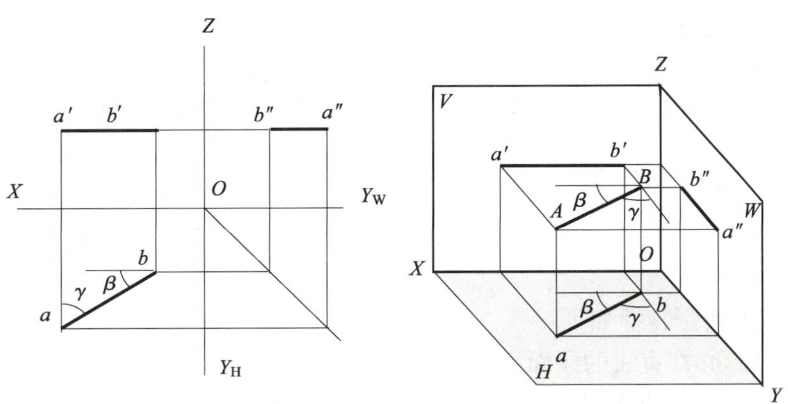

图 2–20　水平线投影的绘制

（2）正平线投影的绘制

正平线投影的绘制如图 2–21 所示。

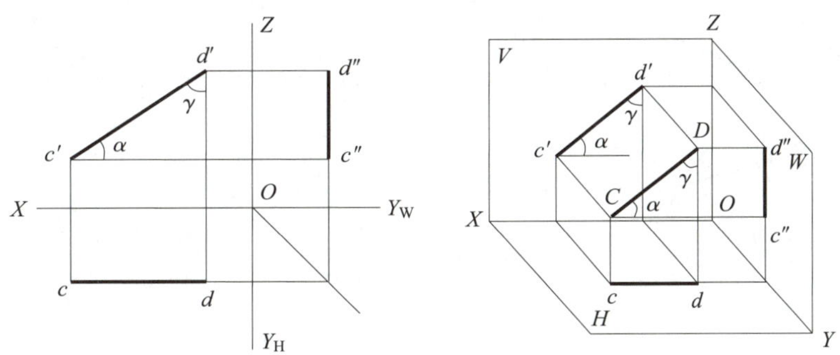

图 2–21　正平线投影的绘制

正平线投影特性如下：

1）直线的正面投影反映直线的实长，且反映 α、γ 角的实形。

2）直线的水平投影（cd）平行于 X 轴，侧面投影（$c''d''$）平行于 Z 轴，均小于实长。

（3）侧平线投影的绘制

侧平线投影的绘制如图 2–22 所示。

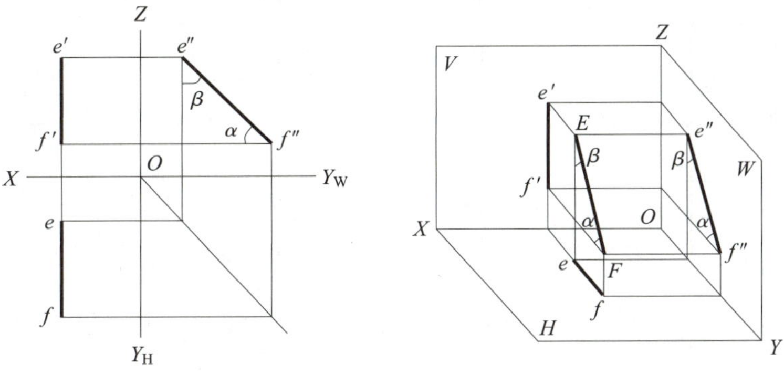

图 2–22　侧平线的投影

侧平线投影特性如下：

1）直线的侧面投影反映直线的实长，且反映 α、β 角的实形。

2）直线的水平投影和正面投影（ef、$e'f'$）都垂直于 X 轴，均小于实长。

二、直线上点的绘制

如图 2–23 所示，点 c 在 ab 上，c' 在 $a'b'$ 上，c'' 在 $a''b''$ 上，并且 $AC/CB=ac/cb=a'c'/c'b'=a''c''/c''b''$。

直线上点的投影特性如下：

1. 点的投影必在直线的同面投影上（从属性）。
2. 点分直线所成的比例投影后保持不变（定比性）。

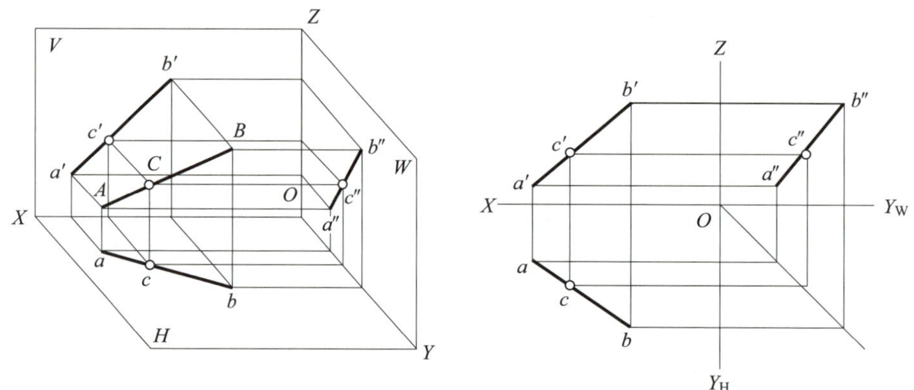

图 2–23 直线上的点

【例 2–3】如图 2–24 所示，点 K 在侧平线 AB 上，已知点 K 的正面投影 k'，求 k。

作图步骤：

此题的解法有两种，第一种解法是根据定比性 $ak/kb=a'k'/k'b'$，在 H 面投影上用分定比的几何作图方法作出。

第二种解法是补出 AB 侧面投影，利用线上定点的方法求出。

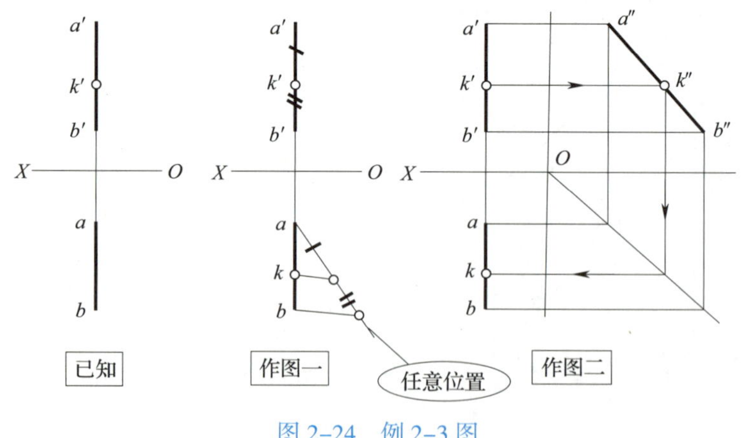

图 2–24 例 2–3 图

【例 2–4】如图 2–25 所示，已知水平线 MN 的两面投影，点 K 在水平线 MN 上，点 K 到 V 面的距离为 15 mm，求点 K 的两面投影。

作图步骤：

（1）在 H 面上作与 X 轴相距为 15 mm 的平行线，该平行线与 mn 的交点为 k。

（2）自 k 向上引投射线，在直线的正面投影 $m'n'$ 上求出 k'。

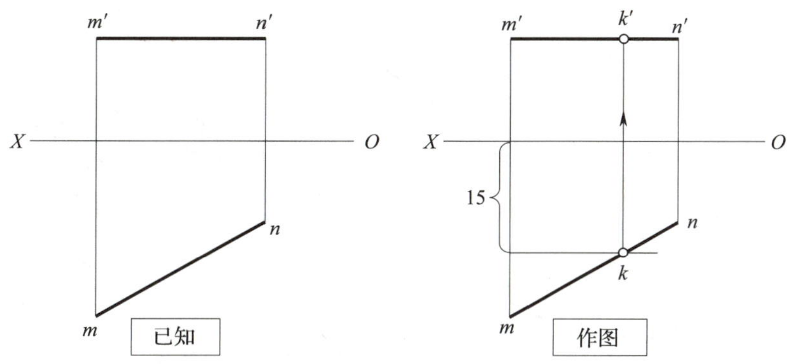

图 2–25　例 2–4 图

第四节　平面的三面投影图绘制

一、平面的三面投影图绘制

在投影图上常用几何元素表示平面，如图 2–26 所示。

根据平面与投影面的相对位置不同，平面分为一般位置平面、投影面平行面、投影面垂直面。

1. 一般位置平面投影的绘制

与各投影面均倾斜的平面称为一般位置平面。它与 H 面的倾角为 α，与 V 面的倾角为 β，与 W 面的倾角为 γ。一般位置平面投影的绘制如图 2–27 所示。

一般位置平面投影特性如下：

（1）一般位置平面的三面投影均为小于平面实形的平面。

（2）从投影图上不能直接反映其三个倾角 α、β、γ。

2. 投影面平行面投影的绘制

与某一个投影面平行，与另外两个投影面垂直的平面称为投影面平行面。投影面平行面分为三种：与 H 面平行的平面称为水平面，与 V 面平行的平面称为正平面，与 W 面平行的平面称为侧平面。

投影面平行面的投影特性：投影面平行面在其所平行的投影面上的投影反映实形；投影面平行面在其余两面的投影积聚为一直线，且该两直线分别垂直于某一个投影轴。

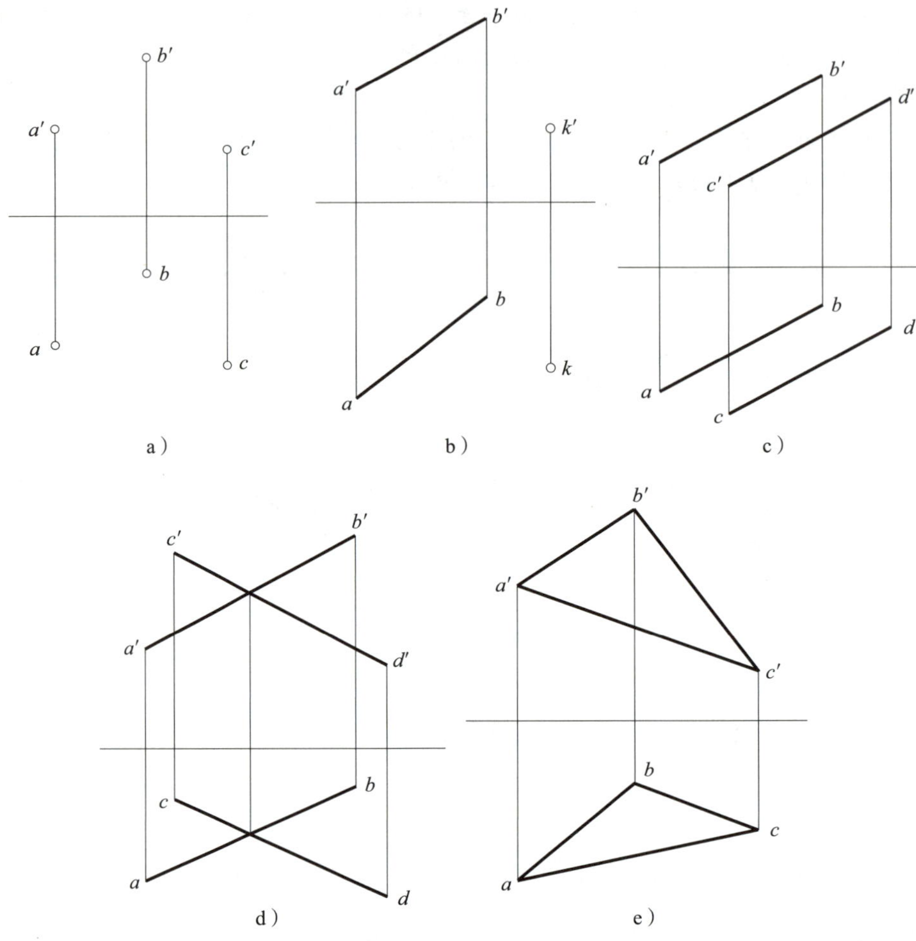

图 2–26　平面的表示法

a）不在同一直线上的三个点　b）一条直线及线外一点　c）平行两直线

d）相交两直线　e）任意平面形（三角形）

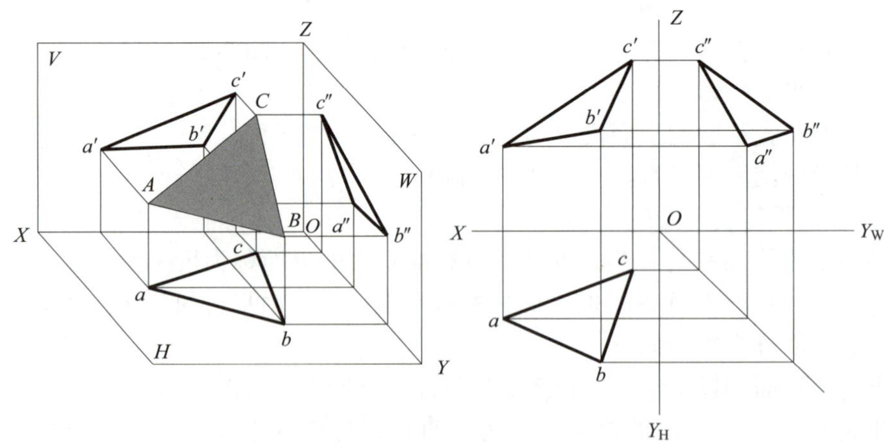

图 2–27　一般位置平面投影的绘制

（1）水平面投影的绘制

水平面投影的绘制如图 2–28 所示。

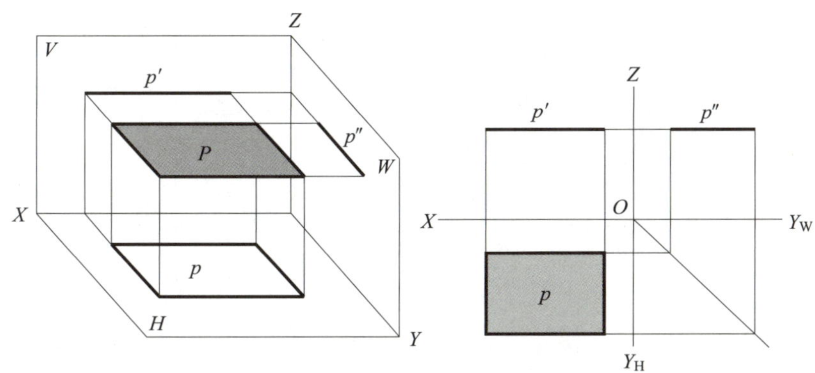

图 2–28　水平面投影的绘制

水平面投影特性如下：

1）水平投影 p 反映实形。

2）正面投影 p' 积聚成直线，且平行于 X 轴；侧面投影 p'' 积聚成直线，且平行于 Y_W 轴。

（2）正平面投影的绘制

正平面投影的绘制如图 2–29 所示。

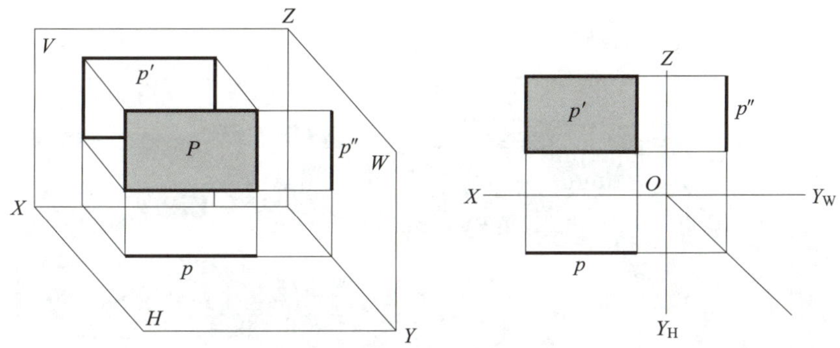

图 2–29　正平面投影的绘制

正平面投影特性如下：

1）正面投影 p' 反映实形。

2）水平投影 p 积聚成直线，且平行于 X 轴；侧面投影 p'' 积聚成直线，且平行于 Z 轴。

（3）侧平面投影的绘制

侧平面投影的绘制如图 2–30 所示。

侧平面投影特性如下：

1）侧面投影 p'' 反映实形。

2）水平投影 p 积聚成直线，且垂直于 X 轴；正面投影 p' 积聚成直线，且平行于 Z 轴。

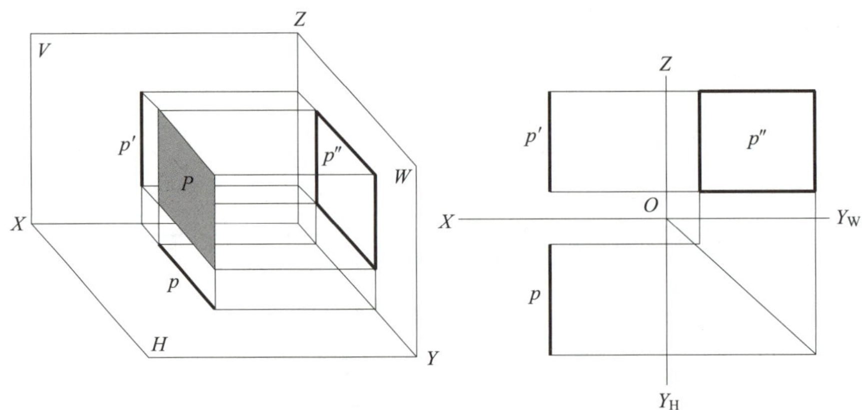

图 2-30　侧平面投影的绘制

思考

在生活中，有哪些物品可以看作投影面平行面？从图 2-31 中能看出它们是哪一种投影面平行面吗？

图 2-31　生活中的投影面平行面

3. 投影面垂直面投影的绘制

与某一个投影面垂直，与另外两面投影倾斜的平面称为投影面垂直面。投影面垂直面分为三种：与 *H* 面垂直的平面称为铅垂面，与 *V* 面垂直的平面称为正垂面，与 *W* 面垂直的平面称为侧垂面。

投影面垂直面的投影特性：投影面垂直面在其所垂直的投影面上的投影积聚为一直线，该直线与投影轴的交角反映平面对相应投影面的倾角实形；投影面垂直面在其

余两面的投影为小于实形的类似形。

投影面平行面和投影面垂直面统称为投影面的特殊位置平面。

（1）正垂面投影的绘制

正垂面投影的绘制如图 2–32 所示。

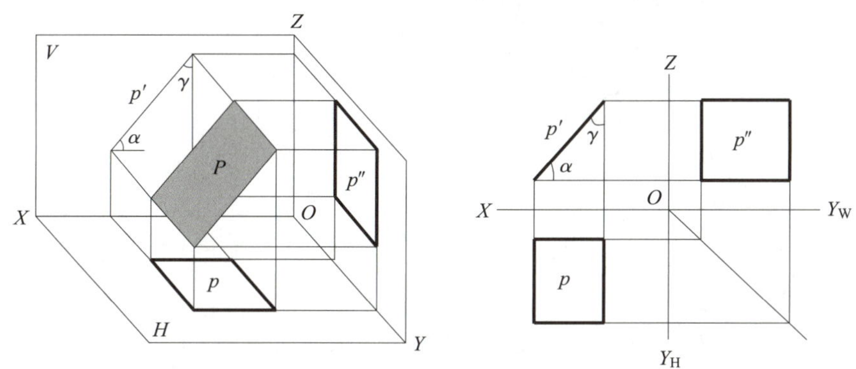

图 2–32　正垂面投影的绘制

正垂面投影特性如下：

1）正面投影 p' 积聚成直线，并反映平面的倾角 α 和 γ。

2）水平投影 p 和侧面投影 p'' 不反映实形，为小于实形的类似形。

（2）铅垂面投影的绘制

铅垂面投影的绘制如图 2–33 所示。

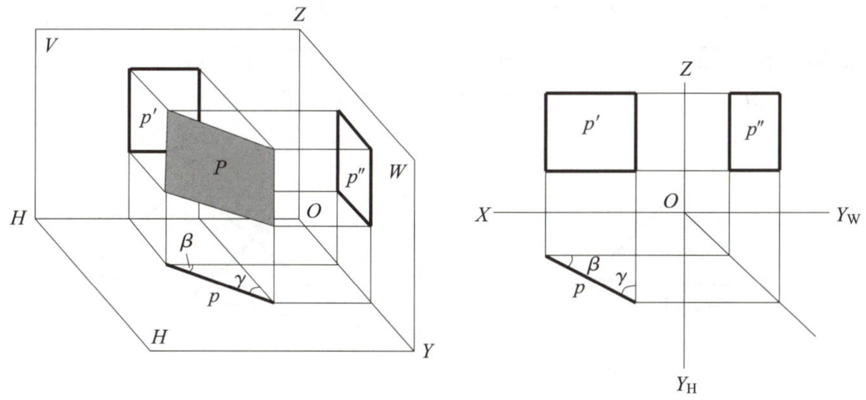

图 2–33　铅垂面投影的绘制

铅垂面投影特性如下：

1）水平投影 p 积聚成直线，并反映平面的倾角 β 和 γ。

2）正面投影 p' 和侧面投影 p'' 不反映实形，为小于实形的类似形。

（3）侧垂面投影的绘制

侧垂面投影的绘制如图 2–34 所示。

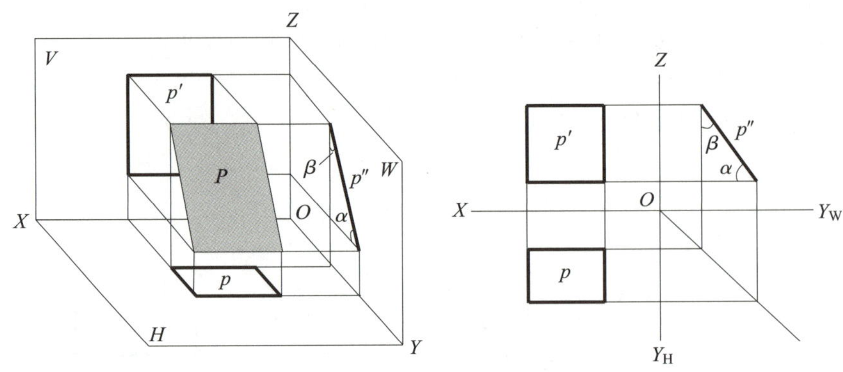

图 2–34 侧垂面投影的绘制

侧垂面投影特性如下：

1）侧面投影 p''积聚成直线，并反映平面的倾角 α 和 β。

2）水平投影 p 和正面投影 p'不反映实形，为小于实形的类似形。

二、平面上的直线和点

如果一个点位于平面内一条直线上，那么这个点一定位于该平面上。如果一条直线通过平面上的两个点，或通过平面上一个点且平行于平面上的一条直线，那么这条直线一定位于该平面上。判定定理如下：

1. 如果直线通过平面上的两个点，那么直线一定在该平面上。
2. 如果点在平面内的一条直线上，那么点一定在该平面上。

如图 2–35a 所示，点 K 在直线 BC 上，则点 K 在△ABC 上；直线 AK 过△ABC 上两个点 A、K，那么直线 AK 一定在△ABC 上；如图 2–35b 所示，直线 MN 过△DEF 上一个点 M，并且 MN//EF，那么直线 MN 一定在△DEF 上。

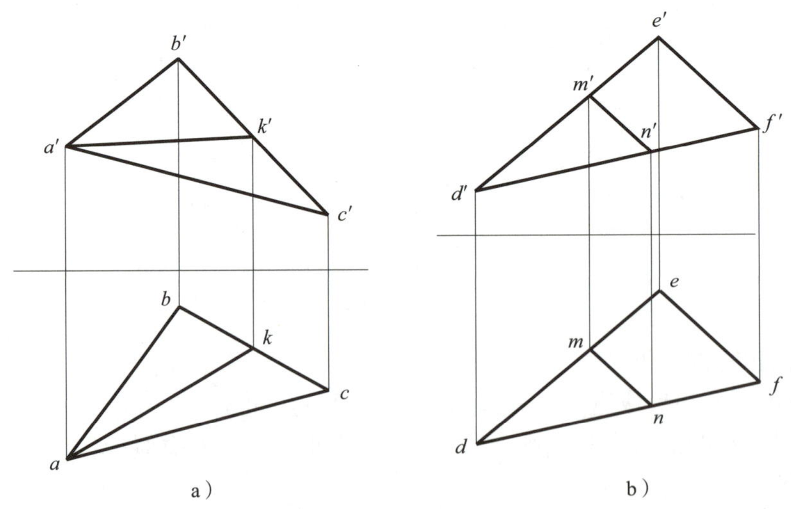

图 2–35 平面上的直线和点

【例 2-5】已知平面 ABC 内一点 K 的水平投影 k，试求 K 点的正面投影 k'。

如图 2-36 所示，有两种解法：

（1）过 k 与平面内一已知点连辅助线求解，如图 2-36a 所示。

（2）过 k 作平面内一已知直线的平行线求解，如图 2-36b 所示。

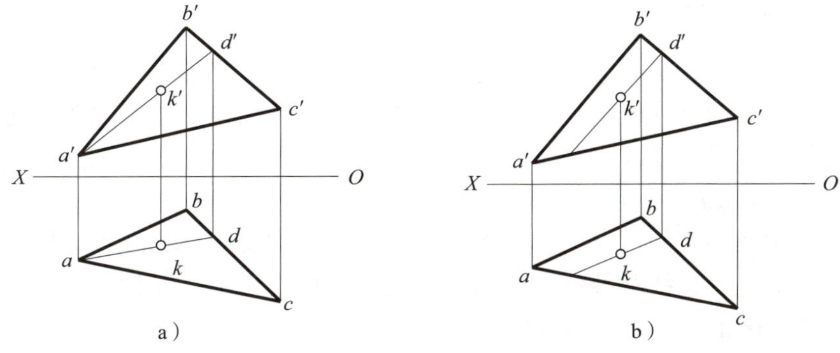

图 2-36　例 2-5 图

【例 2-6】已知条件如图 2-37a 所示，求五边形 $ABCDE$ 的水平投影和正面投影。

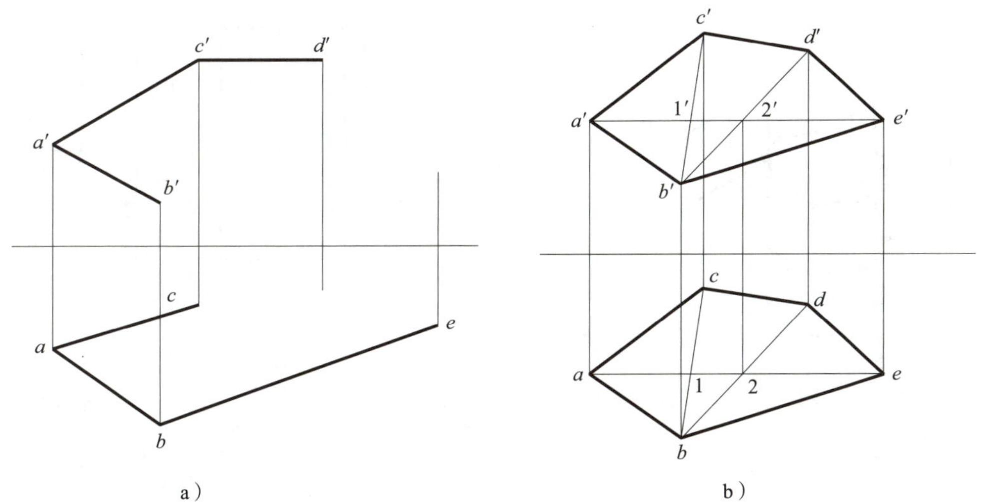

图 2-37　例 2-6 图

作图步骤：

（1）连接 ae、bc、$b'c'$，ae 与 bc 交于点 1，过点 1 向上引投射线交 $b'c'$ 于点 $1'$。

（2）连接 $a'1'$ 并延长，与点 e 向上引的投射线交于点 e'，连接 $b'e'$、$e'd'$。

（3）连接 $b'd'$，与 $a'e'$ 交于点 $2'$，过点 $2'$ 向下引投射线，交 ae 于点 2。

（4）连接 $b2$ 并延长，与点 d' 向下引的投射线交于点 d，连接 cd、de，即完成了五边形 $ABCDE$ 的水平投影和正面投影。

第五节 几何体的三面投影图绘制

一、基本体的投影图绘制

立体是由面围成的空间几何体，包括平面立体和曲面立体。平面立体是由平面所围成的几何体，曲面立体是部分或全部表面为曲面的几何体。本节主要讲述立体的投影及其表面上定点的作图方法。

1. 平面立体的投影绘制

平面立体中平面之间的交线称为棱线，平面之间的交点称为顶点。构成平面立体的几何元素是顶点、棱线和棱面。平面立体最基本的几何形体是棱柱体和棱锥体。下面以六棱柱和三棱锥为例分析其投影。

（1）棱柱体的投影绘制

将正六棱柱按图 2–38a 所示方式向三个投影面投射，则它的上、下两个底面是水平面，前、后棱面是正平面，左、右四个棱面是铅垂面。把正六棱柱分别向三个投影面进行投射，展开后的投影图如图 2–38b 所示。

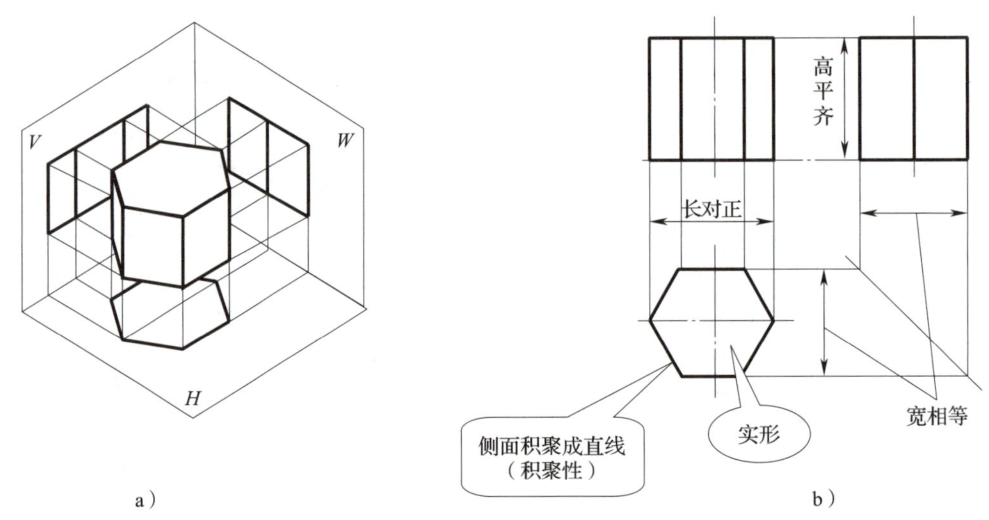

图 2–38　六棱柱的投影

分析：正六棱柱的水平投影是一个正六边形，它是正六棱柱上、下两个底面的投影，反映实形；正六棱柱六个棱面的积聚投影是正六边形的六条边。正六棱柱的正面投影是三个长方形，左、右长方形是正六棱柱左、右四个棱面的投影，不反映实形；中间的长方形是前、后两个棱面的投影，反映实形；上、下两个底面的积聚投影是上、下两条横线。正六棱柱的侧面投影是两个长方形，它是正六棱柱左、右四个棱面的投影，不反映实形；前、后两个棱面的积聚投影是左、右两条竖线；上、下两个底面的积聚投影是上、下两条横线。

（2）棱锥体的投影绘制

如图 2–39a 所示，三棱锥的底面是水平面，后棱面是侧垂面，左、右两个棱面是一般位置平面。把三棱锥分别向三个投影面进行投射，展开后的投影图如图 2–39b 所示。

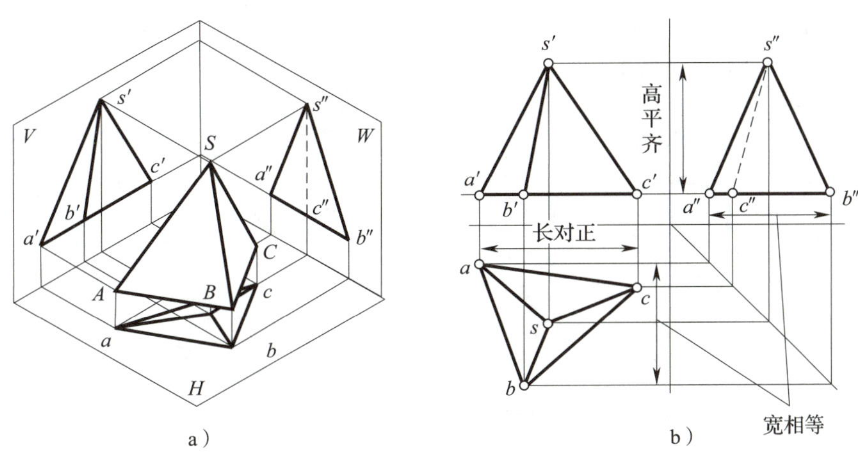

图 2–39　三棱锥的投影

分析：三棱锥的水平投影是三个三角形，它是三个棱面的投影，不反映实形；底面的水平投影反映实形，是外形轮廓。三棱锥的正面投影是两个三角形，左、右三角形分别是三棱锥左、右两个棱面的投影，不反映实形；后棱面的投影是外形轮廓，不反映实形；底面的投影具有积聚性，是下面的一条横线。三棱锥的侧面投影是一个三角形，它是左、右两个棱面的投影，不反映实形；后棱面的积聚投影是三角形左边一条斜线；底面的投影具有积聚性，是下面的一条横线。

2. 曲面立体的投影绘制

常见的曲面立体有圆柱体、圆锥体和圆球体等，它们都是回转体。回转体是母线绕轴线旋转一周的轨迹。

（1）圆柱体的投影绘制

两条直线相互平行，一条是母线，一条是轴线，母线绕轴线旋转一周的轨迹即为圆柱面，如图 2–40a 所示，圆柱体是由圆柱面和两个圆平面组成的。把圆柱体分别向三个投影面进行投射，展开后的投影图如图 2–40b 所示。

分析：圆柱体的水平投影是一个圆，它是圆柱面的积聚投影，也反映上、下两个水平圆平面的实形。圆柱体的正面投影、侧面投影是两个大小相同的矩形，矩形的上、下水平线是上、下两个水平圆的积聚投影，矩形的两侧铅垂线是圆柱面轮廓线的投影。

（2）圆锥体的投影绘制

两条相交直线，一条是母线，一条是轴线，母线绕轴线旋转一周的轨迹即为圆锥面，如图 2–41a 所示，圆锥体是由圆锥面和一个圆平面组成的。把圆锥体分别向三个投影面进行投射，展开后的投影图如图 2–41b 所示。

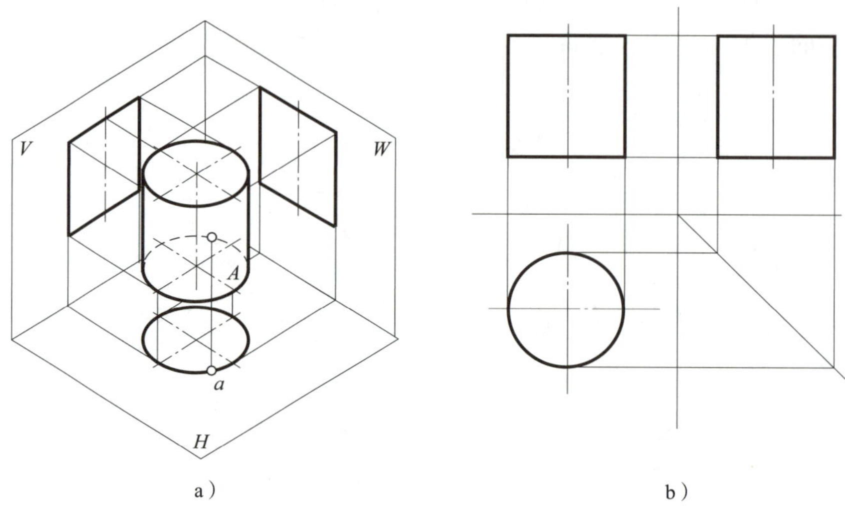

图 2-40 圆柱体的投影

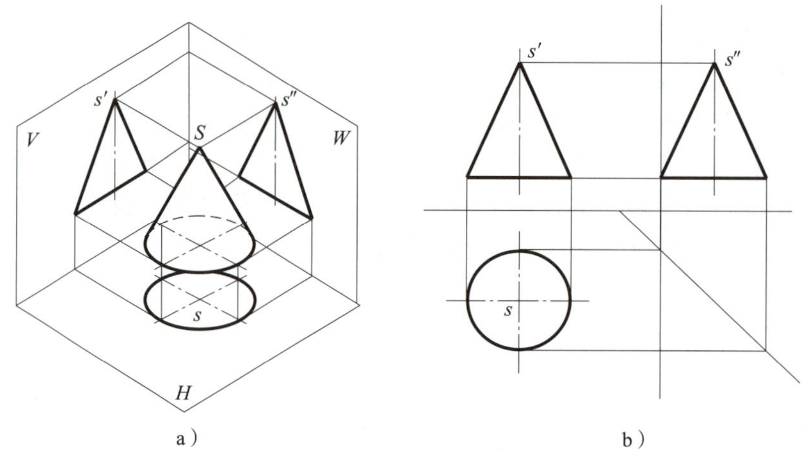

图 2-41 圆锥体的投影

分析：圆锥体的水平投影是一个圆，它是圆锥面的投影，也反映底面水平圆平面的实形。圆锥体的正面投影、侧面投影是两个大小相同的等腰三角形，三角形的底边是底面的积聚投影，三角形的两腰线是圆锥面轮廓线的投影。

（3）圆球体的投影绘制

母线是圆、轴线是圆的直径，母线绕轴线旋转一周的轨迹即为圆球面，如图 2-42a 所示，圆球体是由圆球面组成的。把圆球体分别向三个投影面进行投射，展开后的投影图如图 2-42b 所示。

分析：圆球体的三面投影都是一个圆，它们分别是球体表面不同位置轮廓圆的投影。

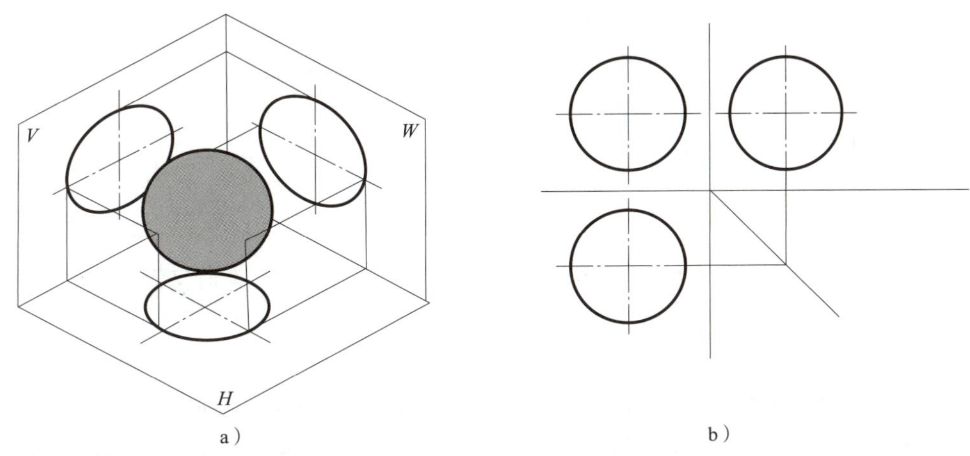

图 2–42　圆球体的投影

二、组合体的投影图绘制和识读

建筑形体无论如何复杂，都是由基本形体（如棱柱、棱锥、圆柱、圆锥、圆环、球等）通过一定的组合方式组合而成的，通常由两个或两个以上的基本几何形体组合的形体称为组合体。组合方式一般分为切割（挖切）、叠加（堆积）。切割是指由一个完整的基本形体经过切割而成为新的组合体，如图 2–43a 所示。叠加是指由几个基本形体堆积而成为新的组合体，如图 2–43b 所示。

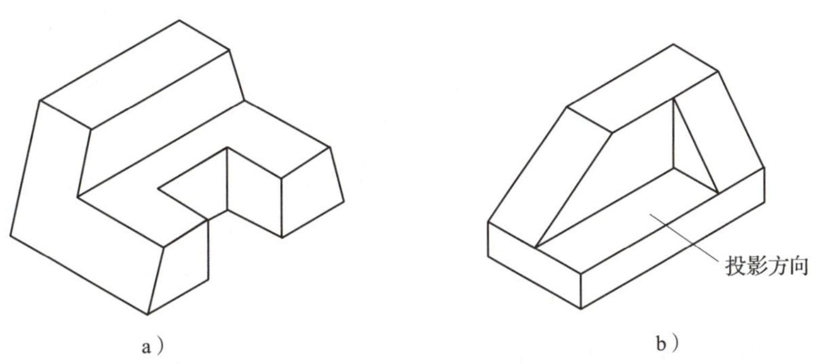

图 2–43　组合体常见的组合方式

a）切割　b）叠加

1. 组合体投影的绘制

绘制组合体投影的步骤有以下三步：

（1）运用形体分析法分析组合体

形状比较复杂的物体可以看成由一些基本形体（如棱柱、圆柱、棱锥、圆锥等）通过叠加或切割形成，把物体（组合体）分解成两个或两个以上基本形体的分析方法称为形体分析法。

用形体分析法把如图 2–43b 所示的形体看成是由长方形底板、四棱柱立板和三棱柱立板叠加形成的。

（2）选择组合体视图

正面投影图的选择是最重要的，其投影方向选择的原则如下：

1）正常使用（或工作）时的位置。

2）能反映组合体主要形状特征。

3）尽量避免或减少虚线。

4）布局合理。

如图 2–43b 所示，形体按所示投影方向投影，会使视图既清晰又简单，而且视图虚线最少。

（3）组合体投影绘制

画图前，要根据物体的形状特点，选择恰当的比例和图幅；画图时，应首先用中心线、对称线或基线在图幅内定好各视图的位置。如图 2–44 所示，先画出底板的三面投影，然后根据四棱柱立板与底板的相对位置，画出四棱柱立板的三面投影，最后根据三棱柱立板与底板的相对位置，画出三棱柱立板的三面投影。经检查修改后，再加深，不可见棱线画成虚线，完成全图。

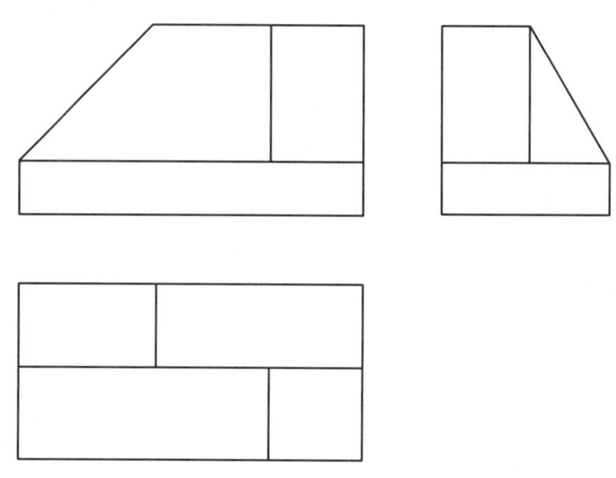

图 2–44　组合体投影

2. 组合体投影的识读

画图是将空间形体用投影图表示在平面上，读图是根据形体在平面上的投影图，想象出形体的空间形状，读图是画图的逆过程。读图是本课程的重点和难点，读图的目的是阅读专业图样。读图的方法通常有形体分析法和线面分析法两种。

（1）形体分析法

读图时，把形体的投影图分解成几个组成部分，每个部分是基本几何体，然后对每个部分进行分析，想象出它们的形状，最后根据基本几何体的相对位置想象出整个形体的空间形状，这种读图方法称为形体分析法，如图 2–45 所示。

图 2–44 所示为形体的三面投影图，把形体的投影图分解成三个组成部分，如图 2–45b、c、d 所示，每个部分是基本几何体，然后对每个部分进行分析，想象出它们的形状，如图 2–45a 所示，即长方形底板、四棱柱立板和三棱柱立板，最后根据基本几何体的相对位置想象出整个形体的空间形状，如图 2–43b 所示。

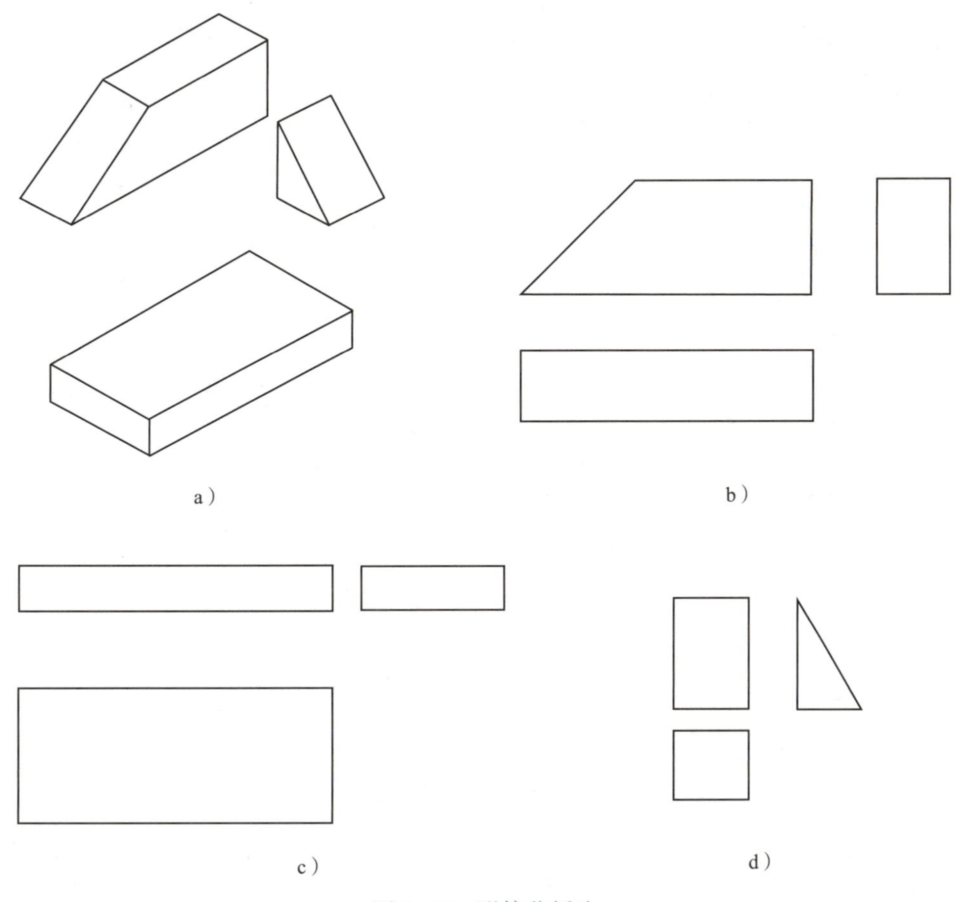

图 2-45　形体分析法

（2）线面分析法

经形体分析后，对物体上难以看懂的局部投影，根据线、面的投影特性逐线、逐面进行投影分析，想象出它们的形状及空间位置，这种读图方法称为线面分析法，如图 2-46 所示。

对投影图中的每一个封闭线框、每一条线进行分析，可以归结为以下两种情况：

1）投影图中的每一条线（直线或曲线）可能是直线、平面或曲面轮廓线的投影。

2）投影中的每一个封闭线框可能是平面实形、平面类似形或曲面的投影。

以图 2-46a 所示的切割体为例，说明线面分析的方法。由该切割体三视图的外形轮廓可以看出，其基本形体是一长方体。再从各视图看：正面投影的长方形缺一斜角，说明在长方体的左上部切掉了一角；水平投影中也缺了一斜角，说明在长方体的左前部也被切去了一角；左视图中的右上部有一直角缺口，说明在长方体前侧的右上角被切掉一个矩形缺口。

在进行了初步分析后，对该切割体的大致形状已有粗略了解，至于物体被切割后在其外形上到底出现了哪些新的表面和轮廓，还有待进一步进行线面分析。

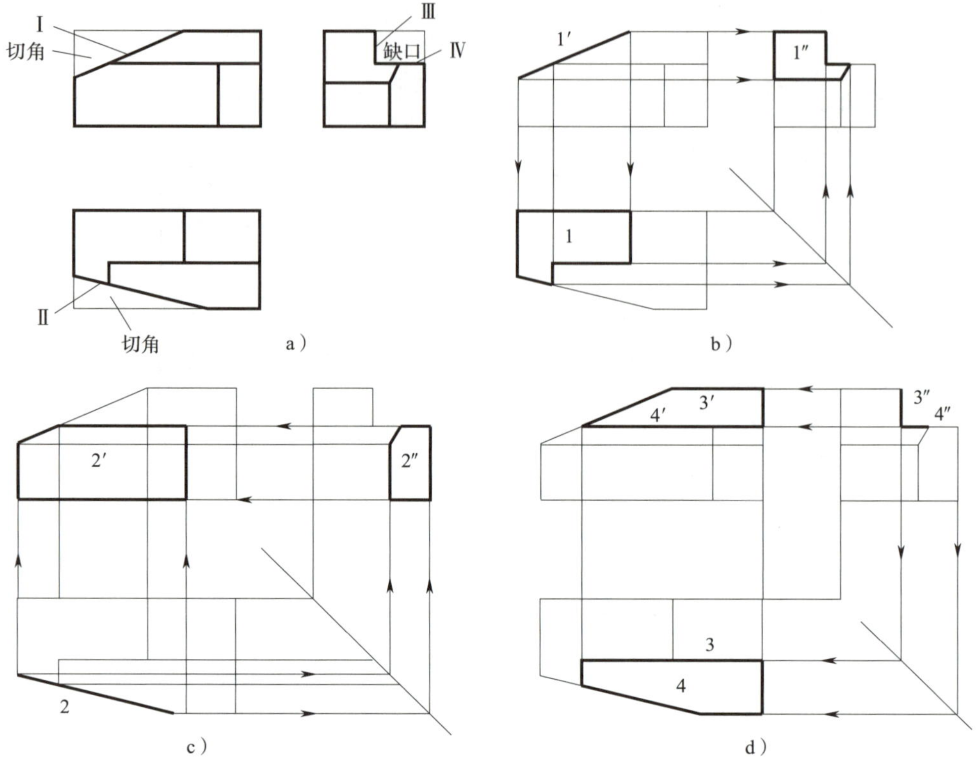

图 2–46　线面分析法

在进行形体分析的过程中，可以看到在物体上形成切角和缺口的位置共有四个截面，即Ⅰ、Ⅱ、Ⅲ、Ⅳ，如图 2–46a 所示。

从正面投影中的线条 1′，用对投影的方法可在水平投影中找到与其相对应的投影——线框 1，在侧面投影中找到对应的线框 1″。1″和 1 是相似形，根据平面投影的特性分析，可以断定它们是正垂面Ⅰ的投影，长方体左上方的切角正是被正垂面Ⅰ所截去的，如图 2–46b 所示。对于水平投影中的线条 2，同样可以找到它的正面投影和侧面投影（均为五边形），经过投影分析可判断出，截面Ⅱ为一铅垂位置的平面，长方体前方的切角即是被平面Ⅱ所截去的，如图 2–46c 所示。

再看侧面投影中缺口处的线条 3″和 4″，如图 2–46d 所示，对应它们的正面投影为线框 3′和线条 4′，对应它们的水平投影为线条 3 和线框 4，由此可以判定平面Ⅲ为正平面，其正面投影反映实形；平面Ⅳ为水平面，其水平投影反映实形；这两个平面正是切掉长方体右上角缺口的两个截面。

经过上面所做的线面分析，读图者对切割体的各表面有了清楚的了解。

三、视图绘制及视图的尺寸标注

建筑形体的结构和形状是多种多样的，为了能够正确、完整、清晰地将不同图样表达出来，需要采用不同的表达方法。下文以类似建筑形体的简化组合体（以下称为形体）为例学习各种表达方法。

1. 视图绘制

视图是主要用于表达物体可见的外部结构和形状的正投影图。视图包括基本视图和辅助视图，这里只简单介绍基本视图。

用正六面体的六个面作为六个投影面，称为基本投影面。将物体置于六面体中间，分别采用正投影的方法向这六个相互垂直的投影面进行投射，就得到该形体的六个面视图，称为基本视图。

如图 2–47 所示，图中的六个投影面是在原来所学的三投影面体系（*V*、*H*、*W* 三个投影面）的基础上又增设了三个与之相互垂直（或平行）的投影面而组成的。

六个投影面展开时，规定正投影面不动，其余各投影面按图示的方向展开到正投影面所在的平面上，如图 2–48 所示。

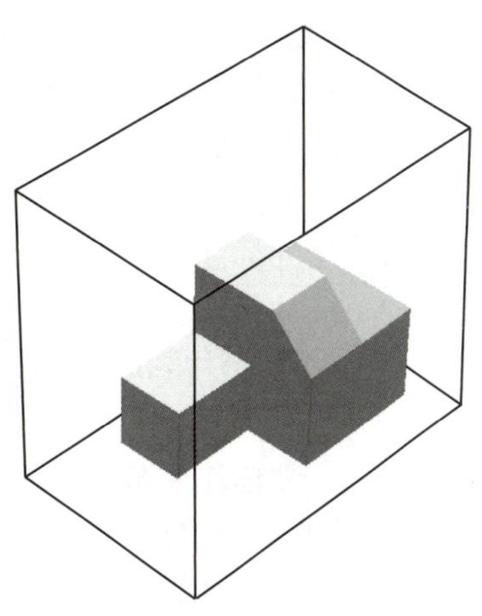

图 2–47 基本投影面

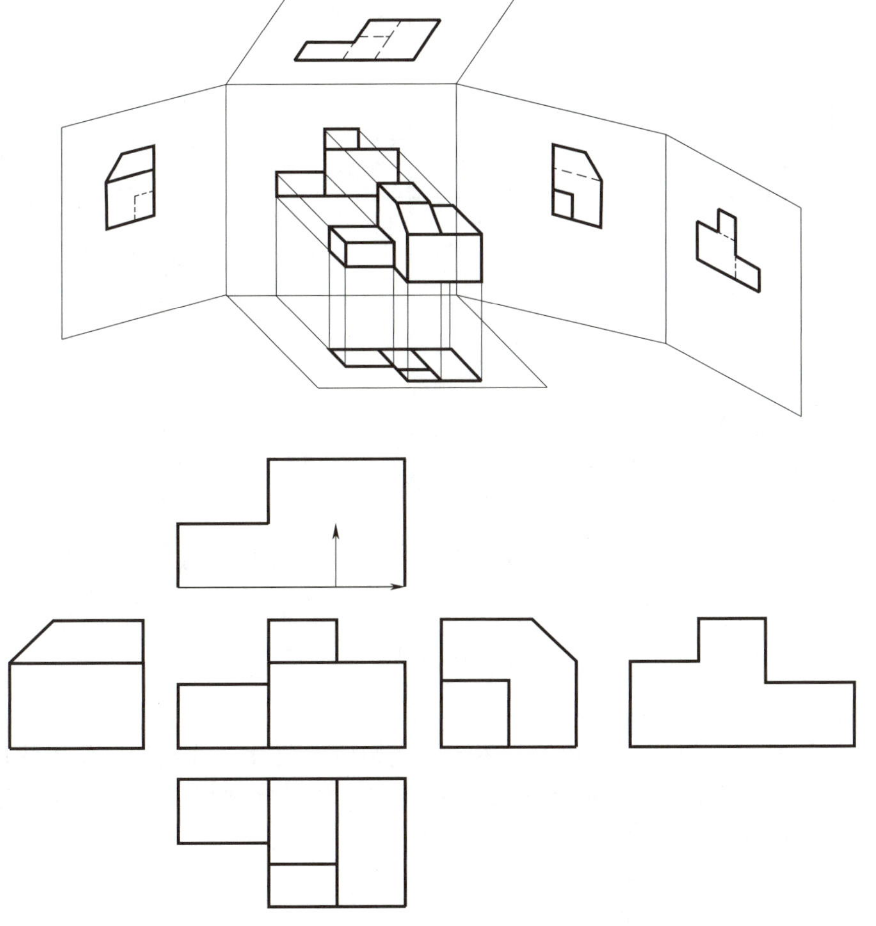

图 2–48 投影面展开图与基本视图

2. 视图的尺寸标注

形体除了用视图表达其形状外，还需用尺寸标注其大小。因此，尺寸标注是表达形体的重要环节。只有掌握形体的尺寸标注方法和一系列规则，才能为绘制专业图样打下良好的基础。

（1）尺寸标注的基本规则

1）尺寸标注要正确。尺寸数值要准确、无误，一般均以毫米（mm）为单位。

2）尺寸标注要完整。尺寸标注应该做到不多、不少、不重复。

3）尺寸标注要清晰。尺寸应尽量标注在两视图之间，不要与视图重复，尽量集中在一个视图上。

4）尺寸标注要整齐。尺寸标注尽量要做到横成行、竖成列，尺寸线的画法应与国家标准的要求一致。

（2）基本几何体的尺寸标注

基本几何体都有长、宽、高三个方向的尺寸，其尺寸标注如图 2–49 所示。在常见的几何体视图中标注尺寸可以减少视图数量。

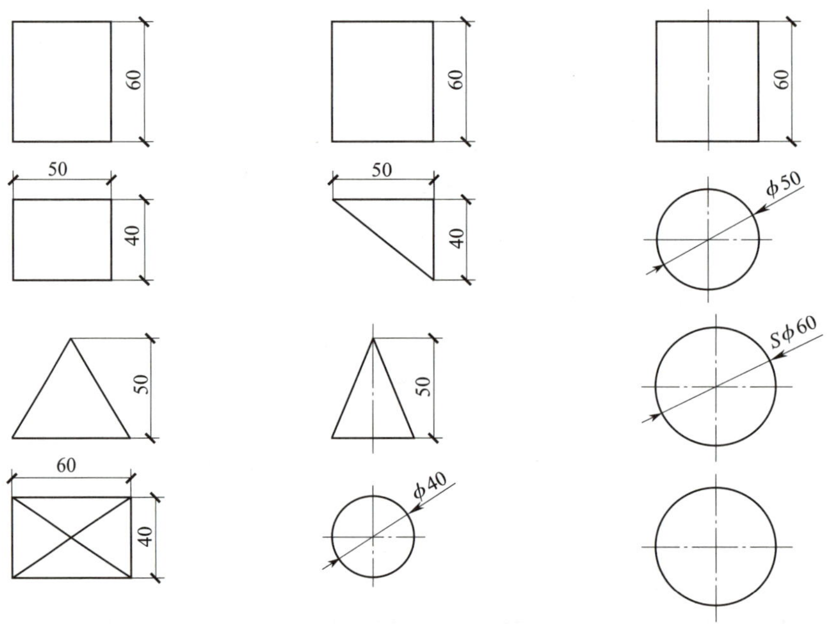

图 2–49　基本几何体的尺寸标注

（3）带切口形体的尺寸标注

除了标注基本几何体的尺寸外，还需标注切口的尺寸及确定切口位置的尺寸，如图 2–50 所示。需要注意：当形体与截平面的相对位置确定后，切口的交线便依此确定，因此不应标注交线的尺寸。

（4）形体尺寸标注的分类与配置

1）形体尺寸标注的分类

①定形尺寸。定形尺寸是确定形体中各基本几何体形状大小的尺寸。

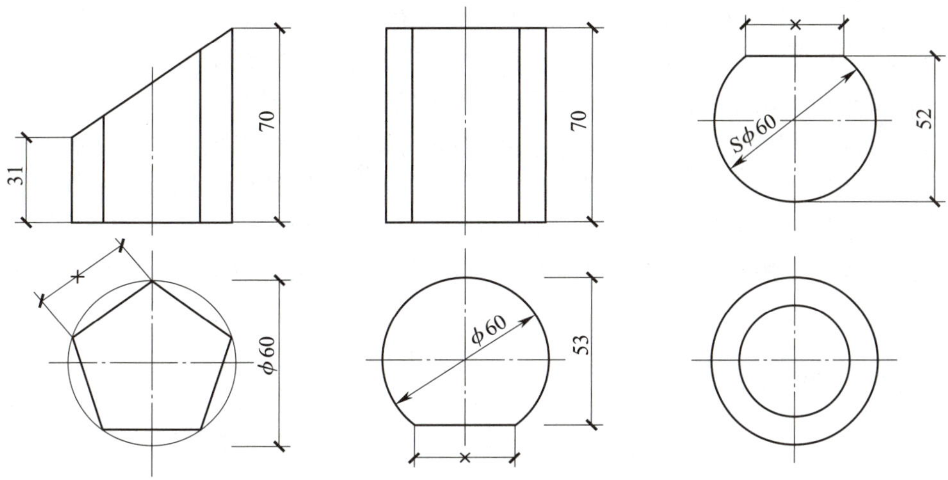

图 2–50 带切口形体的尺寸标注

②定位尺寸。定位尺寸是确定形体中各基本几何体相对位置的尺寸。

③总体尺寸。总体尺寸是确定形体的总长、总宽、总高的尺寸。

简单形体（如基本几何体）的尺寸标注可参照图 2–49；复杂形体的尺寸标注应首先做形体分析，然后考虑尺寸的配置，做到清晰、整齐、便于阅读，最后按照定形尺寸、定位尺寸、总体尺寸的顺序标注尺寸，如图 2–51 所示。

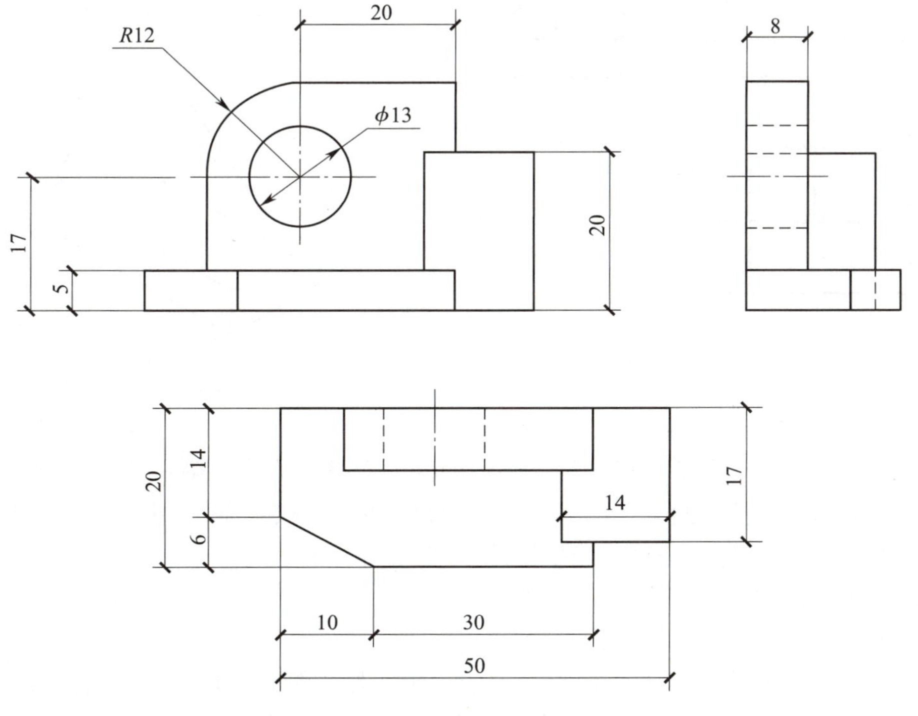

图 2–51 复杂形体的尺寸标注

2）形体尺寸标注的配置

①相关尺寸应集中标注，平行的尺寸线间隔应相等，第一道尺寸距形体的轮廓 10 ~ 15 mm，其余每道尺寸间距为 8 ~ 10 mm。数字写在尺寸线上方，字头应朝上或朝左，并且要按照小尺寸在内侧、大尺寸在外侧的基本规则配置。

②尺寸尽量配置在视图外或两个视图之间，采用指引线引出标注时，指引线允许折一次，且数字不要距所标注的结构太远。尽量不在虚线处标注尺寸，实在不能避免的例外。一个尺寸一般只标注一次，不可重复（专业图样例外）。

绘图时无论采用任何比例，尺寸标注的数字应按形体的实际大小注写。

第六节 轴测图绘制

一、轴测投影的基本知识

工程上常采用的图样是前面各节学习的正投影图。用正投影画出的图样画法简单、便于施工，并且能够显示出物体各个侧面的形状和尺寸，但是它立体感差、读图困难。轴测图是三维的立体图，它立体感较强，便于读图，但画法烦琐，只能作为工程图样的辅助图。正投影图与轴测图的比较如图 2–52 所示。

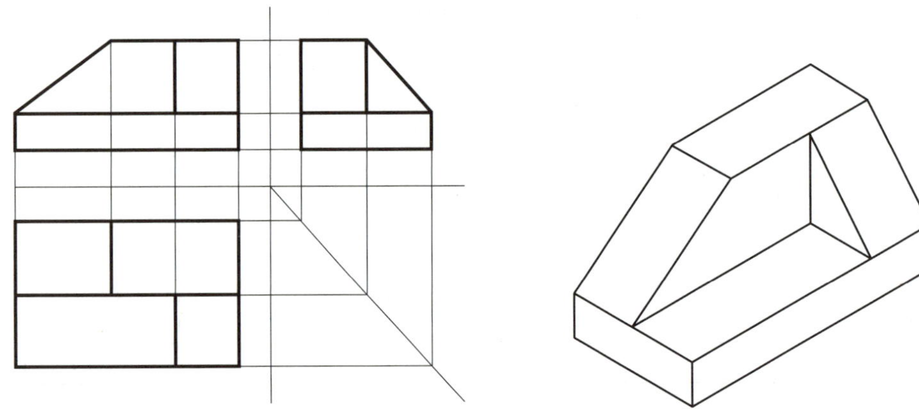

图 2–52　正投影图与轴测图的比较

1. 轴测图的形成

用平行投影法，沿不平行于任一坐标面的方向将形体连同确定其空间位置的直角坐标系投射到一个投影面上，所得到的单面投影称为轴测投影。用这种方法画出的图称为轴测投影图，简称轴测图。轴测图的形成如图 2–53 所示。

2. 轴测图的基本概念和基本规律

（1）轴测轴和轴间角

建立在物体上的坐标轴在投影面上的投影叫作轴测轴，即 O–XYZ 在投影面 P 上的投影 O_1—$X_1Y_1Z_1$；轴间角是轴测轴之间的夹角，即 $\angle X_1O_1Y_1$、$\angle Y_1O_1Z_1$、$\angle X_1O_1Z_1$。

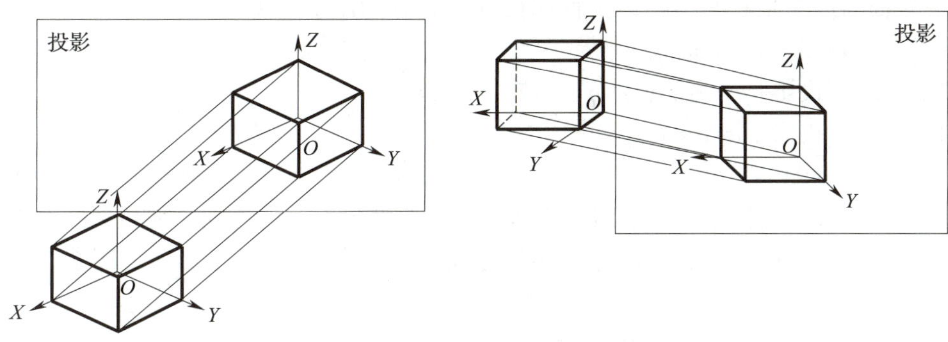

图 2-53　轴测图的形成

（2）轴向伸缩系数

物体上平行于坐标轴的线段在轴测图上的长度与实际长度之比叫作轴向伸缩系数。其中 X 轴轴向伸缩系数 $p=O_1X_1/OX$，Y 轴轴向伸缩系数 $q=O_1Y_1/OY$，Z 轴轴向伸缩系数 $r=O_1Z_1/OZ$，如图 2-54 所示。

（3）轴测图的投影特性

实际物体与轴测投影之间保持以下关系：

1）平行投影特性。两直线平行，它们的轴测投影也平行。

2）与轴测轴平行直线的伸缩系数与轴测轴相同。两平行线段的轴测投影长度与空间长度的比值相等。

需要注意：物体上与坐标轴平行的直线，其轴测投影平行于相应的轴测轴；凡是与坐标轴平行的直线，就可以在轴测图上沿轴向进行度量和作图。

3. 轴测图的分类

根据投射线和轴测投影面相对位置的不同，轴测图分为正轴测图和斜轴测图。

（1）正轴测图

改变物体和投影面的相对位置，使物体的正面、顶面和侧面与投影面都处于倾斜位置，用正投影法作出物体的投影，即投影方向垂直于投影面 P 时，所得的轴测投影叫作正轴测投影，如图 2-55 所示。

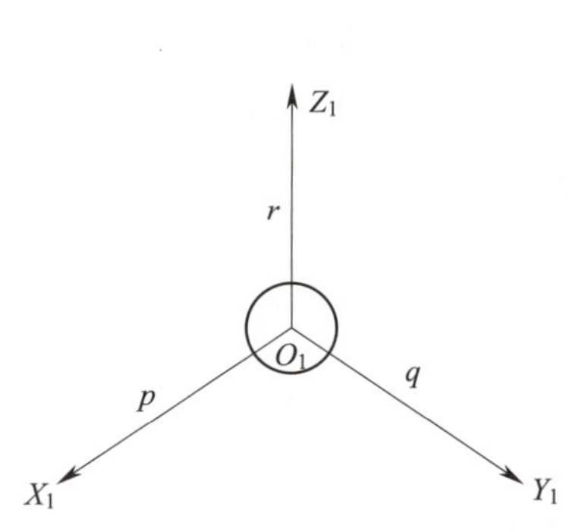

图 2-54　轴测轴和轴向伸缩系数

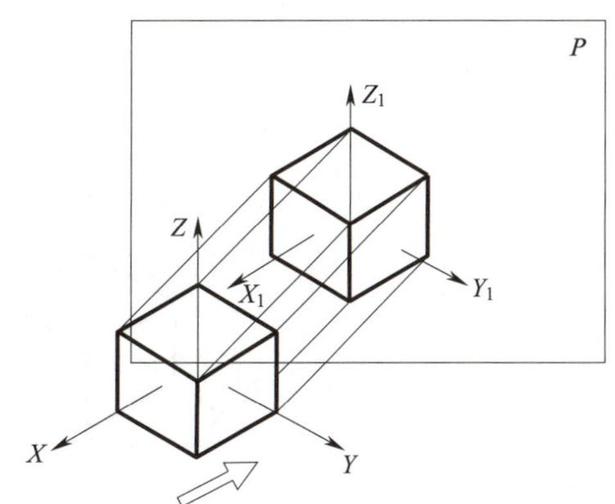

图 2-55　正轴测投影

根据轴向伸缩系数的不同，正轴测投影又可分为以下三种：

1）正等轴测投影：$p=r=q$。

2）正二测投影：$p=r\neq q$ 或 $p=q\neq r$ 或 $p\neq q=r$。

3）正三测投影：$p\neq q\neq r$。

（2）斜轴测图

斜轴测图不改变物体与投影面的相对位置，改变投射线的方向，使投射线与投影面倾斜。投影方向倾斜于投影面 P 时，所得的轴测投影叫作斜轴测投影，如图 2–56 所示。

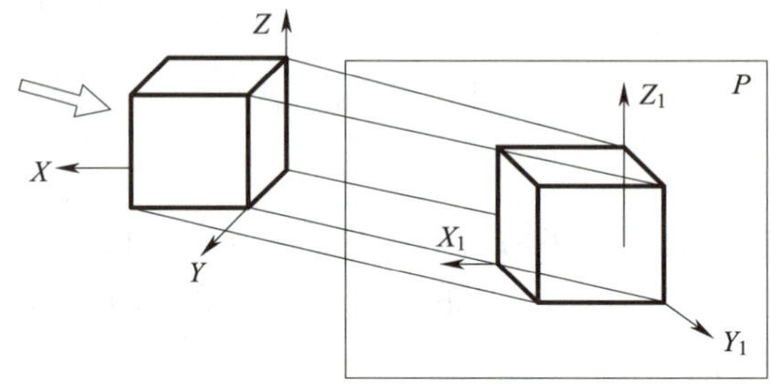

图 2–56　斜轴测投影

根据轴向伸缩系数的不同，斜轴测投影又可分为以下三种：

1）斜等轴测投影：$p=r=q$。

2）斜二测投影：$p=r\neq q$ 或 $p=q\neq r$ 或 $p\neq q=r$。

3）斜三测投影：$p\neq q\neq r$。

其中，正等轴测投影和正面斜二测投影在工程上常用，本节只介绍正等轴测投影和正面斜二测投影的画法。

二、正等轴测投影绘制

当投影方向垂直于轴测投影面 P 时，形体上三个坐标轴的轴向伸缩系数相等，即三个坐标轴与 P 面倾角相等。此时在 P 面上所得到的投影称为正等轴测投影，简称正等测图或正等测，如图 2–57 所示。

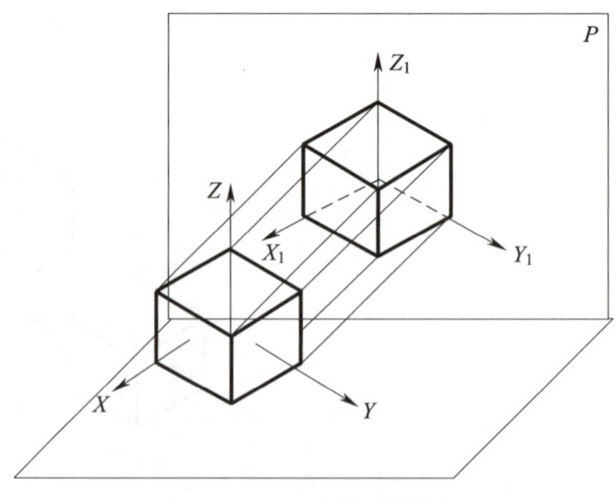

图 2–57　正等轴测投影

1. 轴间角和轴向伸缩系数

根据理论计算，正等测图的轴向伸缩系数 $p=q=r=0.82$，轴间角 $\angle X_1O_1Z_1=\angle X_1O_1Y_1=\angle Y_1O_1Z_1=120°$。画图时，规定把 Z_1 轴画成铅垂位置，因而 X_1 轴、Y_1 轴与水平线均成 30°，如图 2-58 所示。一般常采用简化伸缩系数，即取 $p=q=r=1$。这样便可按实际尺寸画图，但画出的图形放大了 1/0.82≈1.22 倍，如图 2-59 所示。

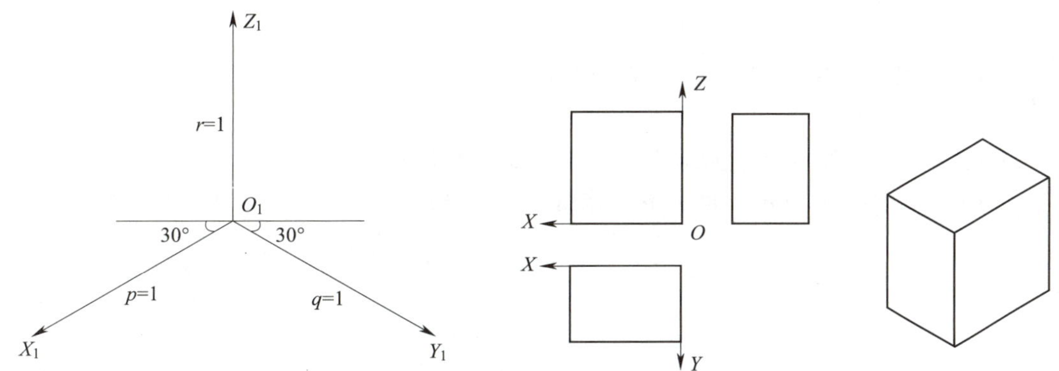

图 2-58　正等测图的轴间角和轴向伸缩系数　　图 2-59　四棱柱的正等测图

2. 正等测图绘制

画正等测图时先确定物体的直角坐标轴，一般使物体的某个顶点与坐标原点重合，然后选择投影方向，使其能够更好地表达形体，最后画正等测图。下面通过例题说明正等测图的画法。

【例 2-7】作出三棱锥的正等测图，如图 2-60 所示。

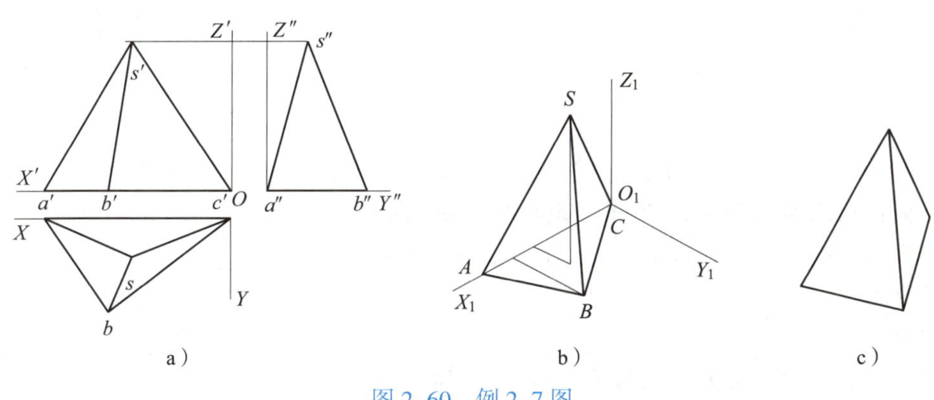

图 2-60　例 2-7 图

作图步骤：

（1）把坐标原点确定在锥底面 C 点上，X 轴与 AC 边重合，Z 轴向上，如图 2-60a 所示。

（2）画出正等测图的轴测轴 O_1—$X_1Y_1Z_1$，先以三棱锥锥底的长、宽尺寸作出锥底面的正等测图，并确定锥顶点 S 在锥底面上的投影位置 s 点，再从 s 点向上量取锥高确定锥顶 S 的轴测投影，如图 2-60b 所示。

（3）自锥顶投影向三个锥底顶点连线，得到三棱锥体的正等测图。擦去不可见轮廓线及辅助线（轴测线），加深可见轮廓线，完成三棱锥的正等测图，如图 2-60c 所示。

【例 2-8】已知斜垫块的正投影图，画出其正等测图，如图 2-61 所示。

作图步骤：

（1）在斜垫块上选定直角坐标系。

（2）如图 2-62a 所示，画出正等轴测轴，按尺寸 a、b 画出斜垫块底面的轴测投影。

（3）如图 2-62b 所示，从底面矩形前后两组角点，分别沿 Z 轴向上引线段 h_1 和 h_2。

（4）如图 2-62c 所示，连接各顶点，画出斜垫块顶面。

（5）如图 2-62d 所示，擦去多余作图线，描深，即完成斜垫块的正等测图。

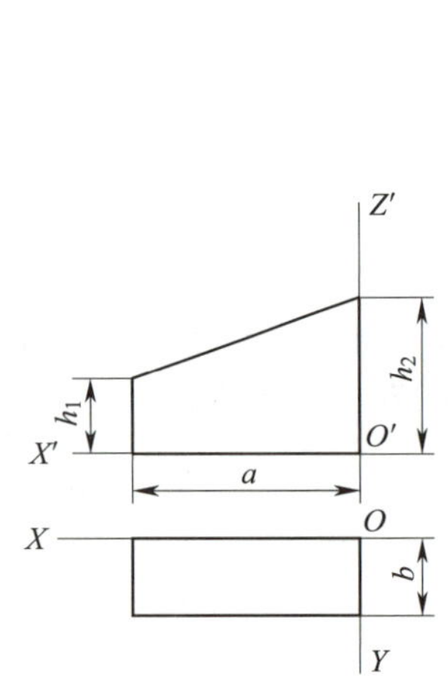

图 2-61　例 2-8 图

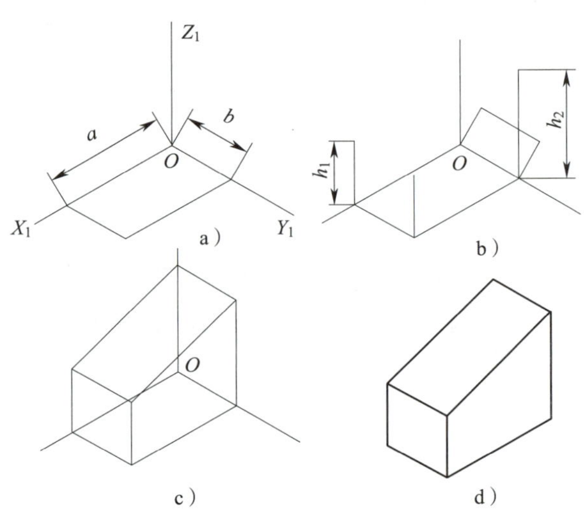

图 2-62　作斜垫块的正等测图

【例 2-9】已知台阶的正投影图，画出其正等测图，如图 2-63 所示。

分析：由正投影图可以看出，该台阶由一侧栏板和三级踏步组合而成。为简化作图，选其前端面的右下角为坐标原点。

作图步骤：

（1）在台阶上选定直角坐标系，如图 2-64 所示。

（2）画出轴测轴，根据正投影图画出台阶前端面的轴测投影，如图 2-64a 所示。

（3）过前端面的各角点，沿 Y_1 轴方向，由前向后作直线，并对应截取长度 a 和 b，如图 2-64b 所示。

（4）画出踏步的正等测图，如图 2-64c 所示。

（5）画出栏板的正等测图。擦去多余作图线，描深，即完成台阶的正等测图，如图 2-64d 所示。

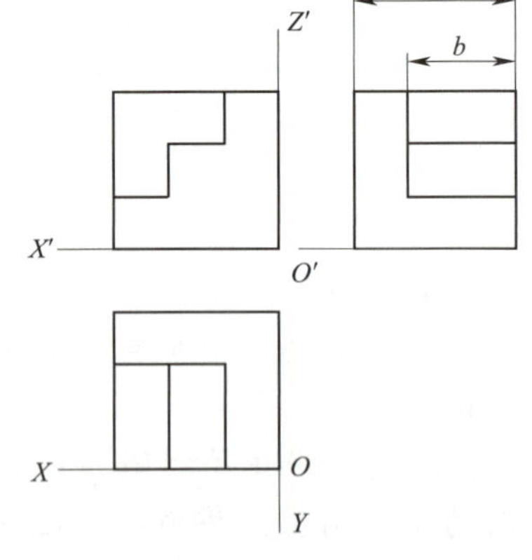

图 2-63　例 2-9 图

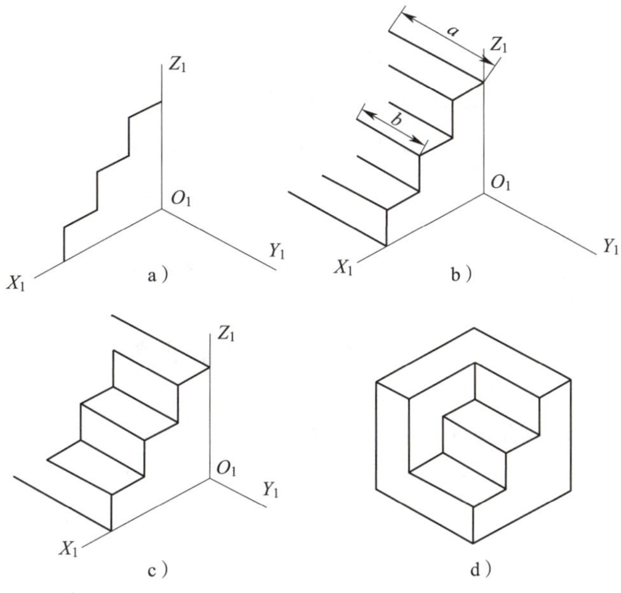

图 2-64　作台阶的正等测图

三、正面斜二测投影绘制

当投影方向倾斜于轴测投影面 P，形体上两个坐标轴的轴向伸缩系数相同时，在 P 面上所得到的投影称为斜二测投影，简称斜二测图或斜二测，如图 2-65 所示。它分为正面斜二测图和水平斜二测图，如果 $p=r$，即坐标面 XOZ 平行于 P 面，得到的是正面斜二测图；如果 $p=q$，即坐标面 XOY 平行于 P 面，得到的是水平斜二测图。这里只介绍正面斜二测图的画法。

1. 正面斜二测图的轴间角和轴向伸缩系数

图 2-66 所示为正面斜二测图的轴间角和轴向伸缩系数。坐标面 XOZ 平行于正平面，轴间角 $\angle X_1O_1Z_1=90°$，轴向伸缩系数 $p=r=1$。为作图方便且能达到较好的表达效果，选轴间角 $\angle X_1O_1Y_1=\angle Y_1O_1Z_1=135°$，即 Y_1 轴与水平线成 45°，选轴向伸缩系数 $q=0.5$。

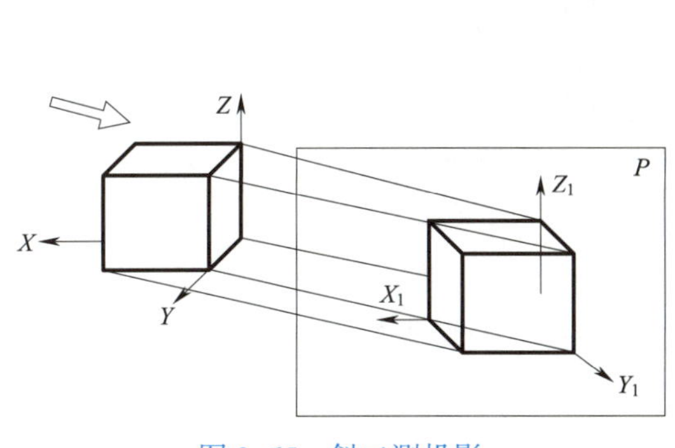

图 2-65　斜二测投影

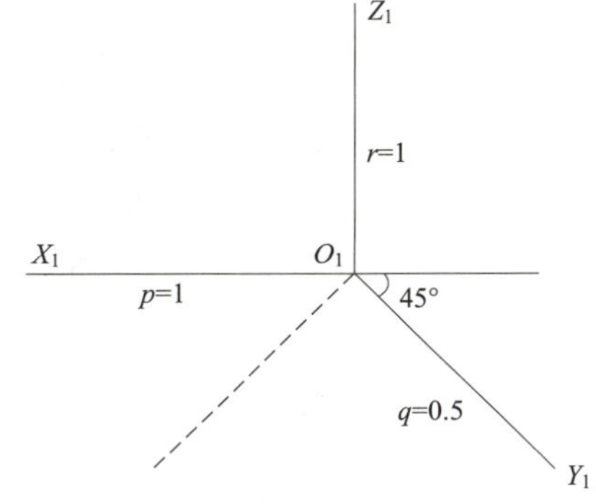

图 2-66　正面斜二测图的轴间角和轴向伸缩系数

2. 正面斜二测图绘制

当选用正面斜二测图时，由于正面形状不变，因此应把物体形状较为复杂的一面作为正面。具体正面斜二测图的画法见下面例题。

【例 2–10】作出如图 2–67a 所示挡土墙的正面斜二测图。

作图步骤：

（1）先作出底板的正面斜二测图，如图 2–67b 所示。

（2）按竖墙在底板上的前后、左右位置画出竖墙的正面斜二测图，如图 2–67b 所示。

（3）在底板和竖墙上作出扶壁与它们的交线，作出各面，画出扶壁的正面斜二测图，如图 2–67b 所示。

（4）去除不可见线及辅助线，加深挡土墙可见轮廓线，完成挡土墙的正面斜二测图，如图 2–67c 所示。

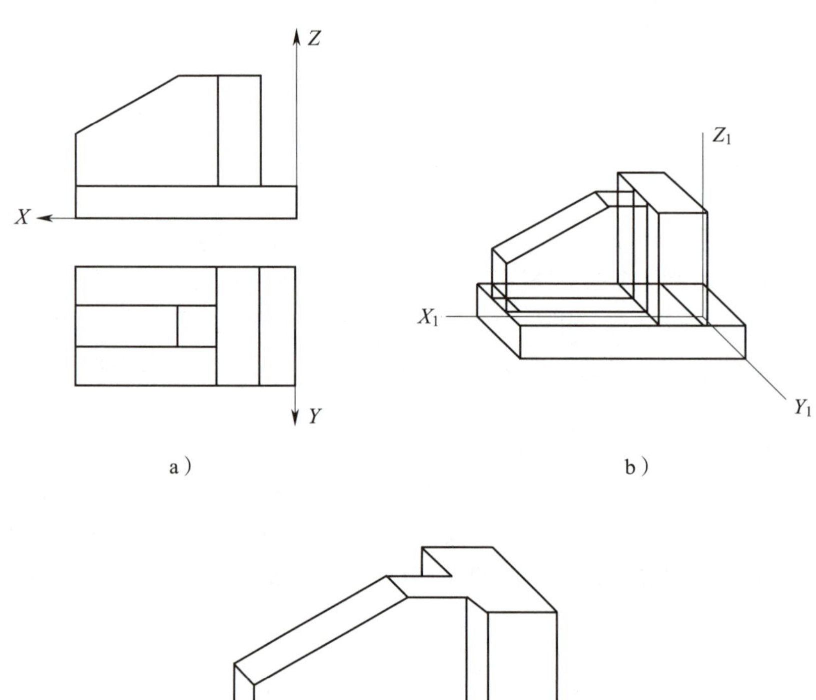

图 2–67　例 2–10 图

第七节　剖面图和断面图绘制

一、剖面图

在画物体投影时，虽然可以把物体外部形状和大小表达清楚，但物体不可见结构的轮廓线在视图中用虚线表示，如图 2–68 所示，当物体内部形状较复杂时，则视图中虚线过多，给读图和标注尺寸增加困难，为此，国家标准规定采用剖面图表达物体的内部形状。

1. 基本概念

假想用剖切平面在适当的位置将形体剖开，将位于观察者和剖切面之间的部分移去，而将其余部分向投影面投射所得的图形称为剖面图。

如图 2–69 所示，用一个正平面将形体沿对称面剖开，将立面图用剖面图表示，这样内部结构被显露出来，原来视图中的虚线（不可见结构）变为实线。

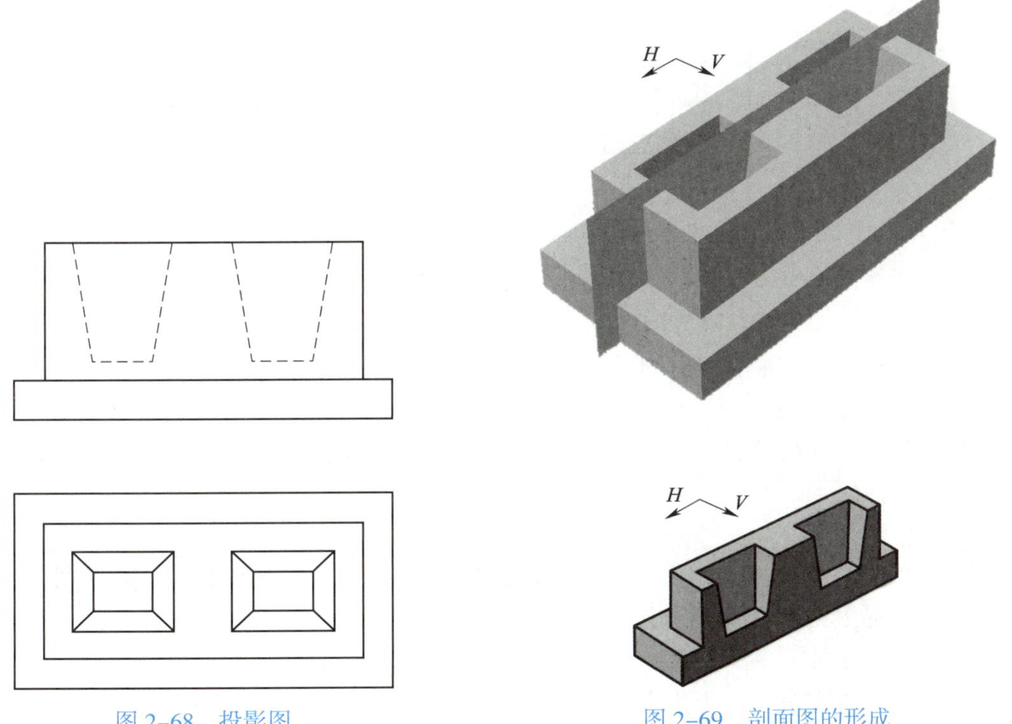

图 2–68　投影图

图 2–69　剖面图的形成

2. 剖面图的绘制

（1）确定剖切平面的位置

一般用平面作为剖切平面。剖切平面一般应通过物体内部结构的对称平面或孔的轴线，并平行于相应的投影面。

（2）画剖面图

剖切平面剖切到的物体断面轮廓用粗实线画出，其后面的可见轮廓线用中实线画出。

（3）画剖面符号

应在剖切平面切到的断面轮廓内（切到的部分）画上材料图例符号或 45° 同方向、等间距的细斜线，即剖面符号或剖面线，如图 2–70 所示。

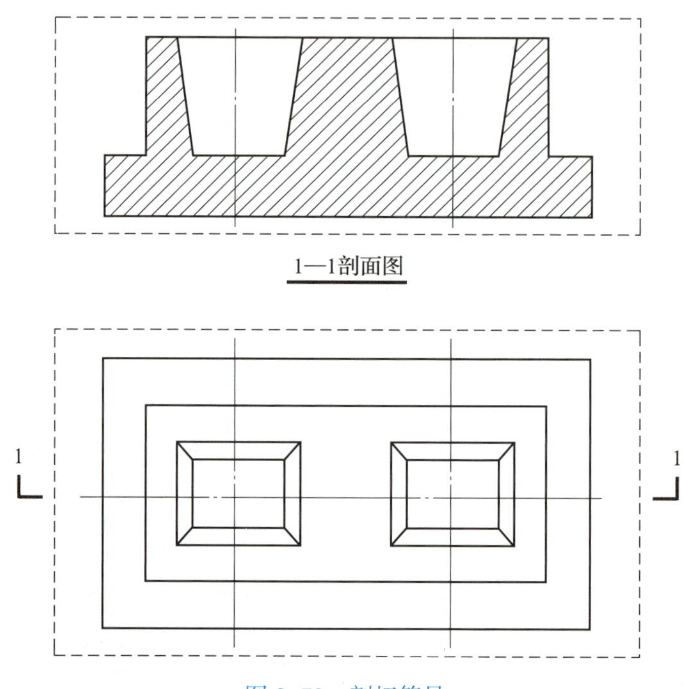

图 2–70　剖切符号

画剖面图时要注意剖切后的可见轮廓线应画出，不要漏掉。

3. 剖面图的标注

如图 2–70 所示，剖面图的标注用剖切符号表示，剖切符号由剖切位置线和剖视方向线组成。

（1）剖切位置线

用剖切位置线表示剖切面的起始、转折和终止位置，剖切位置线用粗实线表示，线长 6 ~ 10 mm，尽可能不要与图形的轮廓线相交。

（2）剖视方向线

用剖视方向线表示投影方向，画在剖切位置线两外端，并与剖切位置线垂直。剖视方向线用粗实线表示，线长 4 ~ 6 mm。

（3）剖面图的名称

在剖视符号的同侧或附近注上相同的数字，数字必须水平书写；在剖面图的下方用阿拉伯数字标出剖面图的名称“×—× 剖面图”。按投影关系布图时，可省略剖面图名称。

4. 剖面图的分类

剖面图可分为全剖面图、半剖面图、局部剖面图、阶梯剖面图等几种。

（1）全剖面图（全剖）

如图 2–70 所示，全剖面图适用于外部结构较为简单、内部结构较为复杂的任何对称或不对称形体。用一个剖切平面将形体全部剖开，再作正投影所得到的剖面图称为全剖面图。在保证立面图与平面图的投影关系时，可省略剖面图的标注。

（2）半剖面图（半剖）

半剖面图适用于左右对称或前后对称而外形较为复杂的形体。以形体的对称线为分界线，由一半表示外形的视图、一半表示内部的剖面图所组成的图样称为半剖面图，如图 2–71 所示。

识读和绘制半剖面图应注意以下几点：

1）以细点画线（对称线）为分界线。半剖面图中的剖面部分画在图形竖直对称线的右边或水平对称线的下边。

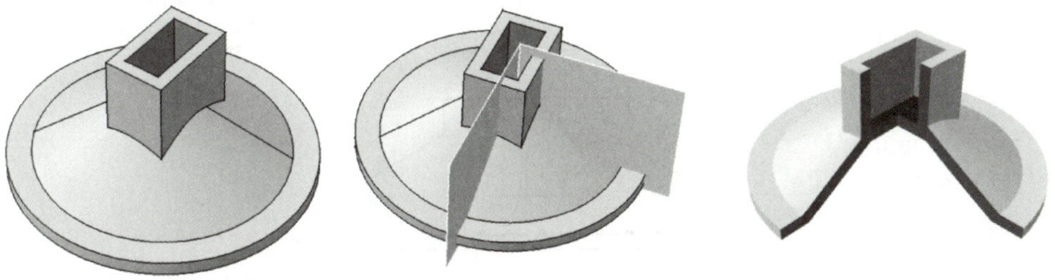

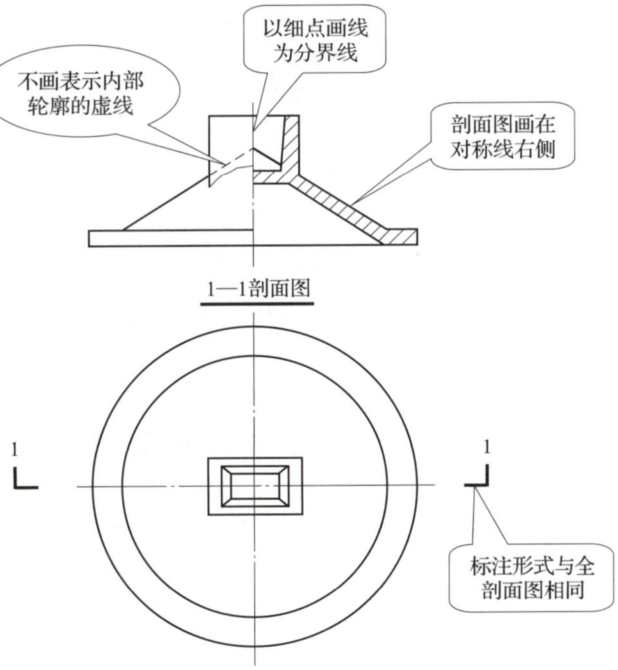

图 2–71　半剖面图

2）半剖面图中的视图部分不画表示内部轮廓的虚线，剖面部分不画表示外部轮廓的虚线。另外，在同一个形体的各剖面图中，剖面线的方向、间距应一致。

3）半剖面图的标注形式与全剖面图相同。

（3）局部剖面图（局剖）

用剖切面将物体局部剖开，并通常用波浪线表示剖切范围，所得的剖面图称为局部剖面图，如图 2–72 所示。

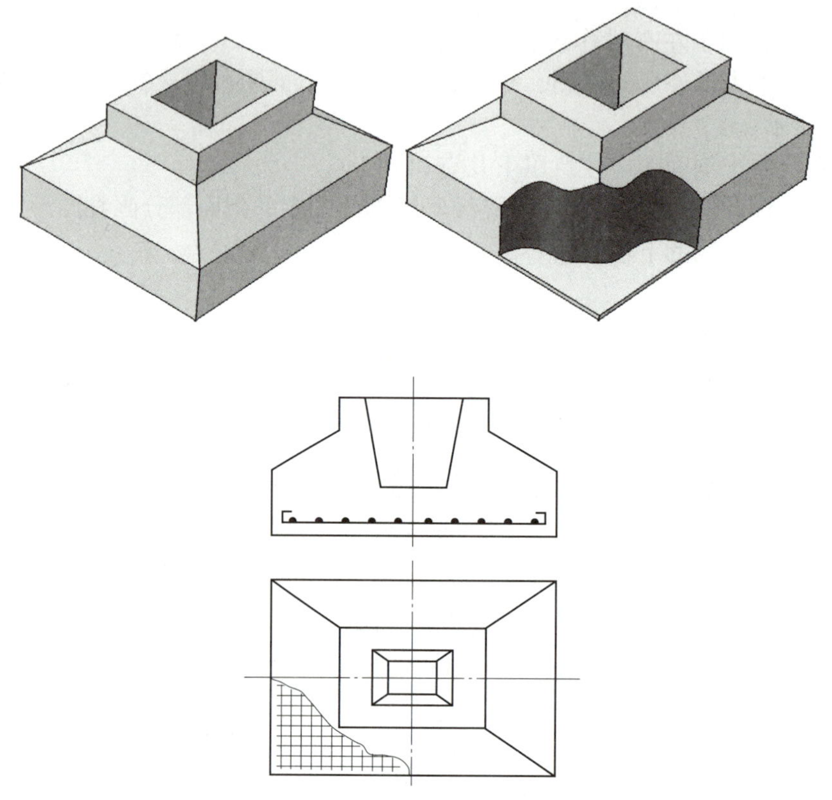

图 2–72 局部剖面图

局部剖面图主要用于以下几种情况：

1）物体需要多个剖切面剖切才能表达清楚。这种分层局部剖是其他剖面图所做不到的。

2）物体上只有局部的内部结构和形状需要表达，不必画成全剖面图。

3）物体具有对称面，但不宜采用半剖面图表达内部形状。

4）不对称物体的内、外部形状都需要表达。

画局部剖面图应注意：波浪线只能画在物体表面的实体部分，不得穿越孔或槽（应断开），也不能超出视图之外；波浪线不应与其他图线重合或画在它们的延长线上。

（4）阶梯剖面图（阶梯剖）

阶梯剖面图适用于内部结构较复杂，且用一个剖切面不能将其内部结构完全表达

清楚的形体，如图 2–73 所示。用一组相互平行的剖切平面将形体剖开所得的剖面图称为阶梯剖面图，如图 2–74 所示。

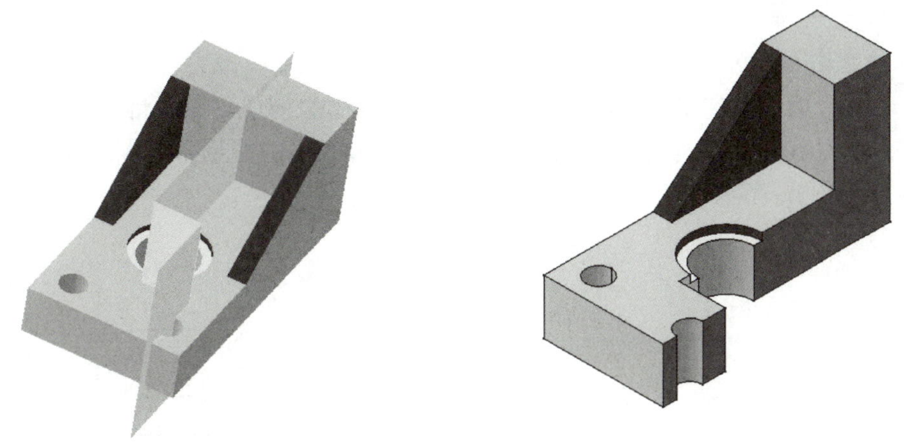

图 2–73　阶梯剖示意

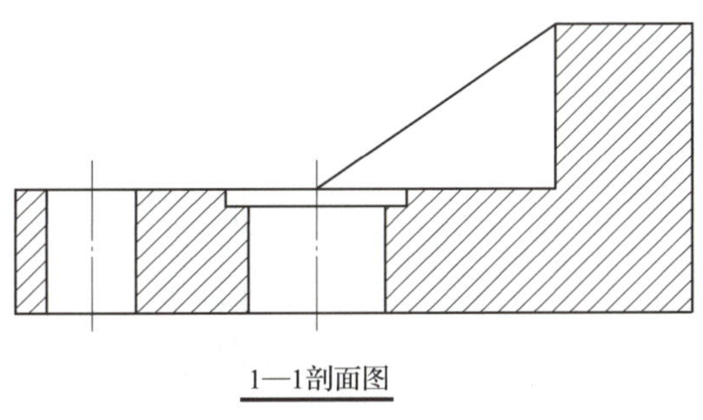

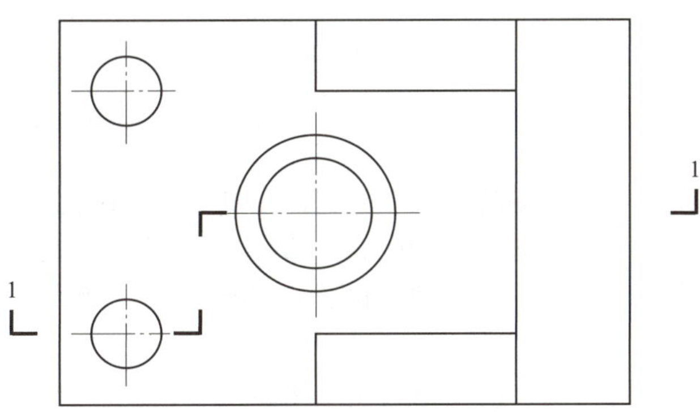

图 2–74　阶梯剖面图

画阶梯剖面图应注意在一般情况下，作阶梯剖剖面图时剖切平面只转折一次，且转折处不画分界线。

综上所述，不同形式的剖面图适用于不同结构的形体，选择时应灵活运用，并严格按其各自的规定画法绘图和标注。有时，两种剖面图形式可以同时应用在某一形体中表达其内部结构。

二、断面图

1. 基本概念

用一个假想的剖切平面（特殊情况下用两个相交的剖切平面）将形体在适当的位置剖开，仅把截断面在与它平行的投影面上作投影所得的图形称为断面图或截面图，如图 2–75、图 2–76 所示。

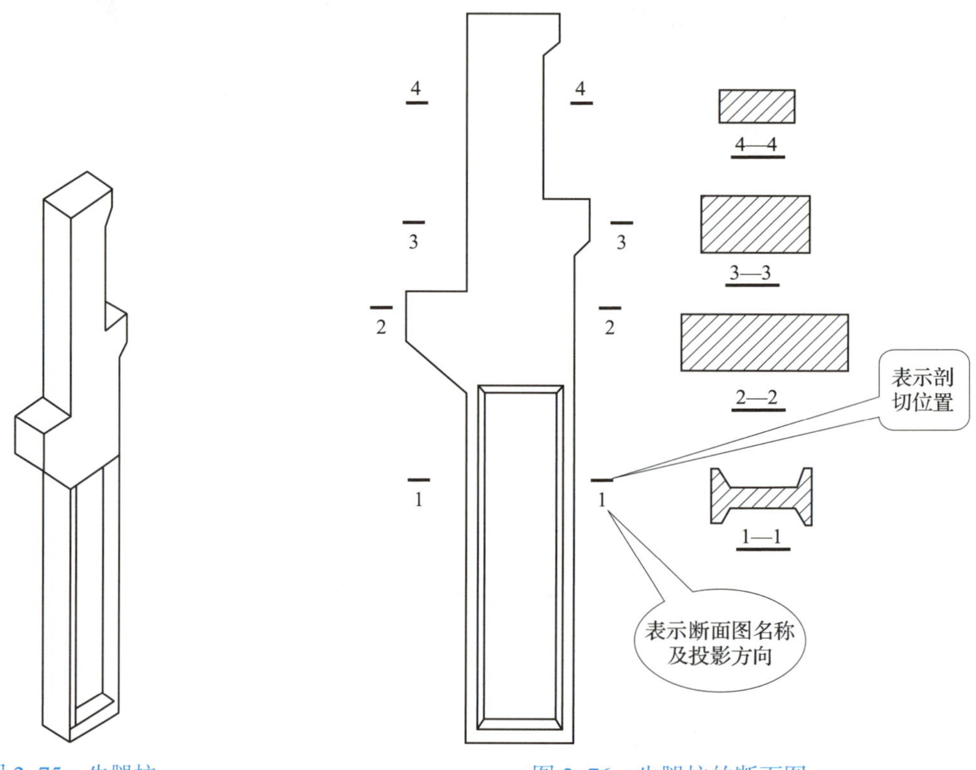

图 2–75　牛腿柱

图 2–76　牛腿柱的断面图

断面图的剖切位置可以根据需要任意选定，在投影图上由剖切符号表明剖切位置，剖切符号只有剖切位置线，长度为 6 ~ 10 mm，数字所在的一侧表示投影方向。断面图的断面轮廓内应画上图例线或材料图例。断面图的轮廓线一般为粗实线，图例线或材料图例用细实线绘制。

断面图与剖面图相比有以下两点不同（见图 2–77）：

（1）断面图仅画出剖切平面剖到的断面形状；剖面图不仅画出剖切平面剖到的断面形状，还要将按投影方向所看到的形体都画出来。

（2）断面图的剖切平面位置仍用剖切位置线表示（这一点与剖面图相同），而投影方向线不画，用数字表示其投影方向。

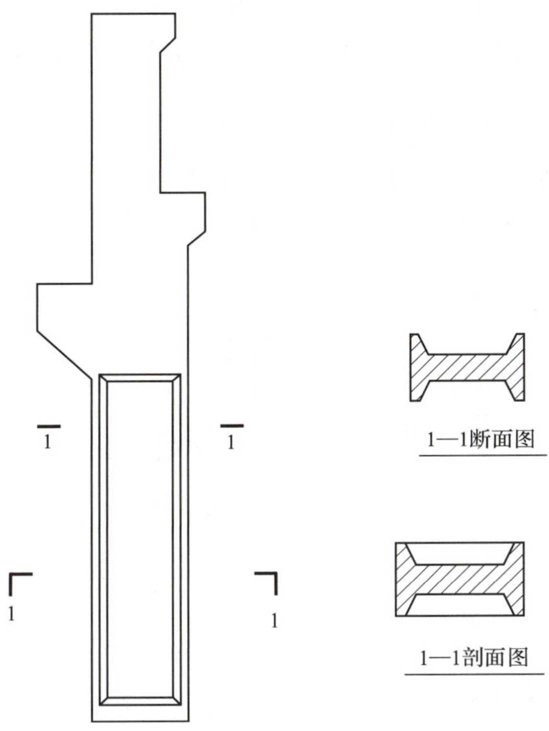

图 2-77　断面图与剖面图的区别

2. 断面图的分类

（1）移出断面

画在视图图形之外的断面图称为移出断面。移出断面宜按顺序依次排列，将图名写在断面图的正下方，并标注编号。整个形体只需作一个断面时，可省略标注，但断面图必须画在剖切平面的延长线位置。

图 2-76 所示牛腿柱的 1—1 断面图、2—2 断面图、3—3 断面图、4—4 断面图以及图 2-78 所示的 T 形梁和十字形梁等形体的断面图均为移出断面。

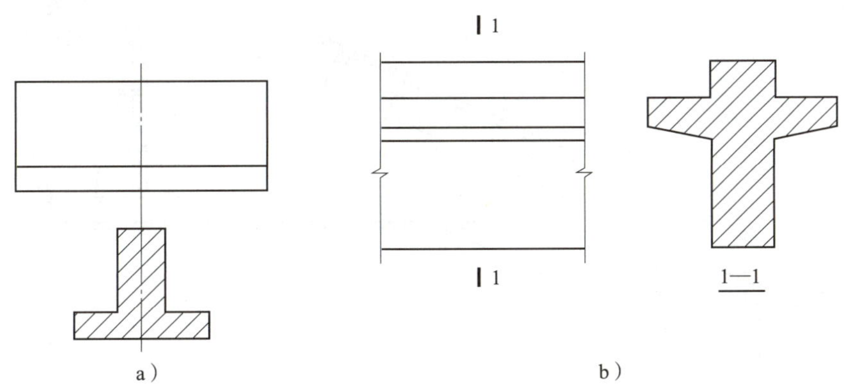

图 2-78　移出断面

（2）重合断面（折倒断面）

画在视图内的断面图称为重合断面。当断面图的轮廓与视图的轮廓重叠时，应保留视图轮廓（即粗实线），其余的画细实线。重合断面不需要标注剖切符号，如图 2–79a 所示。

在表达建筑形体具有凸凹起伏的屋面或墙面时，通常也采用重合断面，并且形体的轮廓用细实线，断面的轮廓用粗实线，图形是不闭合的，材料图例和剖切的轮廓的重合断面可只画出一部分（在凹凸起伏结构连续且重复的情况下），如图 2–79b 所示。

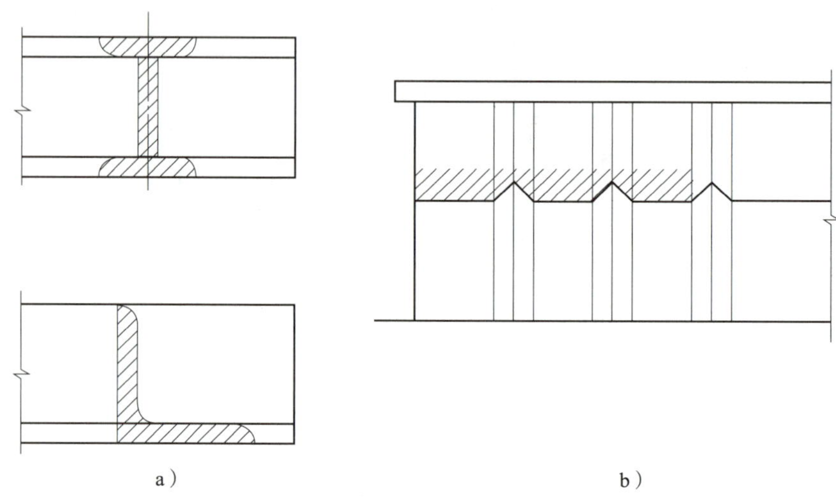

图 2–79　重合断面

（3）中断断面

画在较长杆件视图中断处的断面图称为中断断面，其轮廓用粗实线。中断断面布置在形体视图的中断处，不需要标注，如图 2–80 所示。当断面尺寸很小时，可省略材料图例或涂黑。

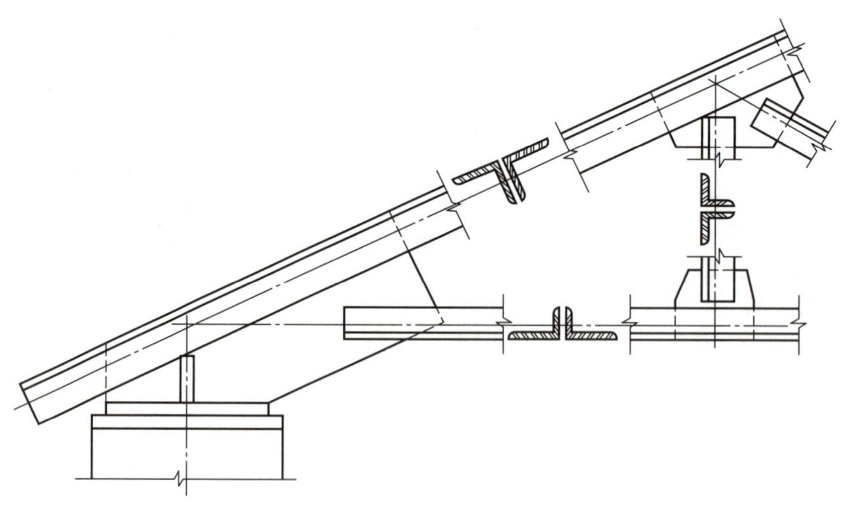

图 2–80　中断断面

断面图比剖面图更简单、更清晰，将断面图与视图结合起来表达物体时，可以使绘图大为简化。断面的尺寸均可标注在断面图上。断面图还可以相应地放大，放大后的图样必须注明比例。

技能训练 2　形体三面投影图绘制

一、目的

1. 学习用视图表达工程形体的绘图方法。
2. 了解一般楼梯的基本组成。
3. 学习并掌握工程形体的尺寸标注。

二、内容

1. 图 2–81 所示为室外楼梯，用 1∶30 的比例在 A3 图纸上绘制其三视图，图名为“室外楼梯的三视图”。

2. 本作业为铅笔图。

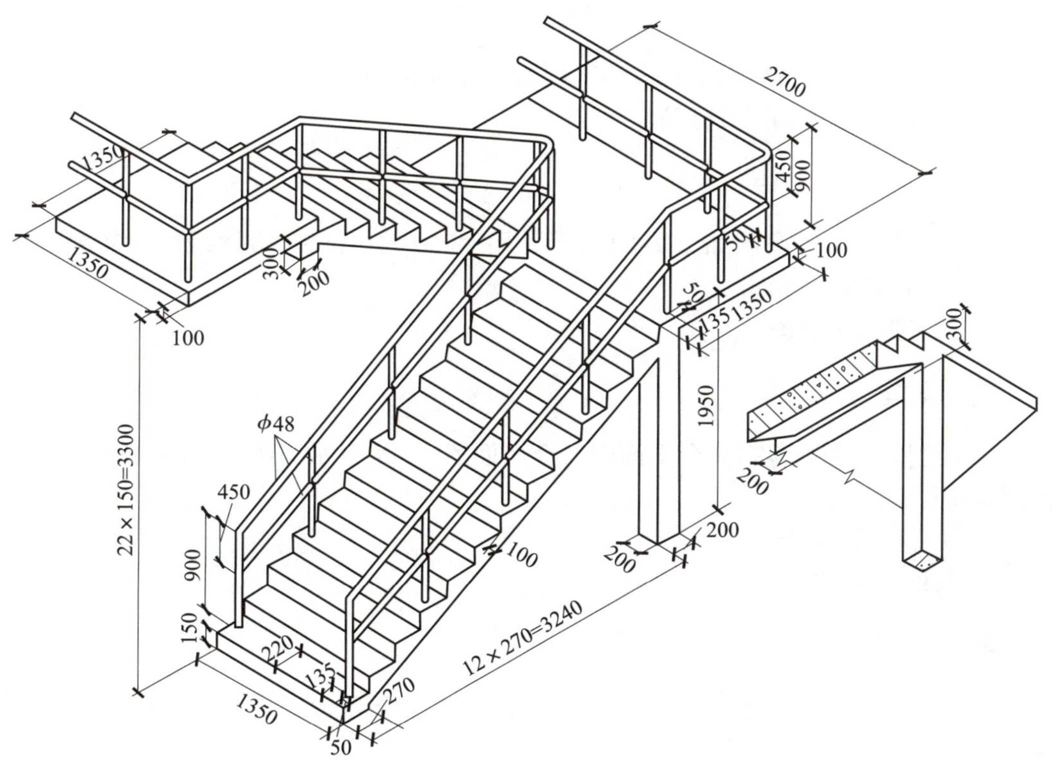

图 2–81　室外楼梯

三、要求

1. 作图准确，布局均匀，图面整洁，尺寸标注齐全、无误。

2. 可见轮廓用粗实线，建议 b=1 mm，楼梯栏杆用中实线（0.7b）。

3. 每一视图的下方要注写其图名和比例，图名用 7 号字，比例、尺寸标注均用 5 号字。

四、说明

1. 布图时要考虑尺寸标注所占的位置，首先画底稿线，然后加深图线，尽量减少绘图仪器在图面上的移动次数，以保证图面整洁。

2. 画楼梯平面图时，楼梯踏步宽度分格数 = 踏步级数 –1，为保证踏步的高度和宽度分格均匀，应采用等分法作图。

3. 支撑室外楼梯的外墙在图样中被省略。

技能训练 3　剖面图绘制

一、目的

1. 掌握剖面图的规定画法和表达工程形体的图示方法。

2. 学习剖面图中的尺寸标注。

二、内容

1. 阳台与平台轴测图如图 2–82 所示，用 1∶50 的比例在 A3 图纸绘制其剖面图，图名为“阳台与平台剖面图”。

2. 本作业为铅笔图。

三、要求

1. 绘制立面图，包括阳台平面图（全剖面图）、平台平面图（全剖面图）、侧立面图（阶梯剖面图）。

2. 注意折断线的画法。

3. 完整地标注尺寸。

四、说明

1. 阳台、门前支撑柱等剖切的部分应是完整的，图示形式是为了清晰地表达各内部结构。

2. 如果有的尺寸数字必须注写在材料图例范围内，材料图例应留出空白（局部），以保证数字清晰。

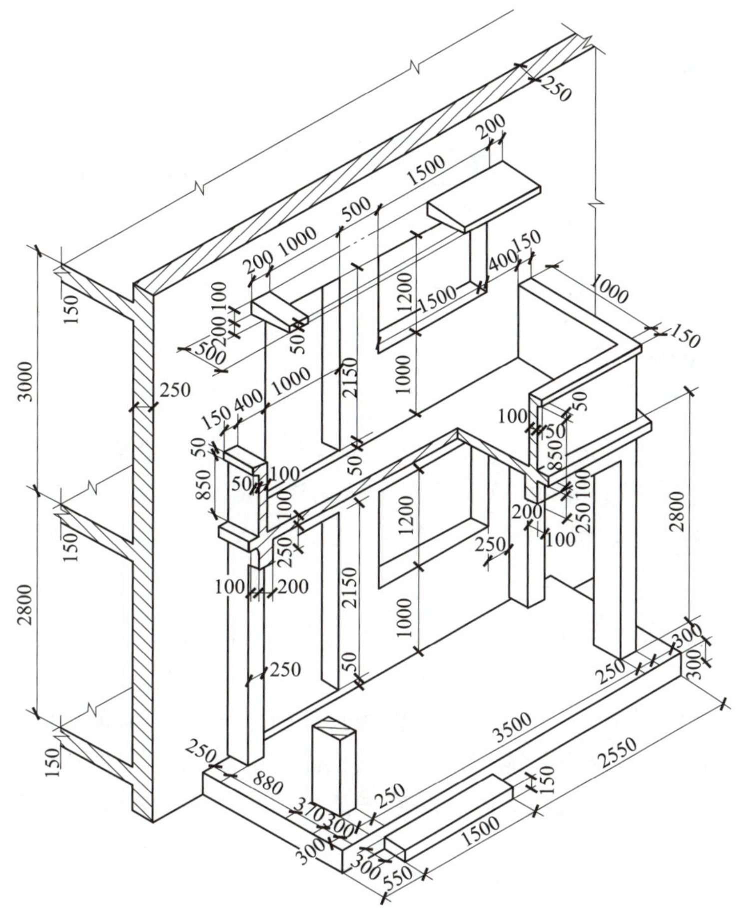

图 2-82　阳台与平台轴测图

3. 材料图例中的斜线为 45° 细实线，同一图例所表达的形体，其方向、间距必须一致。

思考练习题

1. 直线分为哪几类？
2. 平面分为哪几类？
3. 基本几何体分为哪几类？
4. 基本视图分为哪几类？
5. 正轴测图和斜轴测图各分为哪几类？
6. 什么是剖面图？什么是断面图？
7. 剖面图和断面图的区别是什么？

第三章 建筑工程图识读与绘制

学习目标

能识读建筑总平面图、建筑平面图、建筑立面图、建筑剖面图，能绘制建筑平面图、建筑立面图和建筑剖面图，能识读建筑详图中的墙身详图和楼梯详图，能识读结构施工图，并能理解平法的含义。

将一幢拟建建筑物的内、外形状和大小，以及各部分的结构、构造、装饰等内容，按照国家标准的规定，用正投影方法详细画出的图样称为建筑施工图。建筑施工图是指导施工的主要工程图样之一，也是工程验收的技术依据。本章重点讲述建筑施工图的阅读和绘制方法，要求学生能识读建筑施工图，会绘制建筑平面图、建筑立面图和建筑剖面图；简单介绍结构施工图和结施平法，要求学生能看懂结构施工图和结施平法表示的施工图。

第一节 建筑工程图概述

建筑工程图是用投影的方法表达工程物体的形状和大小，并按照国家工程建设标准有关规定绘制的图样。它能准确地表达出建筑物的建筑、结构和设备等设计的内容和技术要求。

建筑工程图是审批建筑工程项目的依据。在生产施工中，它是备料和施工的依据，当工程竣工时，要按照建筑工程图的设计要求进行质量检查和验收，并以此评价工程质量优劣。建筑工程图还是编制工程概算、预算和决算及审核工程造价的依据。

建筑工程图是以投影原理为基础，按国家规定的制图标准，把已经建成或尚未建成的建筑工程的形状、大小等准确地表达在平面上的图样，并同时标明工程所用的材料及生产、安装等的要求。建筑工程图是工程项目建设的技术依据和重要的技术资料，包括方案设计图、各类施工图和工程竣工图。由于工程建设各个阶段的任务要求不同，各类图样所表达的内容也有差别。方案设计图主要是为征求建设单位的意见和供有关部门进行审批；各类施工图是施工单位组织施工的依据；工程竣工图是工程完工后按实际建造情况绘制的图样，作为技术档案保存起来，以便需要的时候随时

查阅。

建筑物一般由六大部分组成，即基础、墙和柱、楼地层（楼板层和地坪层）、楼梯、屋顶和门窗，特有构配件包括阳台、坡道、雨篷、烟囱、台阶、垃圾井、花池、散水、勒脚等。图 3–1 所示为建筑物的构造图。基础是建筑物最下部的承重构件，它承受建筑物的全部荷载，并将其传给地基。墙和柱是建筑物垂直向的承重构件。墙体除了具有承重作用外，还具有围护和分割作用。楼地层是建筑物水平向的承重构件。楼板层将建筑物分为若干层，并对墙或柱起着水平支撑作用。楼梯是建筑物的竖向交通构件，供人和物上下楼层及疏散人流用。屋顶是建筑物最上部的围护构件和承重构件。门的主要作用是交通、通风和采光。窗的主要作用是采光、通风、眺望。门和窗均属于围护构件。

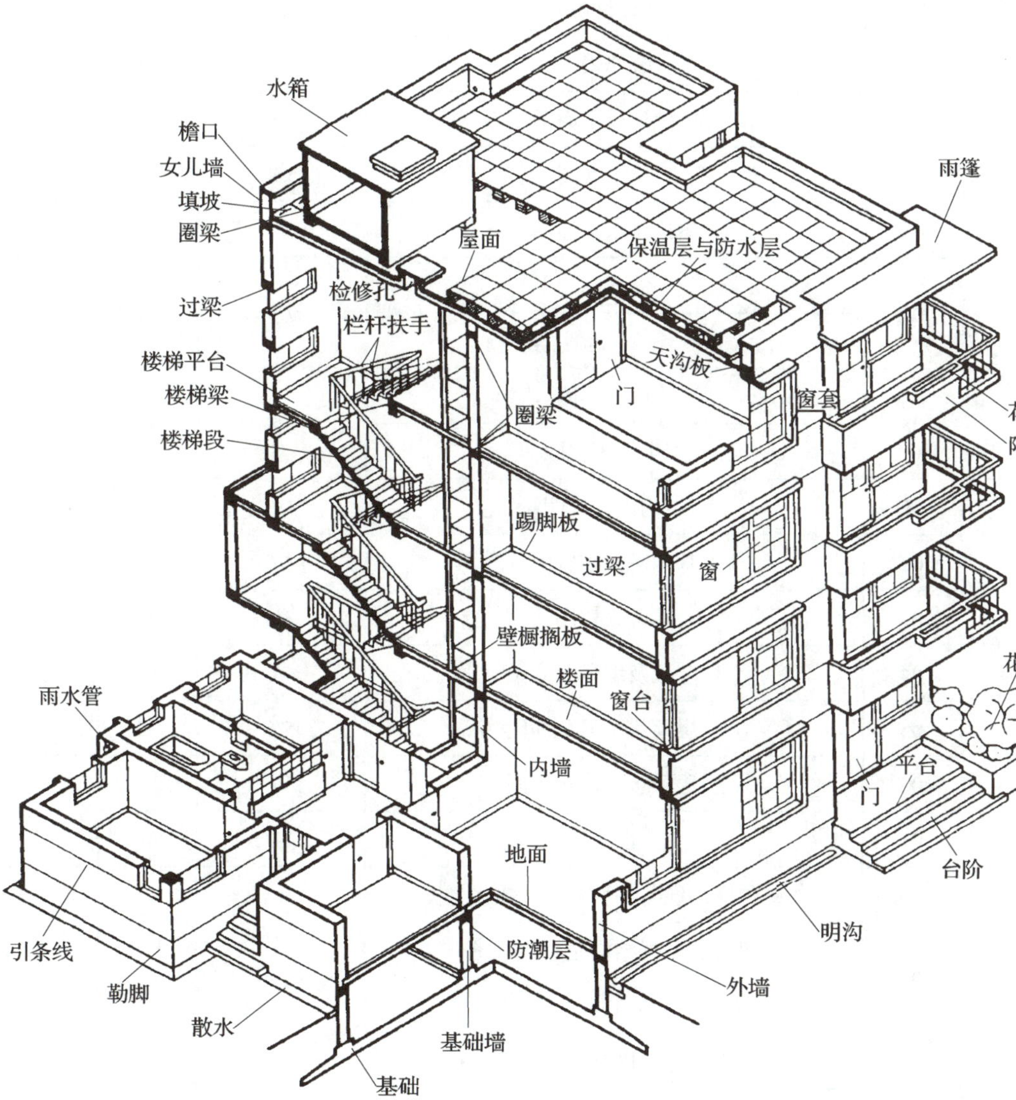

图 3–1　建筑物的构造图

一、建筑工程图分类

一套完整的施工图一般分为以下几部分。

1. 图纸目录

图纸目录中一般包含建筑施工图、结构施工图、电气施工图和给排水施工图等，各种施工图应有序排列，并按顺序编号，标清页码，以便查阅，见表 3-1。

表 3-1　设计图纸目录

专业	编号	图表名称	图表序号	图幅	备注
建施	01	总平面图	1/8	A1	
	02	建筑设计说明	2/8	A1	
	03	装修表	3/8	A1	
	04	机械通风平面图	4/8	A1	
	05	一层平面图	5/8	A1	
	06	屋顶排水平面图	6/8	A1	
	07	立面图	7/8	A1	
		1—1、2—2 剖面图			
	08	冷库大样图	8/8	A1	
		卫生间大样图			
结施	01	结构设计说明	1/6	A1	
	02	基础平面布置图	2/6	A1	
	03	基础大样图	3/6	A1	
	04	柱定位及编号示意图	4/6	A1	
	05	一层顶梁平面配筋图	5/6	A1	
	06	一层顶板平面布置图	6/6	A1	
电施	01	电气设计说明	1/9	A1	
	02	等电位联结线与各种管道连接大样图	2/9	A1	
		语音、数据结构化布线系统			
		图例			
		总等电位联结箱示意图			
	03	配电系统图	3/9	A1	

续表

专业	编号	图表名称	图表序号	图幅	备注
电施	04	机械通风配电平面图	4/9	A1	
	05	一层电力干线平面图	5/9	A1	
	06	一层照明平面图	6/9	A1	
	07	一层弱电平面图	7/9	A1	
	08	接地平面图	8/9	A1	
	09	屋顶防雷平面图	9/9	A1	
水施	01	给排水设计说明	1/4	A1	
	02	一层给排水平面图	2/4	A1	
	03	屋顶排水平面图	3/4	A1	
	04	消防系统图	4/4	A1	
		污水系统图			
		卫生间给排水大样节点图			

2. 建筑设计说明

建筑设计说明是施工图的设计依据，包括本项目的设计规模和建筑面积、建筑层数、建筑防火类别、耐火等级、设计使用年限、地震基本烈度、主要结构类型、防水等级、建筑材料、室内外装修材料、门窗表等。

3. 建筑施工图（简称“建施”）

建筑施工图主要表示建筑物的总体布局、外部造型、内部布置、细部构造、内外装饰、施工要求等，包括建筑总平面图、建筑平面图、建筑立面图、建筑剖面图和建筑详图（楼梯、墙身、门窗详图）等。

4. 结构施工图（简称“结施”）

结构施工图主要表示建筑物中承重结构的布置情况，以及构件类型、大小、材料和做法等，包括基础平面图及基础详图、结构平面布置图、节点构造详图、钢筋混凝土构件详图等。

5. 设备施工图（简称“设施”）

设备施工图是表示各工种所需的设备和管线的平面布置图、系统图、工艺设计图、安装详图及安装说明。它包括给水排水工程图、电气工程图、采暖通风工程图等，一般都由平面图、系统图和详图等组成。

二、阅读施工图的准备工作

阅读施工图必须做好下面一些准备工作：掌握作正投影图的原理和形体的各种表达方法；熟识施工图中常用图例、符号、线型尺寸和比例的意义；注意观察及了解房室的组成和各种构造的基本情况。一套建筑施工图纸有几张到几百张，读图时首先根据图纸目录检查及了解这套图纸有多少类别，每类有多少张，并按“建施”“结施”“设施”的顺序通读一遍，然后按专业工种的不同要求有重点地深入识读。

1. 建筑施工图的内容

建筑施工图一般包括设计总说明、总平面图、门窗表、建筑平面图、建筑立面图、建筑剖面图和建筑详图等。

2. 建筑施工图的用途

建筑施工图是施工放线，砌筑基础及墙身，铺设楼板、楼梯、屋顶，安装门窗，进行室内外装饰及编制预算和施工组织等的重要依据。

3. 建筑施工图的图示特点

（1）建筑施工图主要用正投影法绘制，在图幅大小允许时，可将平面图、立面图、剖面图按投影关系画在同一张图纸上，如果图幅过小，可分别画在几张图纸上。

（2）建筑施工图一般用较小的比例绘制，在小比例图中无法表达清楚的结构，需要配以比例较大的详图进行表达。建筑施工图的常用比例见表 3–2。

表 3–2　　建筑施工图的常用比例

图名	比例
总平面图	1 : 500、1 : 1 000、1 : 2 000
平面图、立面图、剖面图	1 : 50、1 : 100、1 : 200
局部放大图	1 : 10、1 : 20、1 : 30、1 : 50
详图	1 : 1、1 : 5、1 : 10、1 : 20、1 : 50

（3）为使作图简便，国家标准规定了一系列的图形符号代表建筑构配件、卫生设备、建筑材料等，这些图形符号称为图例。为读图方便，国家标准还规定了许多标注符号。

第二节　建筑总平面图识读

建筑总平面图简称总平面图，是指表明新建建筑物及其周围环境的水平投影图，如图 3–2 所示。总平面图可以表示新建建筑物的平面形状、位置、层数、标高、朝向及与周围地形、地物的关系等，是新建建筑物定位、施工放线、土方施工及有关专业管线布置和施工总平面布置的依据。

一、建筑总平面图的图例

由于总平面图包括的范围较广，往往采用较小的比例，一般为 1 : 500、1 : 1 000、1 : 2 000。总平面图中常用图例画法及线型要求见表 3–3。

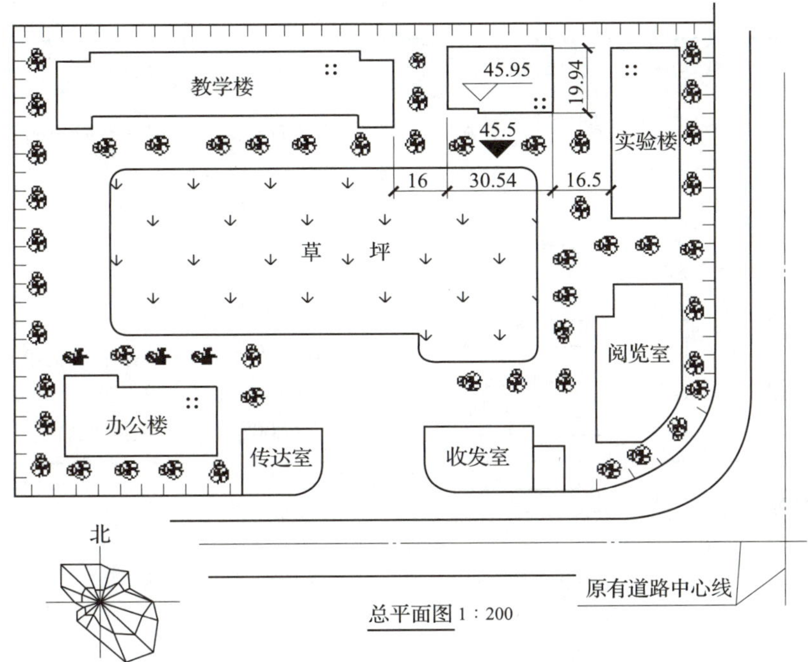

图 3-2 总平面图（局部，1∶200）

表 3-3 总平面图常用图例画法及线型要求

名称	图例	说明
新建的建筑物		1. 用粗实线表示，可以不画出入口 2. 需要时，可在右上角以点数或数字（高层宜用数字）表示层数
原有的建筑物		1. 在设计图中拟利用者，均应编号说明 2. 用细实线表示
计划扩建的预留地或建筑物		用中虚线表示
拆除的建筑物		用细实线表示
围墙及大门		上图表示砖石、混凝土或金属材料围墙，下图表示镀锌铁丝网、篱笆等围墙，仅表示围墙时不画大门
坐标	X105.00 Y425.00 A131.51 B278.25	上图表示测量坐标，下图表示施工坐标

续表

名称	图例	说明
护坡		边坡较长时，可在一端或两端局部表示
原有的道路		—
计划扩建的道路		—
新建的道路	6 72.00 R9 47.50	“R9”表示道路转弯半径为 9 m；“47.50”为路面中心标高；“6”表示 6%，为纵向坡度；“72.00”表示变坡点间距
拆除的道路		—
挡土墙		被挡的土在凸出的一侧
桥梁		1. 上图表示公路桥，下图表示铁路桥 2. 用于旱桥时应注明

二、绝对标高和相对标高

总平面图中标高单位为“米（m）”，一般注写到小数点后第三位。国家标准规定的标高符号画法及标高数字注写方式如图 3-3 所示。

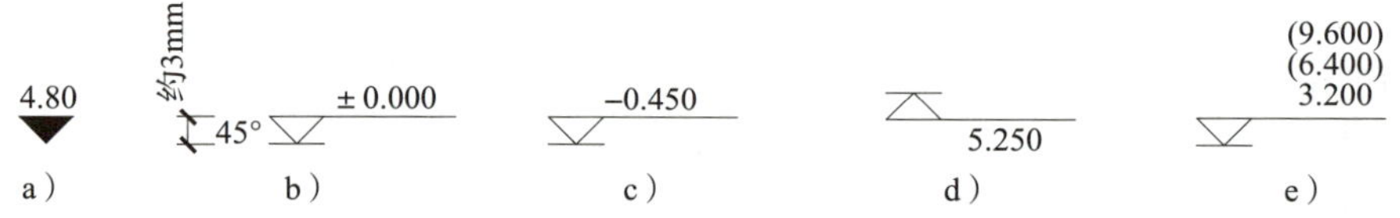

图 3-3 标高符号画法及标高数字注写方式

a）总平面图标高 b）零点标高 c）负数标高 d）正数标高 e）一个标高符号标注多个标高数字

1. 绝对标高

我国把青岛市外的黄海海平面作为海拔零点，以此所测定的高度尺寸称为绝对标高。

2. 相对标高

如果标高的基准面是根据工程需要自行选定而引出的，则该标高称为相对标高。标高符号按图 3-3a 和图 3-3b 所示形式用细实线画出。短横线是需标注高度的界线，长横线之上或之下注出标高数字，如图 3-3c 和图 3-3d 所示。总平面图上的标高符号宜用涂黑的三角形表示，具体画法如图 3-3a 所示。标高数字应以米为单位，注写到小数点后第三位，数字后面不注写单位，如图 3-3 所示。零点标高应注写成 ±0.000，

低于零点的负数标高前应加注“–”号，高于零点的正数标高前不注“+”，如图 3–3 所示。当图样的同一位置需表示几个不同的标高时，标高数字可按图 3–3e 的形式注写。

三、指北针和风向频率玫瑰图

总平面图上一般均画有指北针和风向频率玫瑰图，以指明建筑物的朝向和该地区常年风向频率。指北针的形状应符合图 3–4 的规定，其圆的直径宜为 24 mm，用细实线绘制；指针尾部的宽度宜为 3 mm，指针头部应注明“北”或“N”。需用较大直径绘制指北针时，指针尾部的宽度宜为直径的 1/8。

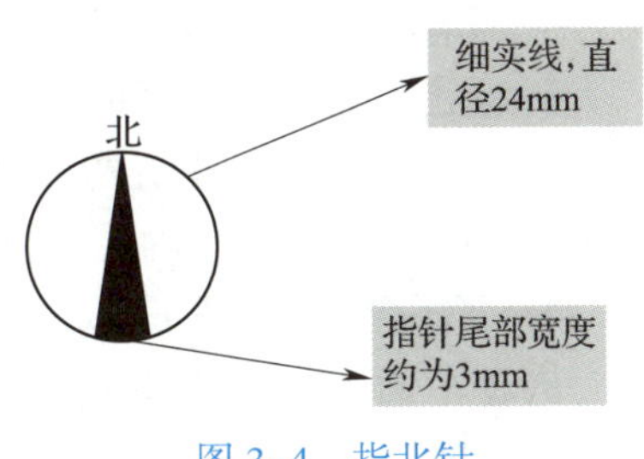

图 3–4　指北针

风向频率玫瑰图简称风玫瑰图，它是根据该地区多年平均统计的各个方位上刮风次数的百分率，一般画出十六个方向，从端点到中心的距离按一定的比例绘制而成，其中粗实线表示全年方向频率，细实线表示夏季方向频率，以各方为端点指向中心的方向为刮风的方向，如图 3–5 所示。

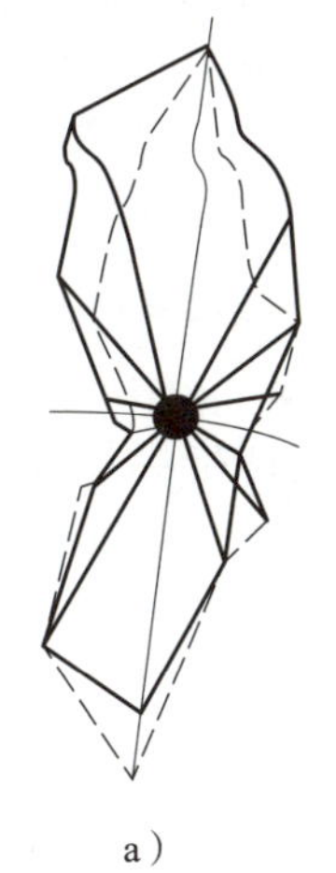

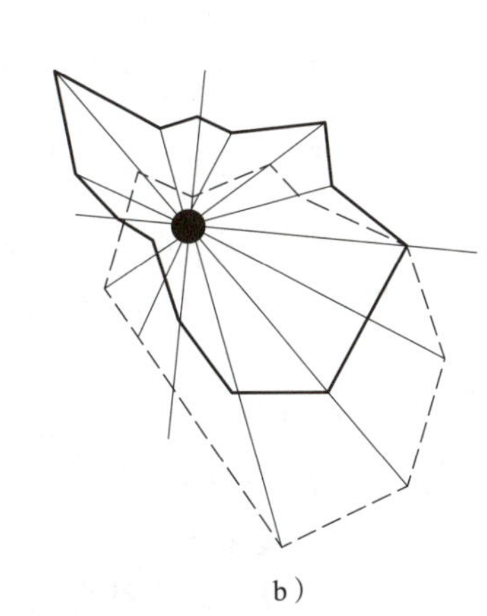

图 3–5　风向频率玫瑰图

a）北京　b）上海

四、建筑定位

在总平面图中，拟建建筑物按比例用粗实线框表示，原有建筑物用细实线框表示，并在线框内用小黑点表示建筑层数，有几个小黑点就是几层。

总平面图的主要任务是确定新建建筑物的位置，通常是利用原有建筑物、道路等进行定位的，也可用坐标确定。例如，用测量坐标网或施工坐标网时，建筑物的平面位置由三个墙角的坐标来定位，当建筑物的两个主向平行坐标轴时，标注出两个相对墙角的坐标就能定位。

五、总平面图识读步骤

1. 了解工程名称

新建建筑物的工程名称注写在标题栏内。

2. 了解绘图比例、图例及相关的文字说明

总平面图绘制时用较小的比例，图 3–2 的比例为 1∶200。总平面图上标注的尺寸单位为“米（m）”，图例情况见表 3–3。在比较复杂的总平面图中，如果使用未规定的图例，必须在图中另加说明。

3. 了解新建建筑物的位置和朝向

新建建筑物的位置可以利用原有建筑物、道路等进行定位，也可用坐标确定。图 3–2 就是利用原有建筑物、道路等进行定位的。新建建筑物的朝向可根据图中的指北针或风向频率玫瑰图确定，图 3–2 就是利用风向频率玫瑰图确定其朝向。

4. 了解新建建筑物的标高、面积和层数

从总平面图中可以得到建筑物的室内和室外标高、外形轮廓、占地面积、层数，并可计算填挖土方的数量。

5. 了解新建建筑物附属设施及周围环境的情况

从总平面图中可以了解新建建筑物的道路、绿化、围墙等的布置情况及要求，原有建筑物的位置、道路、绿化等，可以查看建筑物与管线走向的关系，管线引入建筑物的具体位置，并注意它们对施工的影响。

六、总平面图绘制步骤

1. 标出测量（或施工）坐标网，明确用地红线范围。
2. 按照比例绘制新建建筑物，标出新建建筑物的定位坐标尺寸、名称、层数、首层室内标高。
3. 标明相邻有关建筑物、预拆除建筑物的位置。
4. 画出附近地形物，包括等高线、道路、水沟。
5. 画出指北针或风向频率玫瑰图。
6. 画出绿化规划、管道布置、供电线路等。
7. 检查无误后，对新建建筑物进行加粗描深，并进行尺寸标注。

思考

什么是建筑物的朝向？怎样从风向频率玫瑰图判断各地的主导风向？我国幅员辽阔，南北方气候差异较大，主导风向的变化有什么规律吗？观察本地的风向频率玫瑰图，本地建筑的最佳朝向是什么方位？建筑物朝向与建筑节能有何关系？

第三节　建筑平面图识读与绘制

建筑平面图是建筑施工图中最基本的图纸之一，是施工放线、砌筑、安装门窗、进行室内外装修以及编制预算、备料等工作的依据。

一、建筑平面图的形成和用途

建筑平面图是假设用一个水平剖切平面，沿着建筑物各层门窗洞口的位置将建筑物切开，移去剖切平面以上的部分，向下投射而得到的水平剖视图，简称平面图，如图 3–6 所示。将图 3–7 所示的建筑物轴测图，沿底层门窗洞口切开后得到的平面图，称为底层平面图；沿二层门窗洞口切开后得到的平面图，称为二层平面图；依次可以得到三层平面图、四层平面图等。当某些楼层平面相同时，可以只画出其中一个平面图，称其为标准层平面图。建筑物屋顶的水平投影图称为屋顶平面图。图 3–8 所示为底层平面图，图 3–9 所示为标准层平面图，图 3–10 所示为顶层平面图。为了表明屋面构造及排水情况，一般还要画出屋顶平面图。由于屋顶平面图比较简单，常用小比例尺绘制，它表明屋顶坡向、坡度、天沟、分水线、雨水管及烟道出口的位置等。图 3–11 所示为屋顶平面图。

建筑平面图主要表达建筑物的平面形状、房间布置、内外交通联系以及墙、柱、门窗等构配件的位置、尺寸、材料、做法等内容，是房屋建造、设备安装、装修以及编制概预算、备料的重要依据。

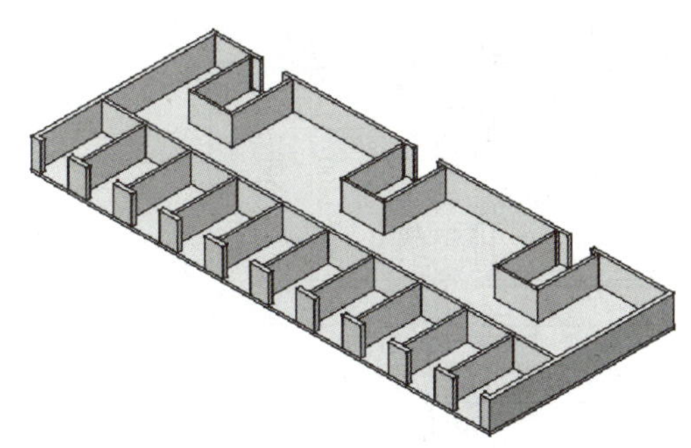

图 3–6　建筑平面图

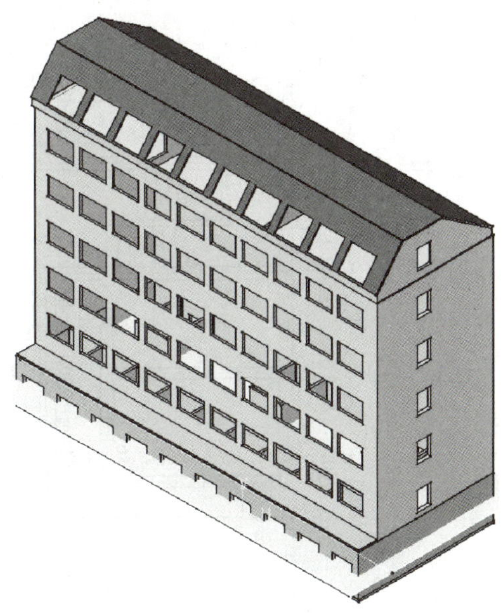

图 3–7　建筑物轴测图

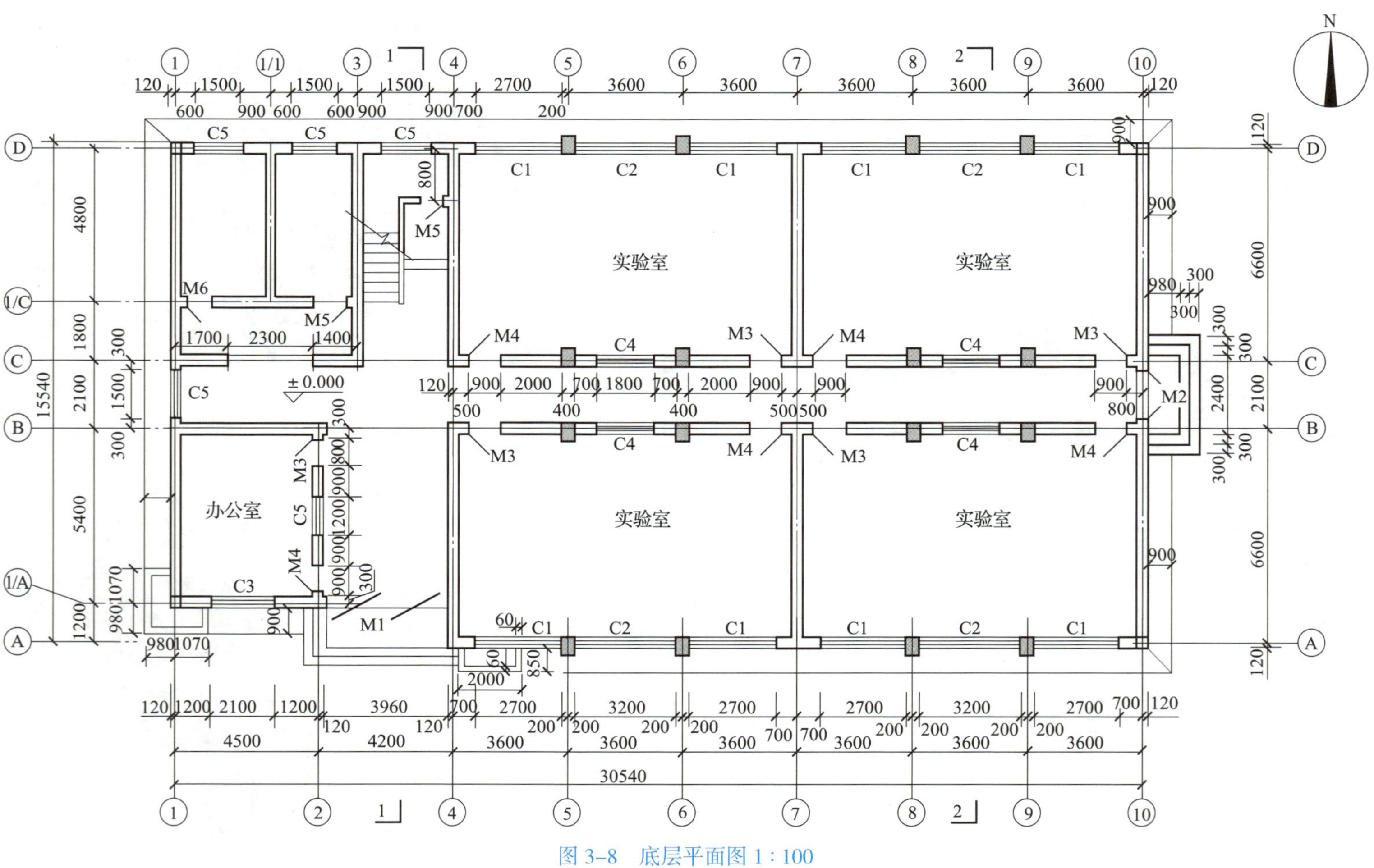

图 3-8 底层平面图 1：100

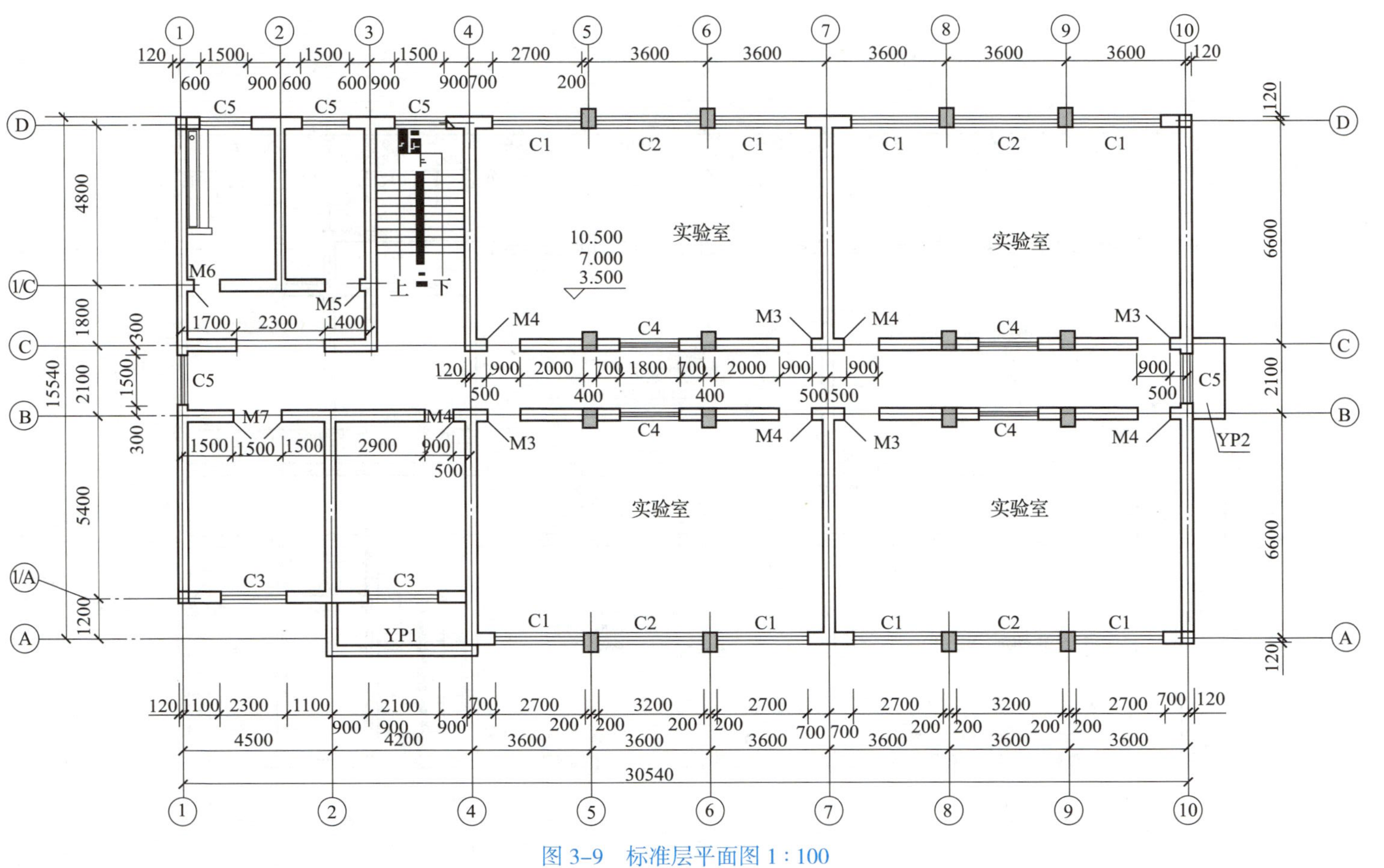

图 3-9　标准层平面图 1：100

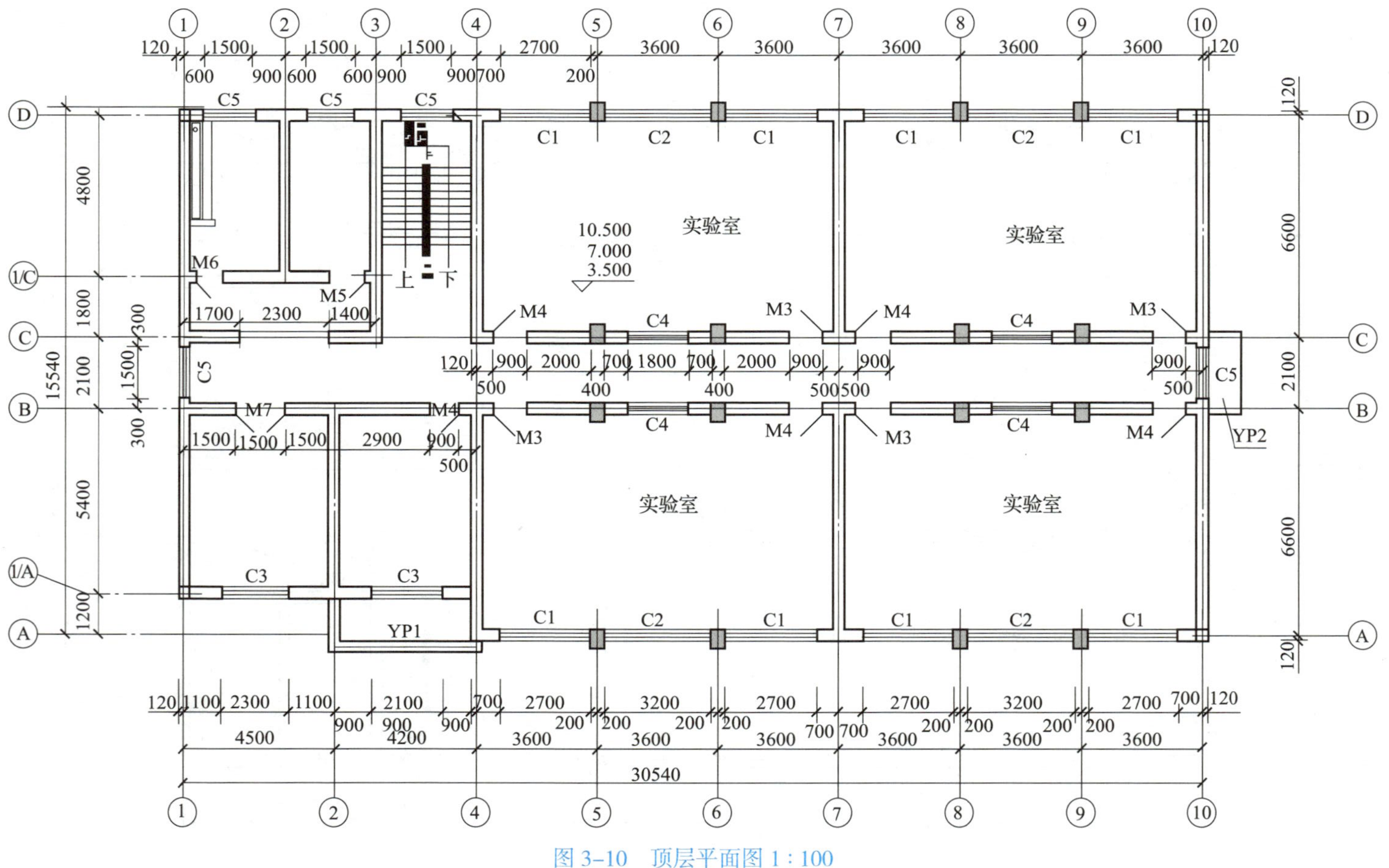

图 3-10　顶层平面图 1 : 100

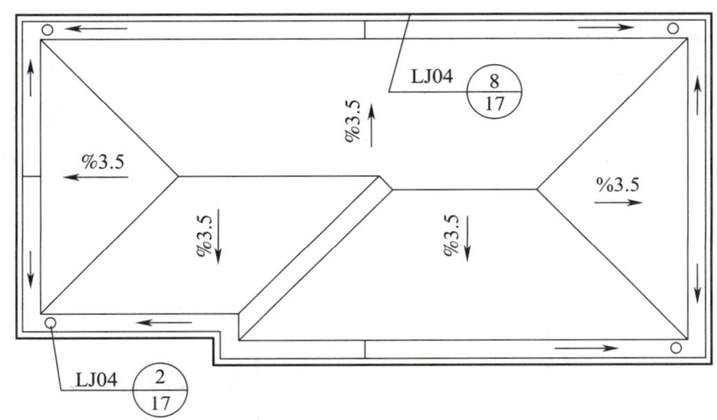

图 3–11　屋顶平面图 1∶100

二、建筑平面图的内容和要求

以底层平面图为例，说明建筑平面图的内容和要求。

1. 基本内容

底层平面图表明建筑物的底层平面布置情况，包括建筑物的平面形状、各建筑物的布置和相互关系，以及入口、走道、楼梯的位置等。底层平面图上标注指北针，表示楼房的朝向。

2. 规定和要求

（1）比例和单位

底层平面图的常用比例是 1∶50、1∶100、1∶200 等，必要时可用比例是 1∶150、1∶300 等，尺寸单位为毫米（mm，除标高外）。

（2）定位轴线

定位轴线是标定建筑物中墙、柱等承重构件位置的线，是施工时定位放线及构件安装的依据。定位轴线反映开间、进深的标志尺寸，常与上部构件的支撑长度相吻合。

定位轴线应用细单点长画线绘制并编号，编号应注写在轴线端部的圆内。圆应用细实线绘制，直径为 8 ~ 10 mm。定位轴线圆的圆心应在定位轴线的延长线或延长线的折线上。除较复杂时需采用分区编号或圆形、折线形外，一般平面上定位轴线的编号宜标注在图样的下方或左侧。横向编号应使用阿拉伯数字从左至右顺序编写，竖向编号应使用大写拉丁字母从下至上顺序编写，如图 3–12 所示。

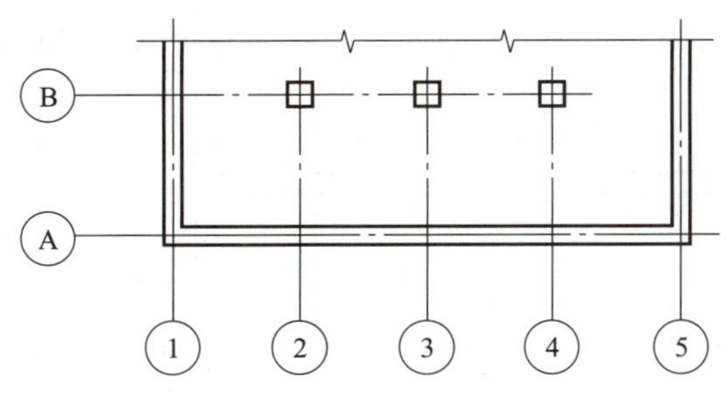

图 3–12　定位轴线的编号顺序

拉丁字母作为轴线号时，应全部采用大写字母，不应使用同一个字母的大小写区分轴线号。拉丁字母中的 I、O、Z 不得用作轴线编号。当字母数量不够时，可增用双字母或单字母加数字注脚。定位轴线分为纵向平面定位轴线和横向平面定位轴线，开间是两个横向平面定位轴线之间的距离，进深是两个纵向平面定位轴线之间的距离。定位轴线的分类和编号如图 3–13 所示。

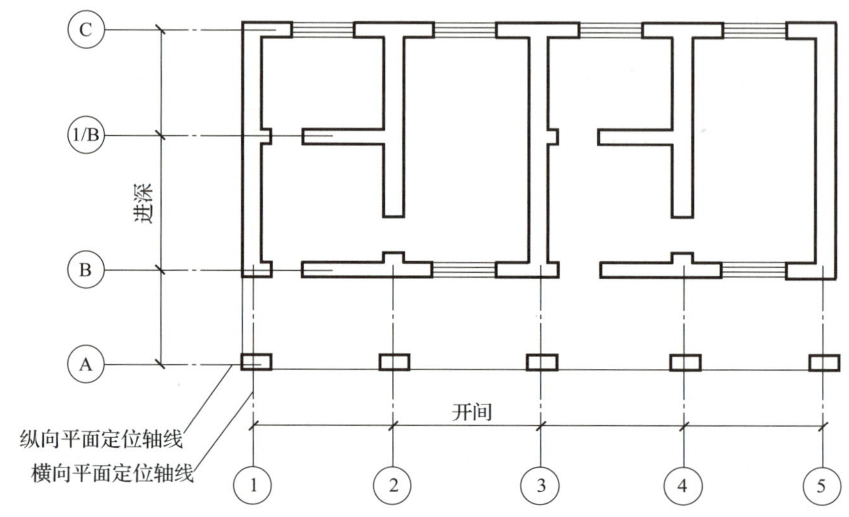

图 3–13　定位轴线的分类及编号

组合较复杂的平面图中，定位轴线也可采用分区编号，如图 3–14 所示。编号的注写形式应为“分区号 – 该分区编号”。“分区号 – 该分区编号”采用阿拉伯数字或大写拉丁字母表示。

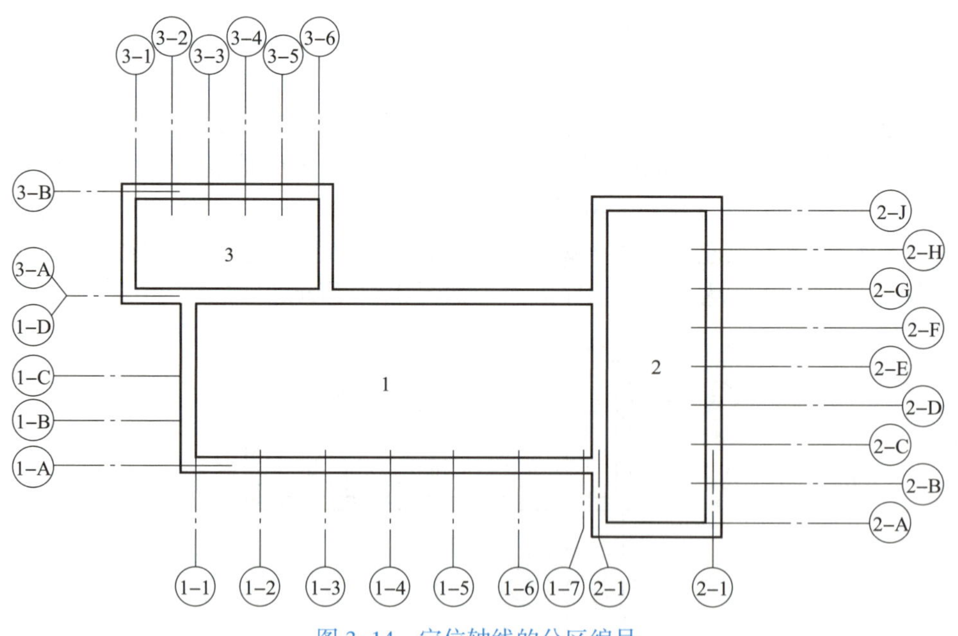

图 3–14　定位轴线的分区编号

附加定位轴线的编号应以分数形式表示，并应符合下列规定。

1）两根轴线的附加轴线应以分母表示前一轴线的编号，分子表示附加轴线的编号。编号宜用阿拉伯数字顺序编写。

2）1 号轴线或 A 号轴线之前的附加轴线的分母应以 01 或 0A 表示。

两条轴线之间如有附加轴线时，编号要用分数表示。如图 3–15 所示的 1/6，其中分母表示前一轴线的编号，分子表示附加轴线的编号。

一张详图适用于几根轴线时，应同时注明各有关轴线的编号，如图 3–16 所示。

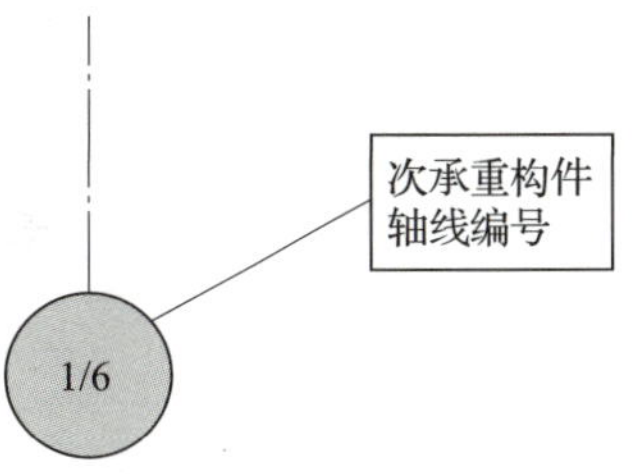

图 3–15　附加轴线的编号

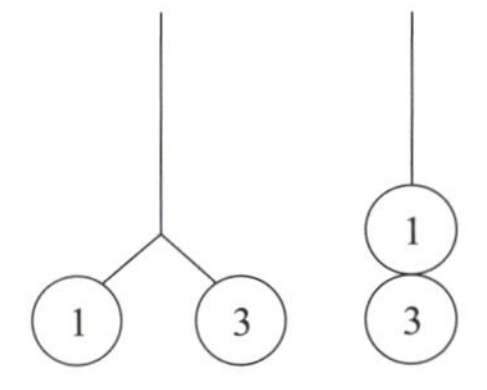

图 3–16　详图的轴线编号

通用详图中的定位轴线应只画圆，不注写轴线编号。圆形与弧形平面图中的定位轴线，其径向轴线应以角度进行定位，其编号宜用阿拉伯数字表示，从左下角或 –90°（若径向轴线很密，角度间隔很小）开始，按逆时针顺序编写；其环向轴线宜用大写拉丁字母表示，从外向内顺序编写，如图 3–17 和图 3–18 所示。折线形平面图中定位轴线的编号可按图 3–19 的形式编写。

（3）图线

粗实线：在建筑平面图中，凡是被水平切平面剖切到的墙、柱的断面轮廓，钢筋混凝土柱可涂黑（墙、柱轮廓线都不包括粉刷层的厚度）。

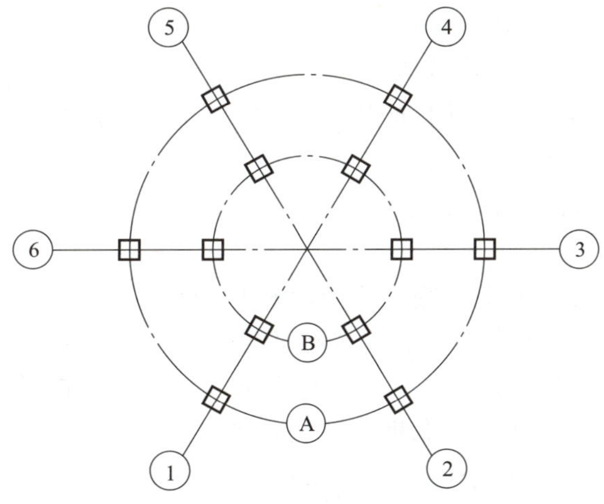

图 3–17　圆形平面图定位轴线的编号

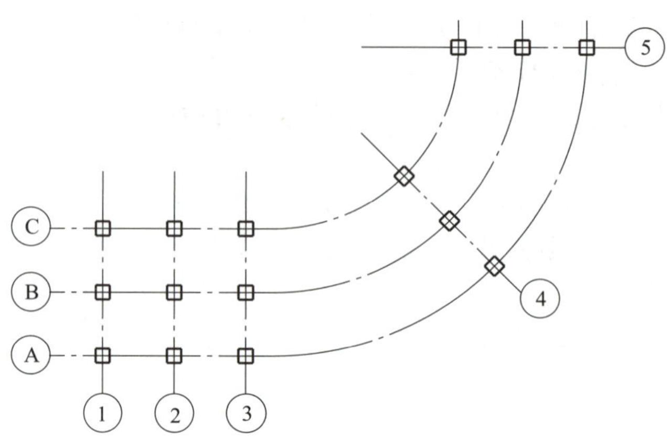

图 3-18　弧形平面图定位轴线的编号

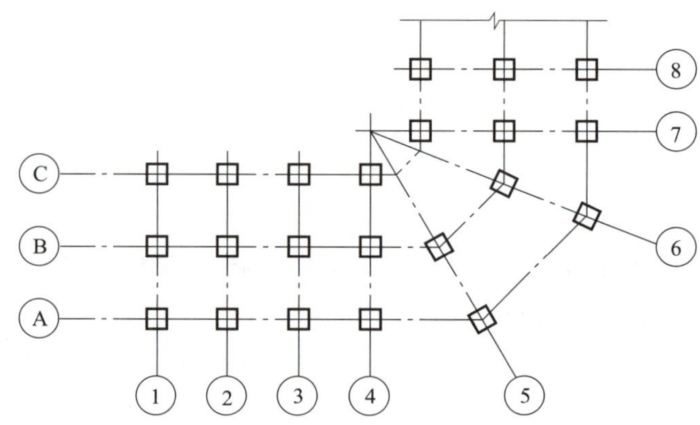

图 3-19　折线形平面图定位轴线的编号

中实线：被剖切到的次要部分的轮廓线和可见的构配件轮廓线，如墙身、窗台、楼梯段等。

中虚线：被剖切到的高窗、墙洞等。

细实线：尺寸标注线、引出线等。

细虚线：在地面以下、剖切平面以上的，如底层地面以下的管道沟、顶棚下的吊柜、爬人孔、高窗等。

细点画线：定位轴线和中心线。

（4）图例

在平面图中，门窗、卫生设施及建筑材料均应按规定的图例绘制，如图 3-20 所示为门和窗的图例。平面图上的门窗按“建筑配件图例”绘制，其中，45°方向倾斜的中实线线段表示门及其开启方向，两条平行的细实线表示窗框及窗扇的位置。从图中还可了解到其他细部（如楼板、搁板、墙洞和各种卫生设备等）的配置和位置情况，有关图例如图 3-21 所示，其余可参考国家标准有关规定。在平面图中，凡被剖切的部分均应按“建筑材料图例”绘制。

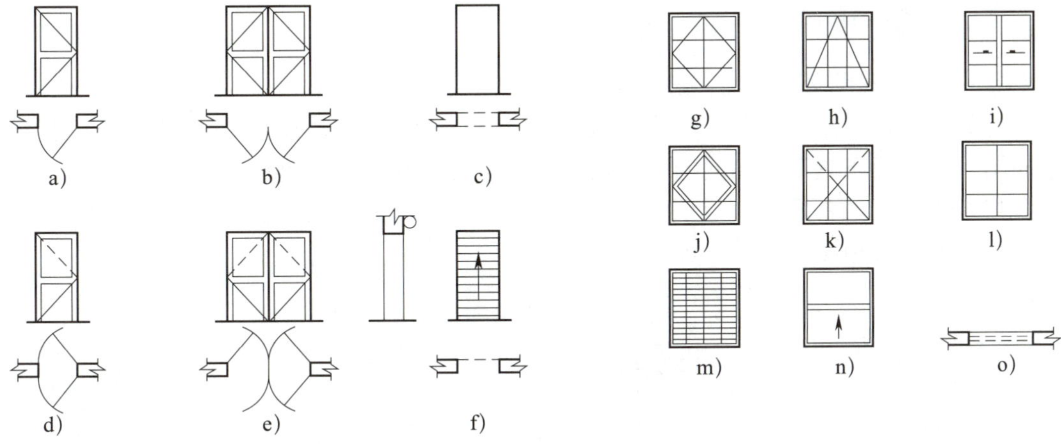

图 3-20　门和窗的图例

a）单扇平开门　b）双扇平开门　c）空门洞　d）单扇双面弹簧门　e）双扇双面弹簧门　f）卷门
g）单层外开平开窗　h）单层外开上悬窗　i）左右推拉窗　j）双层内外开平开窗　k）单层中悬窗
l）固定窗　m）百叶窗　n）上推窗　o）高窗

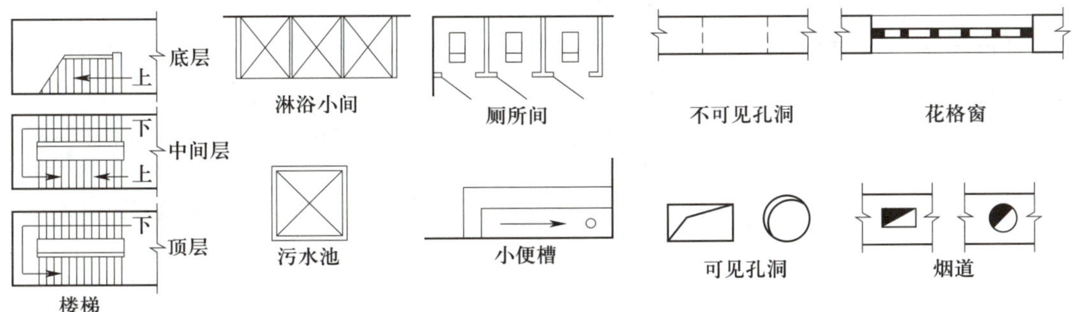

图 3-21　其他细部的有关图例

3. 尺寸

建筑平面图标注的尺寸有外部尺寸和内部尺寸。

（1）外部尺寸

在水平方向和竖直方向各标注三道，最外一道尺寸标注建筑物水平方向的总长、总宽，称为总尺寸；中间一道尺寸标注建筑物的开间、进深，称为轴线尺寸；最里边一道尺寸标注建筑物外墙的墙段及门窗洞口尺寸，称为细部尺寸。

（2）内部尺寸

内部尺寸应标注各房间长、宽方向的净空尺寸，以及墙厚和轴线的关系、柱子截面、建筑物内部门窗洞口、门垛等细部尺寸。

（3）标高、门窗编号

平面图中标注不同楼层地面高度及室内外地坪等标高。为编制概预算的统计与施工备料，平面图上所用的门窗都应进行编号。门常用“M1”“M2”或“M-1”“M-2”等表示，窗常用“C1”“C2”或“C-1”“C-2”等表示。

三、建筑平面图的识读

1. 了解建筑平面图的图名、比例和图例

建筑平面图一般是按其所表明的层数命名的，如底层平面图、二层平面图、屋顶平面图等。平面布置基本相同的楼层可用一张平面图来表达，这就是标准平面图。

建筑平面图的常用比例一般是 1∶100、1∶200，也可根据表 3–2 选择适当的比例。建筑平面图的常用图例见表 3–4。

表 3–4　　建筑平面图的常用图例

图例	名称	图例	名称
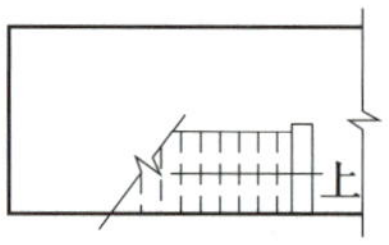	底层楼梯		空门洞
			单扇门
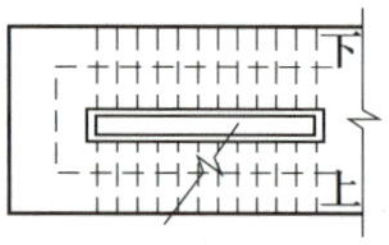	中间层楼梯	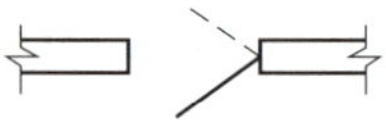	单扇双面弹簧门
			双扇门
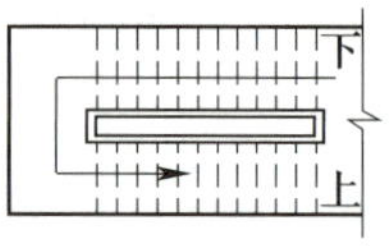	顶层楼梯		对开折门
		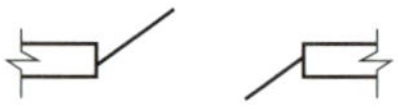	双扇双面弹簧门
	蹲式大便器 小便槽	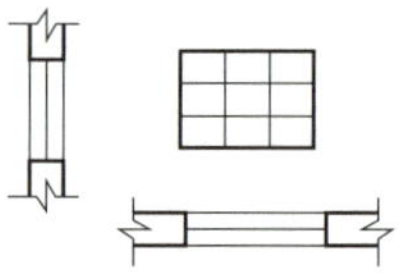	单层固定窗
	污水池 洗脸盆	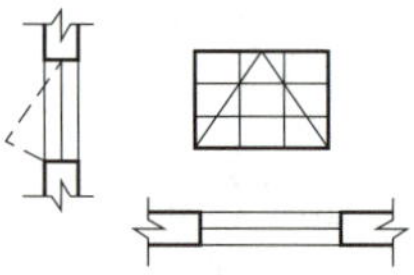	单层外开上悬窗
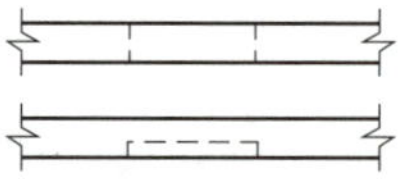	墙上预留洞口 墙上预留槽	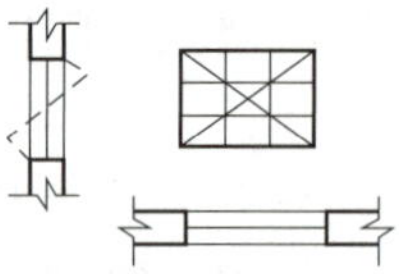	单层中悬窗
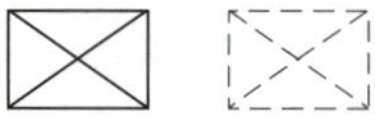	检查孔 地面检查孔 吊顶检查孔	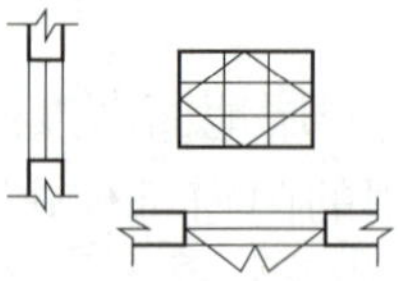	单层外开平开窗

2. 了解建筑平面图的纵横向定位轴线及其编号

从建筑平面图的纵横向定位轴线可以了解各构件的位置以及房间的大小。

3. 了解建筑物的朝向和平面布置

根据底层平面图上的指北针可以了解建筑物的朝向。

建筑平面图可以反映建筑物的平面形状和室内各个房间的布置、入口、走道、门窗洞口、楼梯和上部的吊柜、爬人孔等的平面位置、数量、尺寸以及墙柱等构件的组成和材料等情况。

除此之外，在底层平面图中能看到建筑物的出入口、室外台阶、明沟、散水、雨水管、花池等的布置，在二层平面图中能看到底层出入口的雨篷等。

4. 了解建筑平面图上的尺寸标注

建筑平面图中的尺寸标注有外部尺寸和内部尺寸两种。尺寸标注可反映建筑物中房间的开间、进深、门窗洞口及各种设备的大小和位置。平面图中的尺寸以毫米（mm）为单位，但标高以米（m）为单位。

外部尺寸一般标注三道。三道尺寸之间的距离一般为 7 ~ 10 mm。

（1）靠墙第一道尺寸是细部尺寸，如门窗洞口宽度尺寸、洞间墙的尺寸、建筑物构配件的详细尺寸等。

（2）中间第二道尺寸是定位轴线之间的尺寸，也是建筑物的开间或进深尺寸。

（3）最外第三道尺寸是外包尺寸，即建筑物的总长度和总宽度，是指从一端外墙边到另一端外墙边的尺寸。

此外，室外的台阶、散水等处也可单独标注局部尺寸。

内部尺寸一般是表示室内门窗洞口、墙、柱、砖垛、固定设置（如厕所、盥洗室、吊柜等）的大小和位置，以及墙、柱与轴线之间的尺寸等。

5. 了解建筑物中各组成部分的标高情况

在建筑平面图中，建筑物各组成部分（如地面、楼面、楼梯平台、室外台阶、走道、阳台等处）的竖向高度不同，一般都分别标高。建筑平面图中的标高一般都是相对标高。标高基准面 ±0.000 为本建筑物的底层室内地坪。

楼地面有坡度时，常通过箭头加注坡度数值进行标注。

6. 了解门窗的位置和编号

建筑平面图反映了门窗的位置、洞口宽度和数量。为了便于识读，门用代号 M 表示，窗用代号 C 表示，并加以编号。每一套图纸中一般都有门窗汇总表，它反映了门窗的规格、型号、数量和所选用的标准图集。

7. 了解建筑剖面图的剖切位置和索引符号

在底层平面图上标注有剖切符号，表示建筑剖面图的剖切位置和投射方向。读图时还应了解建筑平面图中的详细索引符号，以便到其他图纸上查阅另用详图表示的构配件和节点或套用的标准图集。

8. 了解楼梯、电梯的布置情况

在建筑平面图中可大致了解楼梯（电梯）的位置、数量等情况，楼梯的具体内容通常用楼梯详图表示。

9. 了解室内装饰的要求

在建筑平面图中，室内楼地面、墙面、隔断等处的装修装饰做法一般直接用文字标明，较复杂的装饰装修做法常采用明细表及材料做法表或另用详图表示。

10. 了解各种设置的布置情况

建筑物内的各种设置（如配电箱、消火栓、通风道、烟道等）和卫生设备（如浴缸、洗脸盆、大便器等）的位置、尺寸、规格、型号等在建筑平面图中都有表示，它与专业设备施工图相配合可用于施工。

11. 了解屋顶部位的建筑构造情况

通过识读屋顶平面图，可以了解屋面处的水箱、屋面出入口、烟囱、女儿墙及屋面变形缝等设施，以及屋面排水分区、排水方向、坡度、檐沟、雨水口等的位置、尺寸、材料、构造等情况。

四、建筑平面图的绘制

1. 建筑平面图绘制的基本要求

（1）在平面图中，被剖切到的墙、柱等轮廓线用粗实线绘制，未被剖切到的可见轮廓（如窗台、散水、楼梯等）及门的开启线用中实线绘制，尺寸线、窗线等用细实线绘制，如图 3–22 所示。

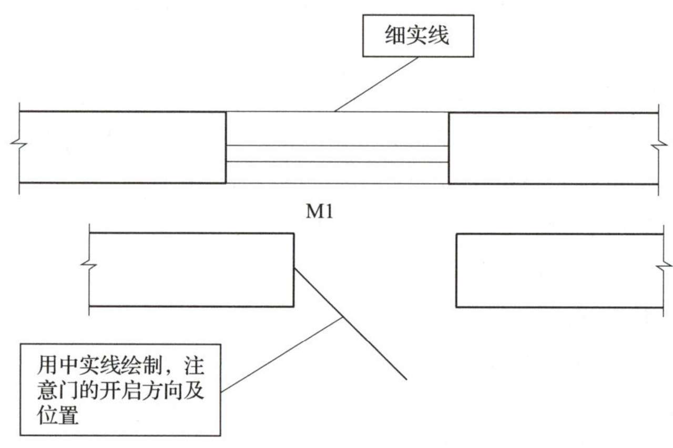

图 3–22　门和窗的图线

（2）比例采用 1 : 50 或 1 : 100 或 1 : 200。

（3）定位轴线及编号是确定基础、墙、柱等承重构件位置的轴线，间距符合建筑模数。水平方向轴线编号为 1、2、3…，竖直方向轴线编号为 A、B、C…，次承重构件轴线（附加轴线）编号用分数形式表示。

（4）一层平面图应标注出指北针或风向频率玫瑰图、剖切符号及编号、详图索引符号及必要的文字说明等。

2. 建筑平面图的绘图步骤

（1）绘出定位轴线。

（2）绘出墙体及门窗等细部。

（3）加深墙线并标注外部尺寸及轴线编号。

（4）标注细部尺寸及文字说明，完成全图。

思考

请在互联网上检索上海体育馆和国家大剧院的相关信息，上海体育馆和国家大剧院的定位轴线是怎样确定的？又是怎样编号的？

《“十四五”建筑节能与绿色发展规划》提到，“十三五”期间，我国城镇新建建筑节能标准进一步提高，超低能耗建筑建设规模持续增长，近零能耗建筑实现零的突破。截至2020年年底，全国累计建成节能建筑面积超过238亿平方米，节能建筑占城镇民用建筑面积比例超过63%。想想看，哪种平面形状有利于建筑物节能？为什么？

第四节　建筑立面图识读与绘制

一、建筑立面图的概念和用途

建筑立面图是将建筑物各个立面向与之平行的投影面作正投影所得的图样，简称立面图。其名称可按立面的主次分类：反映主要出入口或较显著反映建筑物外貌特征的立面图称为正立面图，其余立面图相应地称为背立面图、左侧立面图和右侧立面图，如图3–23所示。建筑立面图也可按建筑物的立面朝向不同，分为东立面图、南立面图、西立面图和北立面图，还可按立面图两端的轴线编号不同，分为北立面图（也是⑦–①立面图）、南立面图（也是①–⑦立面图）。

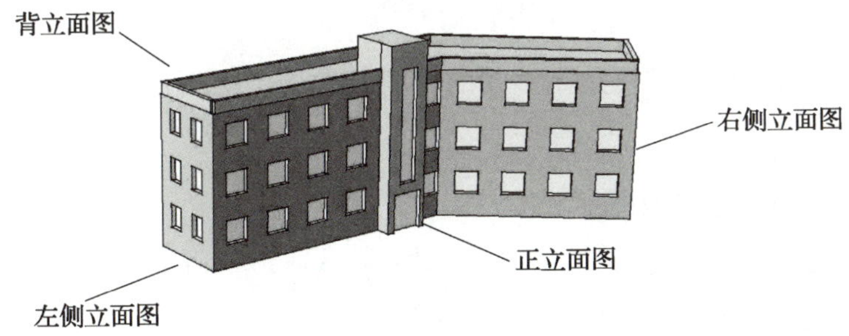

图3–23　建筑立面图的形成

建筑立面图主要反映了建筑物的外貌、各部分配件的形状、相互关系以及立面装修做法等，是施工的重要参考。

二、建筑立面图的内容和要求

1. 基本内容

建筑立面图主要表明建筑物外立面的形状，门窗在外立面上的分布、外形、开启方向，屋顶、阳台、台阶、雨篷、窗台、勒脚、雨水管的外形和位置，外墙面装修做法，室内外地坪、窗台窗顶、阳台面、雨篷底、檐口等各部位的相对标高及详图索引符号等。

建筑立面图应根据正投影原理绘出建筑物外轮廓和墙面线脚、构配件、墙面做法及必要的尺寸和标高等。由于比例较小，建筑立面图上的门、窗等构件也用图例表示。相同的门窗、阳台、外檐装修、构造做法等可在局部重点表示，绘出其完整图形，其余部分只画轮廓线。外墙表面分格线在建筑立面图上应表示清楚，各部位所用面材及色彩用文字进行说明。

2. 规格和要求

（1）定位轴线

建筑立面图中一般只标出图两端的轴线及编号，其编号应与建筑平面图一致。

（2）图线

在建筑立面图中，为增加图面层次，画图时常采用不同的线型：建筑立面图的外形轮廓用粗实线表示，室外地坪线用 1.4 倍的加粗实线表示，门窗洞口、檐口、阳台、雨篷、台阶等用中实线表示，其余如墙面分隔线、门窗格子、雨水管以及引出线等均用细实线表示。

（3）图例和比例

在建筑立面图上，门窗应按标准规定的图例画出。建筑立面图的比例一般应与建筑平面图一致。

（4）尺寸注法

在建筑立面图上，高度尺寸主要用标高表示，一般要注出室内外地坪、一层楼地面、窗洞口的上下口、女儿墙压顶面、进口平台面及雨篷底面等的标高。

（5）外墙装修做法

外墙墙面根据设计要求可选用不同的材料及做法，图面上多使用带有指引线的文字进行说明。

三、建筑立面图的识读

1. 了解建筑立面图的图名、比例、图例和定位轴线

建筑立面图的图名命名一般有三种情况。

（1）按建筑立面图所表明的朝向命名，如南立面图、北立面图、东立面图、西立面图。

（2）按建筑立面图中的建筑两端的定位轴线编号命名，如①～⑧立面图、Ⓐ～Ⓔ立面图等，如图 3-24 所示。

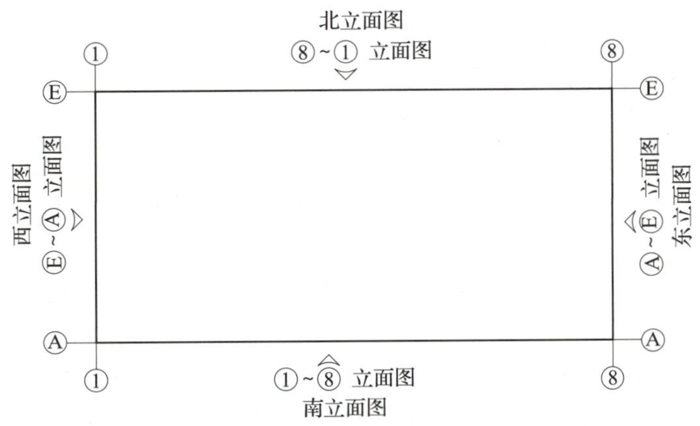

图 3-24　建筑立面图的图名

（3）通常把反映建筑物主要出入口或反映建筑物外貌特征的建筑立面图称为正立面图，其余的建筑立面图相应称为背立面图和侧立面图等。图 3-25 所示为正立面图。

图 3-25　正立面图 1 : 100

建筑立面图的比例和建筑平面图的比例一致。

建筑立面图一般只画出最左、最右两端的轴线及编号，以便与建筑平面图对照，确定建筑立面图的观看方向。

2. 了解建筑物外形和墙上构造物情况

通过建筑立面图可以了解到建筑物的外貌及屋顶、台阶、雨篷、阳台、挑檐、线条、窗台、雨水管、雨水斗等的位置、尺寸及外形构造等情况。

3. 了解建筑物外墙面装饰情况

对建筑物外墙的各部位，如屋面、墙面、檐口、窗台、雨篷、勒脚等处的装饰要求一般都用文字进行说明。

4. 了解建筑物外墙面上门窗的情况

建筑立面图可以直接展示建筑物外墙上门窗的位置、高度尺寸、数量及立面形式等情况，有的还注明窗户的开启方向等。

5. 了解建筑物立面各部分的高度尺寸和标高情况

在建筑立面图中，高度尺寸主要以标注相对标高的形式表达，也可标注三道尺寸，里面尺寸为门窗洞高、窗上墙高、室内外地面高差等，中间尺寸为层高，外面尺寸为总高度。

标高标注在室内外地面、勒脚、各层的窗台、窗洞口的上下口、雨篷、阳台、檐口、女儿墙等处。

建筑立面图上标注的标高有建筑标高和结构标高之分。建筑标高是指包括抹灰层在内的表面标高，一般用来标注构件的上顶面标高，如楼面、地面的标高等。结构标高是指不包括抹灰层的结构面的标高，一般用来标注梁底、雨篷底的标高，如过梁、窗洞口的标高等。

四、建筑立面图的绘制

1. 建筑立面图的绘制要求

（1）建筑立面图的比例一般为 1∶100。

（2）建筑立面图的线型：室外地面线用特粗实线（约 1.4*b*），建筑物的主体外轮廓用粗实线，门窗洞口、阳台、雨篷、檐口、台阶等轮廓用中实线，墙面分格线、雨水管、文字说明引出线等用细实线。

（3）建筑立面图上一般需标注建筑物外墙上各部位的相对标高和一些必要的尺寸。

2. 建筑立面图的绘制步骤

（1）根据建筑立面图中的标高和建筑平面图中的长度尺寸绘制室外地面线、建筑物的外轮廓线及门窗洞口、阳台的上下轮廓线。

（2）结合立面图的标高和平面图中门、窗的定形尺寸和定位尺寸绘制门、窗洞口和其他各细部（如檐口、雨篷、阳台、室外台阶、花池、雨水管等）。

（3）绘制门、窗分格线和墙面装饰线并加深图线，最后标注尺寸、文字说明等。

思考

在互联网上查询一些著名建筑物，如巴黎圣母院、香港中银大厦、美国国会大厦，思考其立面的不同之处。仔细观察周围的建筑物，看看它们的立面有什么不同，思考建筑立面与建筑物用途的联系。

第五节　建筑剖面图识读与绘制

一、建筑剖面图的概念和用途

假想用一个铅垂剖切平面把建筑物剖开后所画出的剖面图，称为建筑剖面图，简称剖面图，如图 3–26 所示。剖切的位置常取楼梯间、门窗洞口及构造比较复杂的典型部位，以表示建筑物内部垂直方向上的内外墙、各楼层、楼梯间的梯段板和休息平台、屋面等的构造和相互位置关系等。建筑剖面图的数量应根据建筑物的复杂程度和施工的实际需要而定。

建筑剖面图必须与建筑平面图上所标的剖切位置和剖视方向一致，剖切位置由底层建筑平面图中可看出。建筑剖面图主要反映建筑物内部垂直方向的高度和分层等情

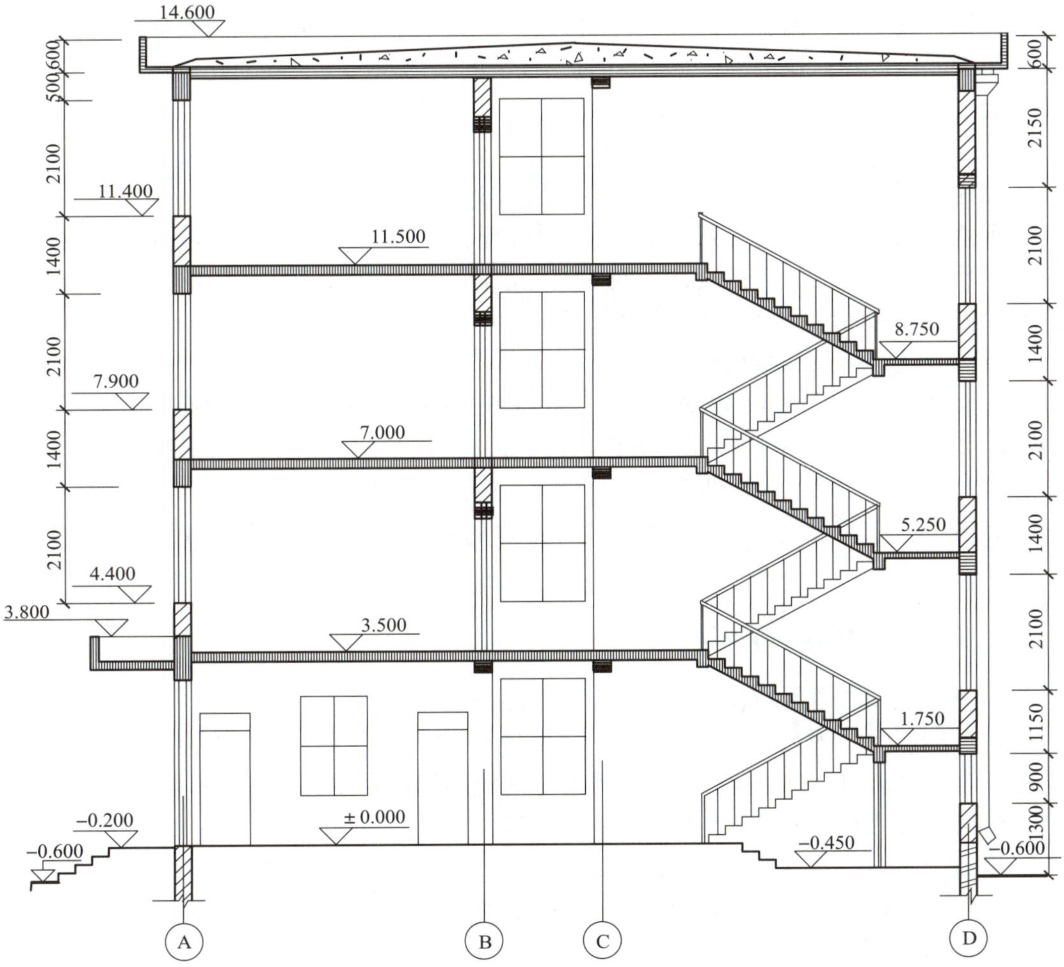

图 3–26　1—1 建筑剖面图 1 : 100

况、楼地面和屋顶的构造以及各构配件在垂直方向的相互关系等。建筑剖面图、建筑平面图、建筑立面图是建筑施工图的基本图纸，它们所表达的内容既有明确的分工，又有紧密的联系，在识图过程中，它们是相互配合且缺一不可的。

二、建筑剖面图的内容和要求

在阅读和绘制建筑剖面图时，应注意下述规定和画法。

1. 定位轴线和比例

在建筑剖面图中，应注出被剖切到的各承重墙的定位轴线及与建筑平面图一致的轴线编号和尺寸。画建筑剖面图所选比例，也应尽量与建筑平面图一致。

2. 图线

在建筑剖面图中，图线要求与建筑平面图相同，室内外地坪线用加粗实线表示，地面以下部分，从基础墙处断开，另由结构施工图表示。被剖切到的墙身、屋面板、楼板、楼梯、楼梯间的休息平台、阳台、雨篷及门、窗过梁等用两条粗实线表示，其中钢筋混凝土构件较窄的断面可涂黑表示。其他没被剖切到的可见轮廓线，如门窗洞口、楼梯、女儿墙、内外墙的表面均用中实线表示。图中的引出线、尺寸界线、尺寸线等用细实线表示。比例小于 1∶100 时，较窄的断面轮廓可采用简化画法，例如，钢筋混凝土构件涂黑色，砖墙涂红色。

3. 尺寸注法

在建筑剖面图中，应注出垂直方向上的分段尺寸和标高。

垂直分段尺寸一般分三道：最外一道是总高尺寸，它表示室外地坪到楼顶面女儿墙的压顶抹灰完成后的总高度；中间一道是层高尺寸，主要表示各层的高度；最里一道是门窗洞、窗间墙及勒脚等的高度尺寸。

标高有建筑标高和结构标高之分。建筑标高是指地面、楼面、楼梯休息平台面等完成抹面装修之后的表面的相对标高，图 3-26 中的 ±0.000 是底层地面抹完水泥砂浆（压光）之后的标高。结构标高一般是指梁、板等承重构件不包括抹面装修层厚度的相对标高。外部高度尺寸包括外墙、门、窗洞口的高度以及层高、总高和各部位的标高。内部高度尺寸包括各层楼面、地面、楼梯平台的标高，以及室内门、窗、隔断、搁板等的高度尺寸。

三、建筑剖面图的识读

1. 了解建筑剖面图的图名、比例、图例和定位轴线

建筑剖面图的图名一般与它们的剖切符号名称相同，如 1—1 剖面图、*A*—*A* 剖面图等。表示建筑剖面图的剖切位置和投射方向的剖切符号在底层建筑平面图上。

建筑剖面图的比例应和建筑平面图、建筑立面图一致。

建筑剖面图一般只画出两端的轴线编号，并标注其轴线间的距离，以便与建筑平面图对照，有时也画出被剖切到的墙或柱的定位轴线及其轴线间的距离。

2. 了解建筑物的内部构造和结构形式

在建筑剖面图中可以看到剖切到的室内外地面、台阶、散水、明沟、楼板层、屋

顶、内外墙、门窗及过梁、圈梁等的位置、构造及相互关系。

3. 了解建筑物室内的装饰和设备等情况

在建筑剖面图中可以看到室内的墙面、吊顶、楼地面等的装饰情况和家具、卫生设备等的配置情况。

4. 了解建筑物的各部位尺寸和标高情况

在建筑剖面图中必须标注高度尺寸。标注的外墙高度尺寸一般也有三道，与建筑立面图相同。此外，建筑剖面图中还应标注室内的局部尺寸，如室内的门窗洞口尺寸等。

标高应标注在室内外地面、楼面、楼梯平台面、阳台面、屋顶檐口顶面等处。

5. 了解建筑剖面图上的详图索引符号

了解建筑剖面图上的详图索引符号，以便查阅对应的详图，如檐口、女儿墙的构造做法等。

四、建筑剖面图的绘制

1. 建筑剖面图的绘制要求

（1）建筑剖面图的比例一般为 1∶100。

（2）建筑剖面图的图线与建筑平面图相同，比例尽量与建筑平面图一致。在比例为小于 1∶100 时，较窄的断面轮廓可采用简化画法，例如，钢筋混凝土构件涂黑色，砖墙涂红色。

（3）建筑剖面图上一般需标注建筑物外墙上各部位的相对标高和一些必要的尺寸。

2. 建筑剖面图的绘制步骤

（1）首先根据尺寸确定被剖切到的墙体的定位轴线，室内、室外地面线，各层楼面、屋面线。

（2）绘制墙体、楼面、屋面的厚度线。

（3）确定门、窗洞口及过梁、阳台等结构的位置并绘制。

（4）绘制材料图例、索引符号，标注尺寸、标高、文字说明等。

第六节　建筑详图识读

建筑平面图、建筑立面图和建筑剖面图虽然能够表达建筑物的外部形状、平面布置、内部构造和主要尺寸，但由于比例较小，许多细部构造、尺寸、材料和做法等内容无法表达清楚。为了满足施工要求，通常用较大的比例（如 1∶50、1∶20、1∶10、1∶5 等）画出建筑物细部构造的详细图样，这种另外放大画出的图样称为建筑详图。建筑详图是建筑平面图、建筑立面图、建筑剖面图的深化和补充，也是建筑施工图的重要组成部分。

建筑详图可分为构造节点详图和构配件详图两类。凡表达建筑物某一局部构造、尺寸和材料的详图称为构造节点详图，如檐口、窗台、勒脚、明沟等。凡表明构配件本身构造的详图称为构件详图或配件详图，如门、窗、楼梯、雨水管等。

对于套用标准图或通用图的构造节点和建筑构配件，只需注明所套用图集的名称、型号或页次（索引符），可不必另外画详图。

对于构造节点详图，除了要在建筑平面图、建筑立面图、建筑剖面图上的有关部位标注出索引符号外，还应在建筑详图上注出详图符号或名称，以便对照查阅。而对于构配件详图，可不注索引符号，只在建筑详图上写明该构配件的名称或型号即可。

一幢建筑物的施工图通常有以下几种详图：外墙详图、楼梯详图、门窗详图以及室内外一些构配件的详图，如室外台阶、花池、散水、明沟、阳台、卫生间、壁柜等。

一、索引符号与详图符号

1. 索引符号

图样中的某一局部或构件，如需另见详图，应以索引符号索引，如图 3–27a 所示。索引符号是由直径为 8 ~ 10 mm 的圆和水平直径组成，圆及水平直径应以细实线绘制。索引符号应按下列规定编写。

（1）索引出的详图如与被索引的详图同在一张图纸内，应在索引符号的上半圆中用阿拉伯数字注明该详图的编号，并在下半圆中间画一段水平细实线，如图 3–27b 所示。

（2）索引出的详图如采用标准图，应在索引符号水平直径的延长线上加注该标准图册的编号，如图 3–27c 所示。需要标注比例时，文字在索引符号右侧或延长线下方，与符号下对齐。

索引符号如用于索引剖视详图，应在被剖切的部位绘制剖切位置线，并以引出线引出索引符号，引出线所在的一侧应为剖视方向。索引符号的编写同上条的规定，如图 3–28 所示。

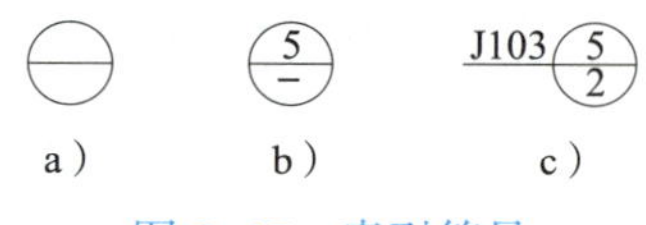

图 3–27　索引符号

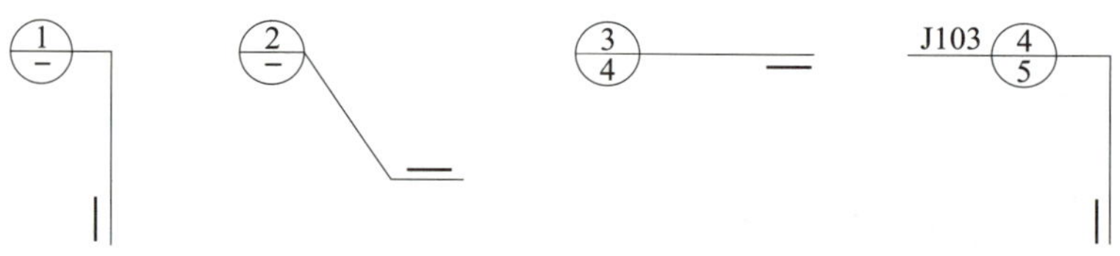

图 3–28　用于索引剖视详图的索引符号

零件、钢筋、杆件、设备等的编号宜以直径 5 ~ 6 mm 的细实线圆表示，同一图样应保持一致，其编号应用阿拉伯数字按顺序编写，如图 3–29 所示。消火栓、配电箱、管井等的索引符号直径以 4 ~ 6 mm 为宜。

2. 详图符号

建筑详图的位置和编号应以详图符号表示。详图符号的圆应以直径为 14 mm 的粗实线绘制。建筑详图应按下列规定编号。

（1）建筑详图与被索引的图样同在一张图纸内时，应在详图符号内用阿拉伯数字注明建筑详图的编号，如

5

图 3–29　零件、钢筋等的符号

图 3–30 所示。

（2）建筑详图与被索引的图样不在同一张图纸内时，应用细实线在详图符号内画一水平直径，在上半圆中注明建筑详图编号，在下半圆中注明被索引的图纸的编号，如图 3–31 所示。

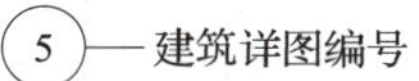

图 3–30 与被索引图样同在一张图纸内的详图符号

图 3–31 与被索引图样不在同一张图纸内的详图符号

二、外墙详图

1. 外墙详图的概念

外墙详图实际上是建筑剖面图中外墙身的局部放大图。它主要表达了建筑物的屋面、檐口、楼面、地面的构造，楼板与墙身的关系，以及门窗过梁、圈梁、窗台、勒脚、散水、明沟等处的尺寸、材料、做法构造情况。

外墙详图一般用较大的比例绘制，为节省图幅，常采用折断画法，往往在窗洞中间处断开，成为底层、顶层和一个中间层节点的组合。

外墙详图的线型和剖面图一样，剖到的墙身轮廓线用粗实线画出，因为采用了较大的比例，墙身应用细实线画出粉刷层，并在断面轮廓线内画上规定的材料图例。

2. 外墙详图的识读（见图 3–32）

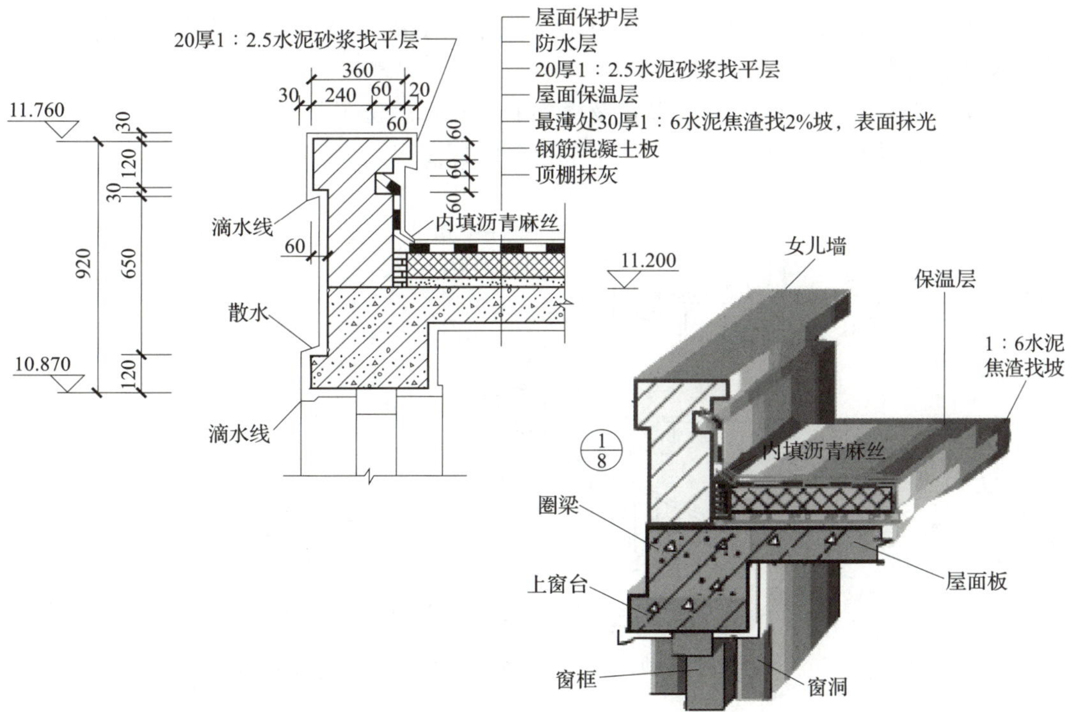

图 3–32 外墙详图的识读

（1）了解图名、比例，了解外墙详图表示的外墙在建筑物中的具体位置。

（2）了解屋面、楼面和地面的构造层次和做法。根据多层构造引出线的文字说明了解各构造层次的厚度、材料及做法。

（3）了解檐口构造及排水方式，屋顶的承重层、防水层、保温隔热层的构造做法。

（4）了解楼板、圈梁、过梁、窗台的位置，与墙身的关系，如楼板与墙身是平行还是搁置搭接、外窗台挑出墙面的尺寸、外窗台的厚度、内窗台的材料做法等。

（5）了解外墙的勒脚、散水及防潮层的构造做法，如勒脚的高度、散水的宽度及坡度、防潮层的位置及材料做法等。

（6）了解内、外墙面的具体装修做法。

（7）了解墙身的细部尺寸、各部位的标高和高度尺寸，如外墙的厚度、外墙与定位轴线的关系等。

三、楼梯详图

楼梯详图主要表示楼梯的类型、结构形式、各部位尺寸以及踏步、栏杆等装修做法，如图 3–33 所示。楼梯详图一般包括楼梯平面图、剖面图及踏步、栏杆、扶手等节点详图，图 3–34 所示为楼梯平面图，图 3–35 所示为楼梯剖面图。

1. 楼梯平面图的识读

楼梯平面图实际上是建筑平面图中楼梯间的局部放大图，通常用底层平面图、中间层（标准层）平面图和顶层平面图三个平面图来表示。

（1）了解楼梯在建筑平面图中的位置及有关轴线的布置，楼梯间的开间、进深。

（2）了解楼梯间、楼梯段、楼梯井和休息平台等的平面形式和尺寸以及楼梯踏步的宽度和踏步数。

（3）了解楼梯的走向和栏杆设置及楼梯上下起步的位置。

（4）了解楼梯间各楼层平面、休息平台面的标高。

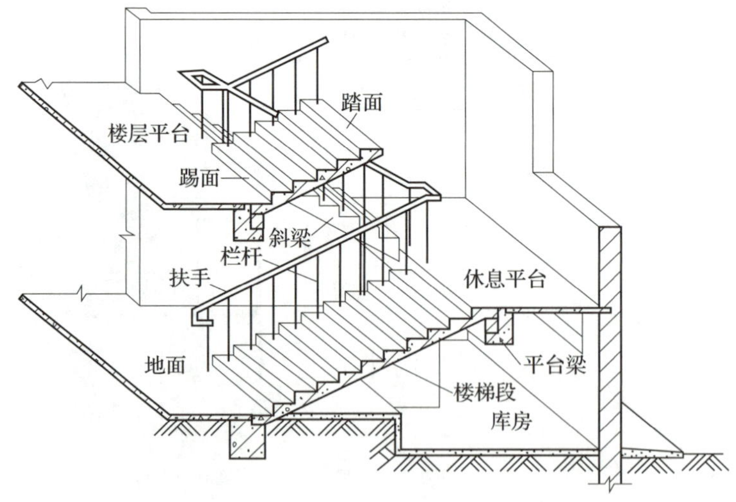

图 3–33　楼梯详图

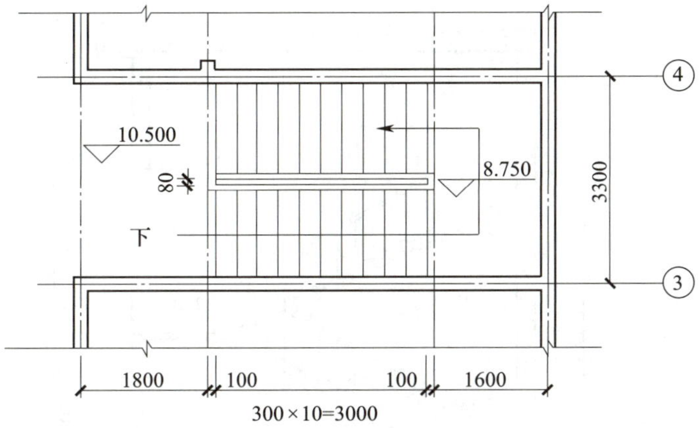

10.500
8.750
80
下
3300
④
③
1800　100　100　1600
300×10=3000

顶层平面图 1：50

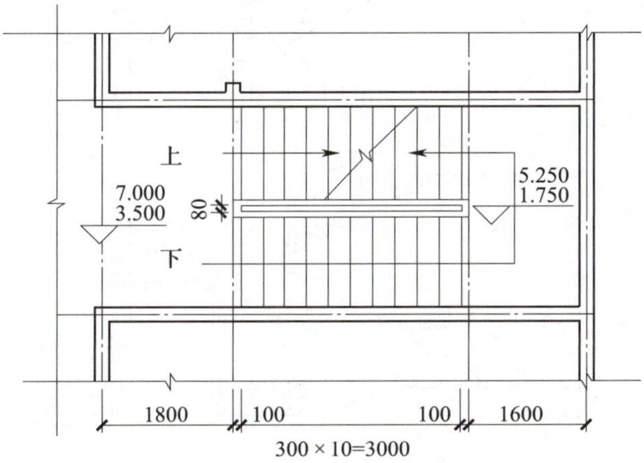

上
下
7.000
3.500
5.250
1.750
80
1800　100　100　1600
300×10=3000

中间层（标准层）平面图 1：50

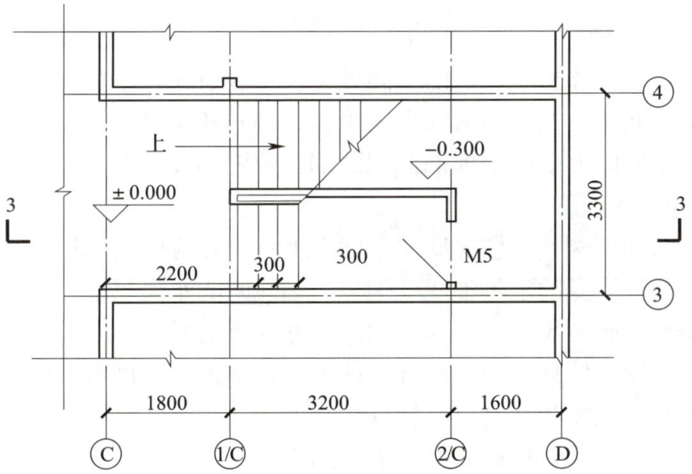

上
−0.300
±0.000
3300
300
300
2200
M5
④
③
3
3
1800　3200　1600
C　1/C　2/C　D

底层平面图 1：50

图 3-34　楼梯平面图

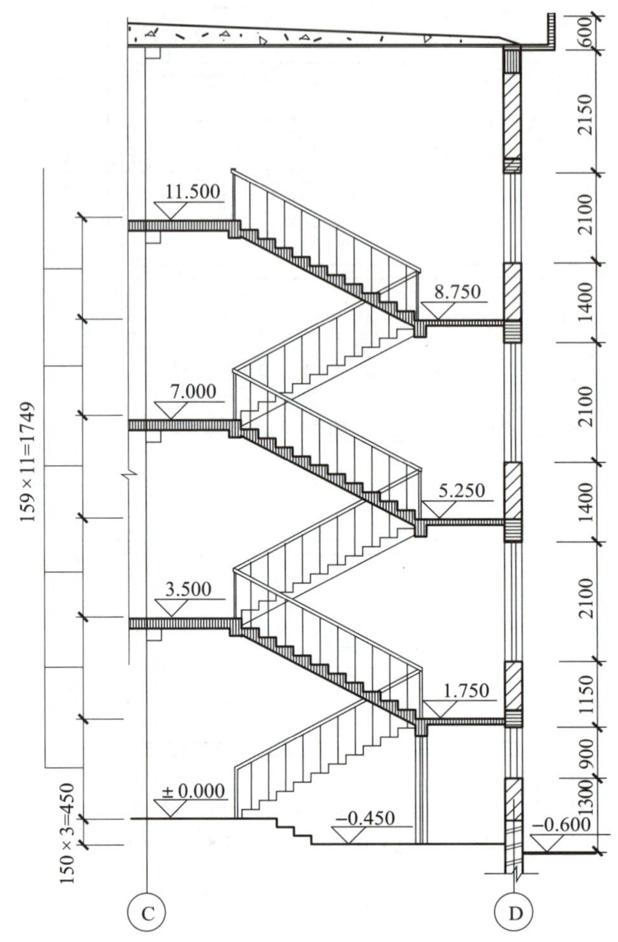

图 3-35　楼梯剖面图 1∶50

（5）了解底层楼梯休息平台下的空间处理，是过道还是小房间。

（6）了解楼梯间墙、柱、门窗的平面位置、编号和尺寸。

（7）在底层平面图上了解楼梯剖面图的剖切位置和投影方向。

2. 楼梯剖面图的识读

（1）了解图名和比例，在楼梯底层平面图上找到相应的剖切符号。

（2）了解楼梯间墙身的定位轴线及编号，轴线间的距离尺寸。

（3）了解楼梯的竖向尺寸、进深方向的尺寸和有关标高。

（4）了解楼梯段、休息平台、栏杆、扶手等构造情况和用料说明。

（5）了解踏步的宽度和高度以及栏杆的高度。

（6）了解踏步、扶手、栏杆等细部的详图索引符号。

3. 楼梯节点详图

楼梯节点详图一般包括楼梯段的起步节点、转弯节点、止步节点的详图，楼梯踏步、栏杆或栏板、扶手等详图，常用比例有 1∶10、1∶5、1∶2 等，以表明它们的断面

形式、细部尺寸、用料、构件连接及面层装修做法等。

四、建筑构件、配件标准图

在建筑施工图中，有许多构配件和构造做法常采用标准图，看图时需要查阅有关的标准图集。为提高设计和施工的速度和质量，常把各种常见的、多用的建筑物以及它们的构件、配件，按照统一的模数，根据各种不同的标准、规格，设计并绘制出成套的施工图，经有关部门审查批准后，供设计和施工中直接选用，称为标准图或通用图，把它们编号装订成册，即为标准图集。

标准图有两种：一种是整幢建筑物的标准设计（定型设计），如住宅、中小学教学楼、单层工业厂房体系等；另一种是目前大量使用的建筑构件标准图和建筑配件标准图。

建筑构件标准图是指与结构设计有关的结构详图，如屋架、梁、板、基础、楼梯、阳台、雨篷等，一般用代号“G”或“结”表示；建筑配件标准图是指与建筑设计有关的建筑详图，如屋面、楼地面、水池、门、窗等详图，一般用代号“J”或“建”表示。

目前，国内编制的标准构、配件图集很多。凡是经国家批准的全国通用构、配件图，可在全国范围内使用；经各省、市、自治区批准的通用构、配件图，可在各相应地区范围内使用；各设计单位编制的图集，只能在各单位内部使用。

查阅标准图时，应根据施工图中的设计说明或索引标志所注明的标准图集的名称、编号及编制单位查找所选用的标准图集，阅读标准图集的总说明，了解其设计依据、适用范围、施工要求及注意事项，最后根据标准图集内的构、配件代号（均用它们名称的汉语拼音第一个字母表示）找到所需的详图。

第七节　结构施工图识读

建筑施工图表达了建筑物的外观形式、平面布置、建筑构造和内、外装修等内容，但没有详细表达建筑物的结构部分，如梁、柱、板等承重构件仅有轮廓示意。因此，在建筑物设计中，除了进行建筑设计，画出建筑施工图外，还要进行结构设计，画出结构施工图。

结构设计是根据各工种（如建筑、给水排水、电气等）对结构的要求，经过结构选型、布置，然后通过结构计算，确定建筑物各承重构件（如基础、承重墙、柱、梁、板、屋架等）的材料、形状、尺寸、内部构造及相互关系。按结构设计的结果绘制成的图纸就称为结构施工图。

结构施工图按建筑物结构所用的材料不同，分为钢筋混凝土结构施工图、钢结构施工图、木结构施工图等。目前广泛使用的是钢筋混凝土承重构件，所以以下只介绍钢筋混凝土构件的结构施工图。

一、结构施工图的用途和组成

结构施工图是施工放线、挖基坑、支模板、绑扎钢筋、设置预埋件、浇捣混凝土、安装门窗等预制构件、编制预算和施工组织计划的重要依据。

结构施工图通常由结构设计说明、基础结构图、楼（屋）盖结构图和结构构件（如梁、板、柱、楼梯等）详图等组成。

结构施工图的绘制，必须符合《房屋建筑制图统一标准》（GB/T 50001—2017）、《建筑结构制图标准》（GB/T 50105—2010）、国家建筑标准设计图集以及现行有关标准和规范的规定。

二、常用构件代号

建筑结构构件种类繁多，为了图示简明、清晰、便于阅读，国家标准《建筑结构制图标准》（GB/T 50105—2010）规定了各种常用构件代号，见表 3–5。

表 3–5　　各种常用构件代号

序号	名称	代号	序号	名称	代号	序号	名称	代号	序号	名称	代号
1	板	B	15	吊车梁	DL	29	托架	TJ	43	垂直支撑	CC
2	屋面板	WB	16	单轨吊车梁	DDL	30	天窗架	CJ	44	水平支撑	SC
3	空心板	KB	17	轨道连接	DGL	31	框架	KJ	45	梯	T
4	槽形板	CB	18	车挡	CD	32	刚架	GJ	46	雨篷	YP
5	折板	ZB	19	圈梁	QL	33	支架	ZJ	47	阳台	YT
6	密肋板	MB	20	过梁	GL	34	柱	Z	48	梁垫	LD
7	楼梯板	TB	21	连系梁	LL	35	框架柱	KZ	49	预埋件	M
8	盖板或沟盖板	GB	22	基础梁	JL	36	构造柱	GZ	50	天窗端壁	TD
9	挡雨板或檐口板	YB	23	楼梯梁	TL	37	承台	CT	51	钢筋网	W
10	吊车安全走道板	DB	24	框架梁	KL	38	设备基础	SJ	52	钢筋骨架	G
11	墙板	QB	25	框支梁	KZL	39	桩	ZH	53	基础	J
12	天沟板	TGB	26	屋面框架梁	WKL	40	挡土墙	DQ	54	暗柱	AZ
13	梁	L	27	檩梁	LT	41	地沟	DG			
14	屋面梁	WL	28	屋架	WJ	42	柱间支撑	ZC			

三、钢筋

1. 钢筋的符号

在结构施工图中，为了便于标注和识别钢筋，每一种类钢筋都用一个符号表示，如 HPB300 级钢筋为 Φ、HRB400 级钢筋为 ⏀ 等。

2. 钢筋的分类

钢筋混凝土构件中的钢筋按其受力和作用的不同分为受力筋、架立筋、箍筋和分布筋四种，如图 3–36 所示。

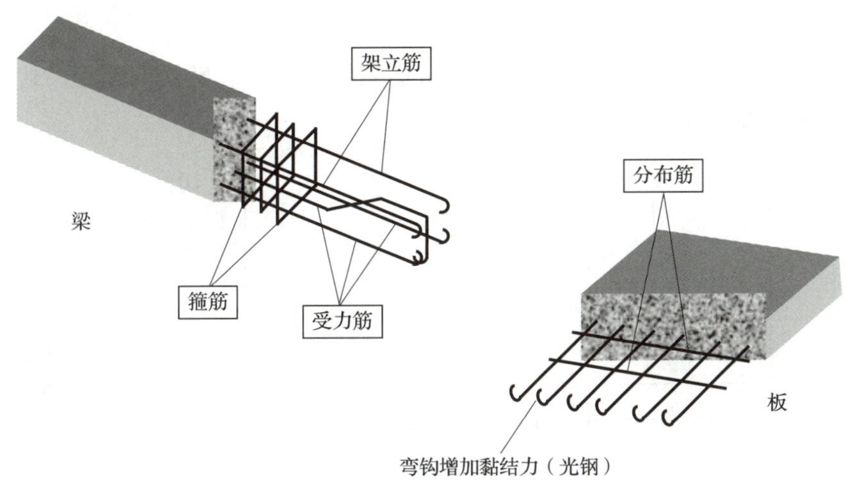

图 3–36　钢筋混凝土构件中的钢筋

3. 钢筋的一般表示方法

（1）钢筋的一般表示方法见表 3–6。

表 3–6　钢筋的一般表示方法

序号	名称	图例	说明
1	钢筋横断面	●	—
2	无弯钩的钢筋端部		长、短钢筋投影重叠时，短钢筋端部用 45° 斜画线表示（见下图）
3	带半圆形弯钩的钢筋端部		—
4	带直钩的钢筋端部		—
5	带丝扣的钢筋端部		—
6	无弯钩的钢筋搭接		—
7	带半圆形弯钩的钢筋搭接		—
8	带直钩的钢筋搭接		—

（2）HPB300 级钢筋（光圆）的端部一般作成弯钩，以增强与混凝土的握裹力，如图 3–37 所示。图 3–37a 是 180°弯钩，图 3–37b 是 90°弯钩，图 3–37c 是 45°弯钩。

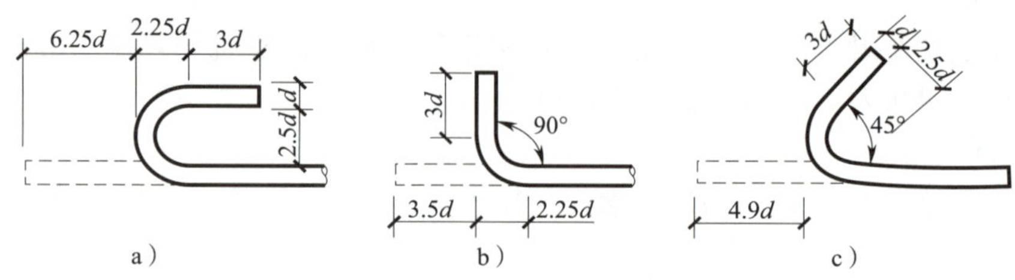

图 3–37　钢筋端部的弯钩

（3）钢筋的标注方法。钢筋的标注应包括钢筋的编号、数量、间距、代号和直径等。标注的两种形式如下。

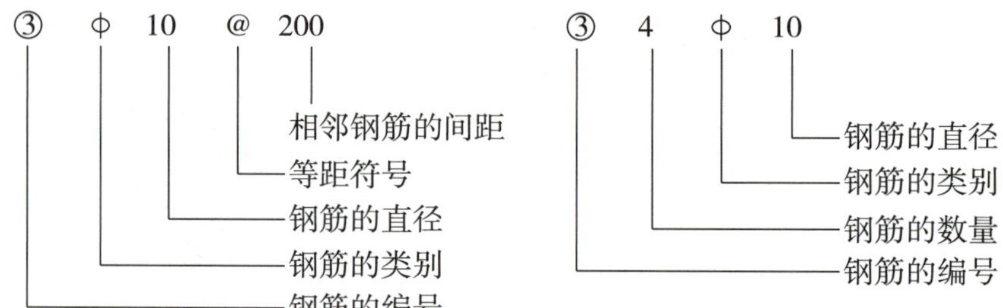

四、基础施工图

基础施工图是表示建筑物在相对标高 ±0.000 以下构造的图纸。它一般包括基础平面图、基础详图和设计说明三个部分，是施工放线、开挖基坑、基础建造的依据。

1. 基础平面图

（1）基础平面图的形成

基础平面图是一种剖视图，是用一假想的水平剖切面在地面与基础之间将整幢建筑物剖开，移去剖切面以上的建筑物和基础回填土，向下作正投影而得到的水平投影图，如图 3–38 所示。

为了使基础平面图简洁明了，一般在图中只画出被剖切到的墙、柱轮廓线，用粗实线表示，投影所见到的基础底部轮廓线用细实线表示，基础梁用粗单点画线表示，而其他的细部（如砖砌大放脚的轮廓线等）均可省略不画。由于基础平面图常采用 1∶100 的比例绘制，被剖切到的基础墙身可不画材料图例。钢筋混凝土材料的图例涂成黑色。

（2）基础平面图的识读

1）了解图名和比例。

2）了解纵横定位轴线及其编号，以及轴线间的尺寸等。

3）了解基础的平面布置，包括基础墙、构造柱、承重柱、基础梁和垫层等的形状、尺寸及其与轴线之间的关系等。

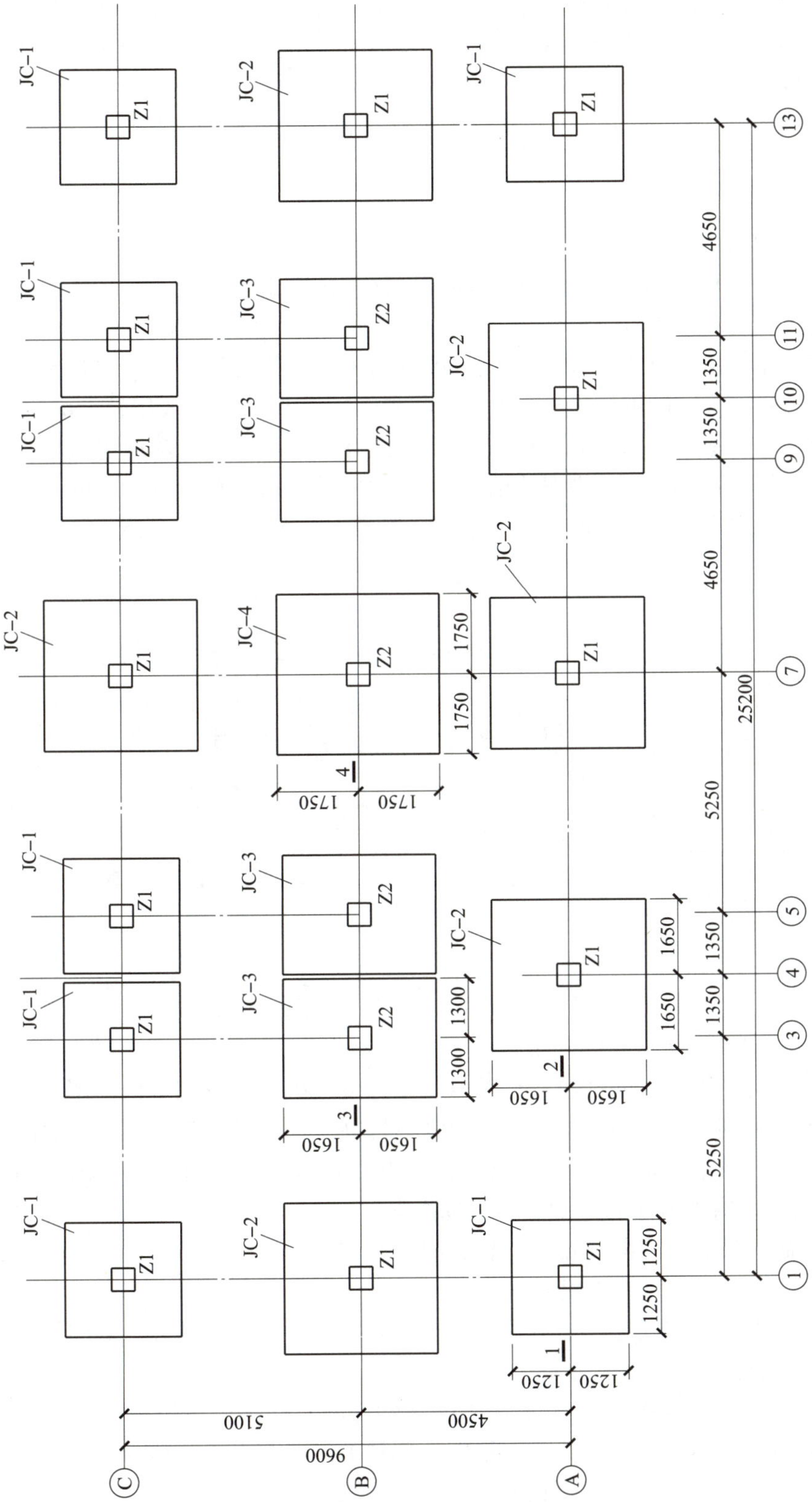

图 3-38　基础平面图 1 : 100

4）了解基础剖面详图的剖切位置情况。在基础平面图中，凡基础的宽度、基础墙厚、大放脚的组砌形式、基础底面标高及尺寸等做法有不同时，常分别采用不同的剖面详图和编号予以表明。

5）看清设计和施工说明，了解基础的用料、施工注意事项、基础的埋置深度等情况。

2. 基础详图

（1）基础详图的形成

基础平面图中仅表示了基础的平面布置，而基础的形状、大小、构造、材料及埋置深度等均没有表示，所以需要画出基础详图，作为基础施工的依据。

基础详图是一种断面图，是利用假想的剖切平面垂直剖切基础具有代表性的部位而得到的断面图。为了能够清楚地表达基础的断面，基础详图一般用较大的比例绘制，如 1 : 20、1 : 30，充分表达基础的断面形状、材料、大小、构造和埋置深度。对于条形基础，一般用断面图表示大放脚的组砌形式和尺寸。对于独立基础，除了用断面图表示外，通常还用平面详图表明有关平面尺寸等情况，如图 3–39 所示。

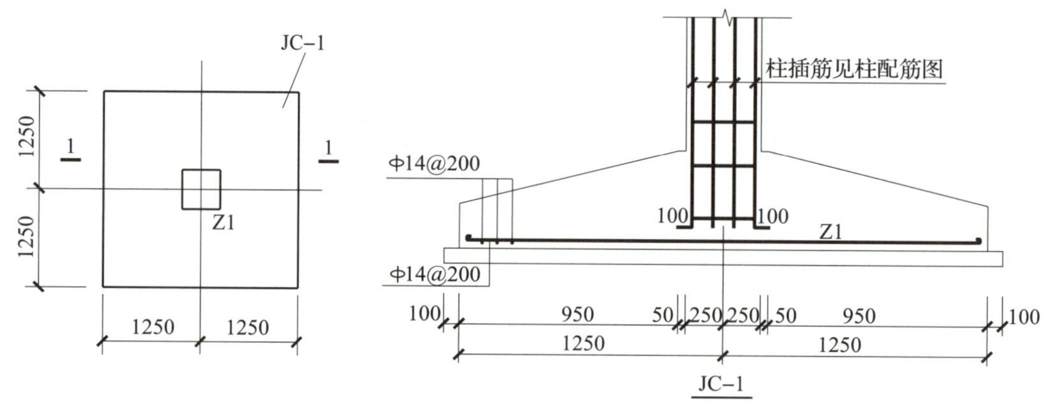

图 3–39　坡形独立基础详图

（2）基础详图的识读

1）根据基础平面图中的详图剖切符号的编号或基础代号查阅基础详图。

2）了解基础剖（断）面图的各部分尺寸、标高。如基础墙的厚度、大放脚的细部与垫层的尺寸、基础与轴线的位置关系、基础垫层底面到室外地坪的距离（即基础埋置深度），以及室内外地面与基础底面的标高等。

3）了解砖基础防潮层的设置及位置、材料要求。

4）了解基础梁的尺寸及配筋情况。

5）了解基础结构的构造，如钢筋混凝土结构的配筋，其他构件与基础相连的节点配筋、插筋、钢箍或预埋件等情况。

图 3–40a 是与图 3–40b 对应基础 J–1 的基础详图，从图中可以看出，基础为阶梯形独立基础，长和宽均为 3 000 mm，基础上部柱的断面尺寸为 450 mm × 450 mm，阶梯部分的平面尺寸与竖向尺寸都已在图中标出，基础底面的标高为 –1.800 m。基础

垫层为 100 mm 厚 C10 混凝土，每侧宽出基础 100 mm。J–1 纵、横两个方向的底板配筋均为直径 12 mm 的 HRB400 级钢筋，分布间距为 130 mm。基础中预放 8 根直径 20 mm 的 HRB400 级钢筋，是为了与柱内的纵筋搭接。基础范围内还设置了两道 2 Φ 8 箍筋。

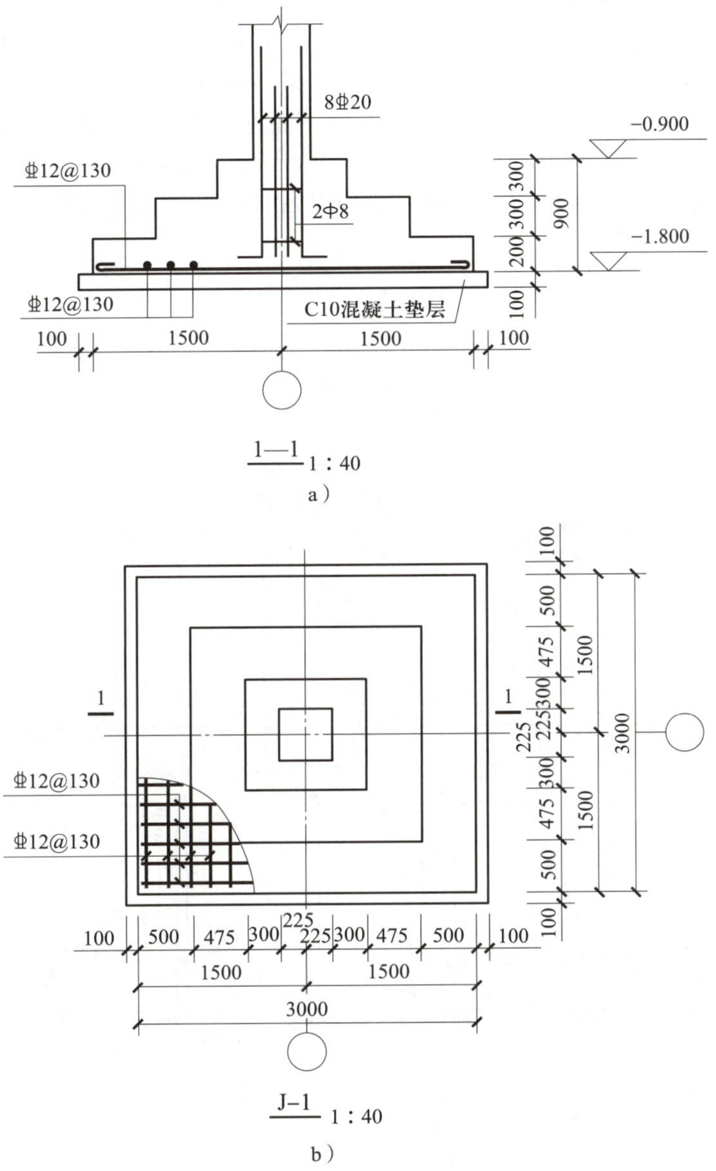

图 3–40　某阶梯形独立基础的基础详图

图 3–41 上部的图为某条形基础平面图，绘制比例为 1 : 100。从图中可以看出，该建筑基础轴线两侧中粗实线表示基础墙，细实线表示基础底面边线，图中标注了基础宽度。图中涂黑处表示构造柱，其编号已在图中注明。图中还画出了多处剖切符号（如 1—1、2—2 等），表明基础详图的剖切位置。现以Ⓓ轴线和 1—1 断面图为例，

基础底面宽度为 1 300 mm，基底左右边线到轴线的定位尺寸均为 650 mm。1—1 断面图比例为 1∶20，因为它是通用详图，所以在定位轴线圆圈符号内未注编号。该条形基础上部是砖砌的 240 mm 厚基础墙，在底层 ±0.000 地面以下 60 mm 处未设基础圈梁，设有一道防潮层，采用 20 mm 厚 1∶2 水泥砂浆加防水剂。基础墙下端组砌成两皮一收（等高式）的大放脚，每一级大放脚高为 120 mm(两皮砖的厚度)，向两边各放出 60 mm（1/4 砖的宽度）。基础采用钢筋混凝土结构，基础内未设基础梁，基础板底配筋一个方向是直径 10 mm 的 HPB300 级钢筋，间距 200 mm，另一个方向是直径 8 mm 的 HPB300 级钢筋，间距 200 mm。基础下面设置 100 mm 厚的混凝土垫层，使基础与地基接触良好，传力均匀。图中还标注了室内主要地面标高 ±0.000、室外地面标高 -1.500 m 和基础底面的标高 -1.850 m，以及其他一些细部尺寸和构造柱 GZ1、GZ2 的尺寸和配筋。

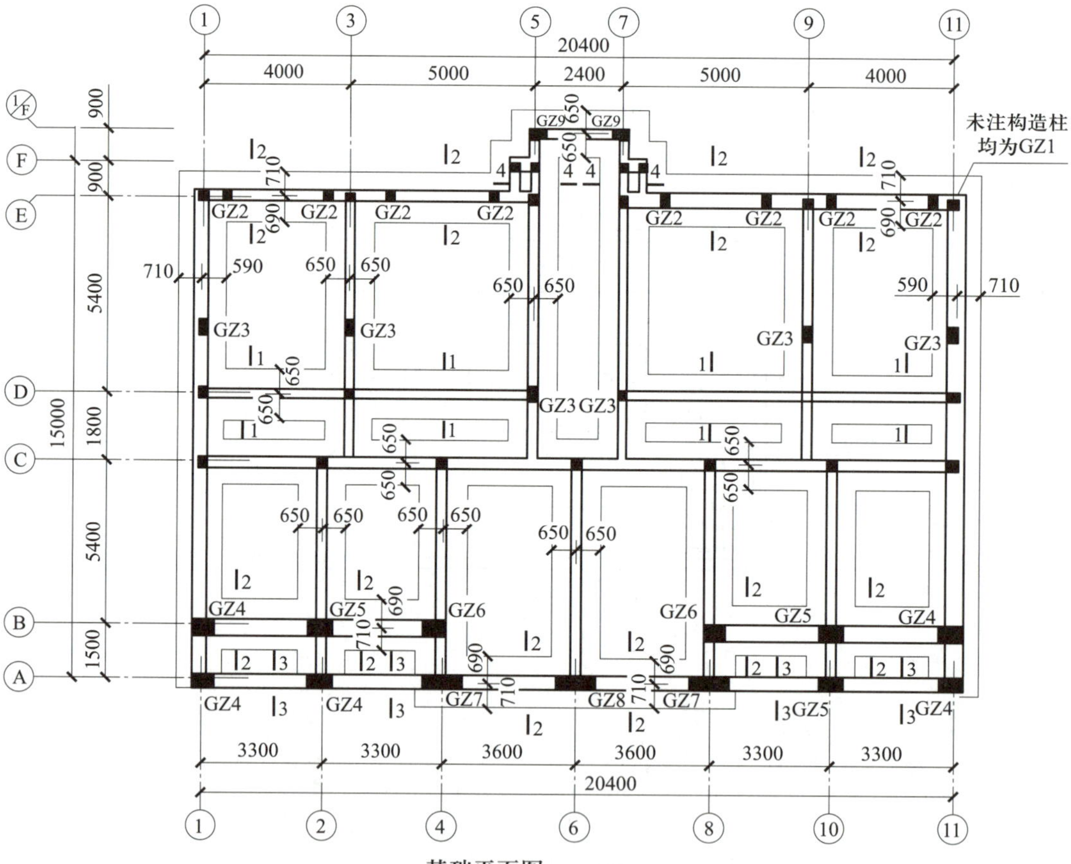

未注构造柱均为GZ1

基础平面图 1∶100

注：

1. 370墙上均设JQL-1。
2. 240墙（除D轴墙体外）均设JQL-2。
3. 基础梁均为墙中。
4. 构造柱位置及尺寸另见详图。

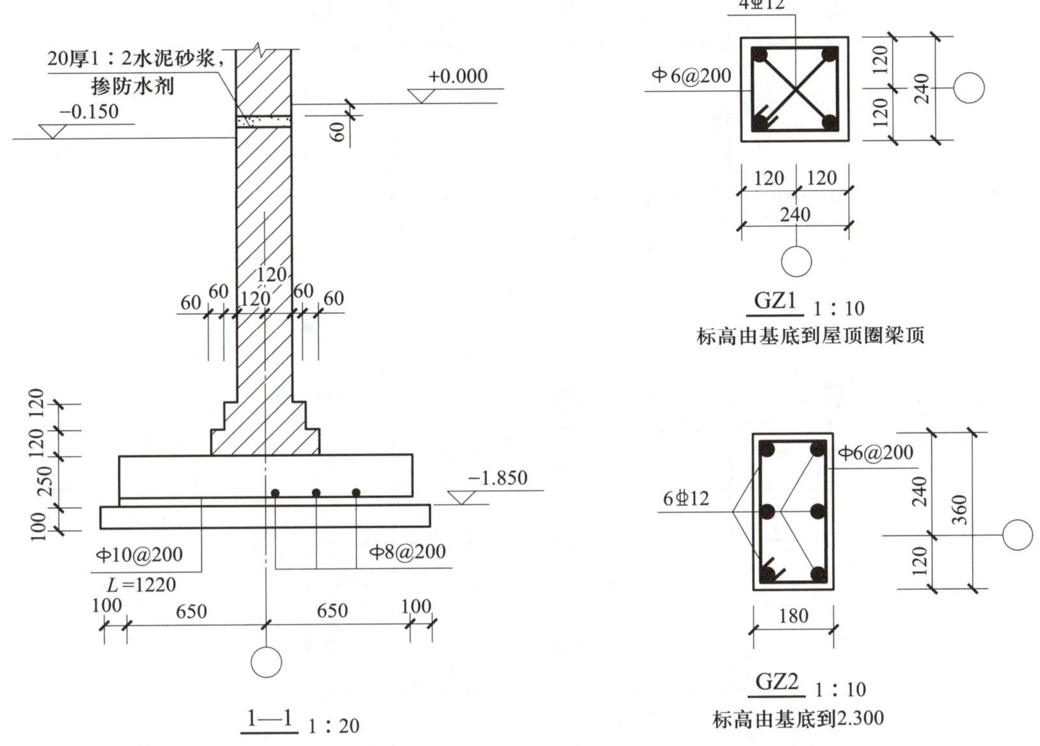

图 3–41　某条形基础图纸

五、楼层结构平面图

1. 楼层结构平面图的形成

楼层结构平面图是用一假想的水平剖切面将所要表明的结构层面上部剖开，向下作正投影而得到的水平投影图。在楼层结构平面图中，被剖到的墙、柱等轮廓用中实线表示，钢筋混凝土柱涂黑。在预制楼板楼层结构平面图中，被楼板挡住的墙、柱等轮廓用中虚线表示，预制板的平面布置情况用细实线表示。图 3–42 所示为现浇钢筋混凝土楼板楼层结构平面图。

楼层结构平面图是表示各层楼面的承重构件（如梁、楼板、柱、墙、圈梁、门窗过梁等）布置情况的图样，是施工时安装梁、板的依据。

2. 楼层结构平面图的识读

（1）了解图名和比例，比例要和基础平面图一致。

（2）了解定位轴线的布置。定位轴线是确定各承重构件位置的依据，应与建筑施工图中平面图的定位轴线相一致。

（3）了解楼板的平面布置和组合情况。在楼层结构平面图中，楼板的布置位置通常是用对角线（细实线）表示的。凡楼板铺设相同的房间，只需画出其中一间的铺设情况。预制钢筋混凝土楼板的型号、规格全国各地不统一，识图时要注意阅读本地区的预制钢筋混凝土楼板标准图集。

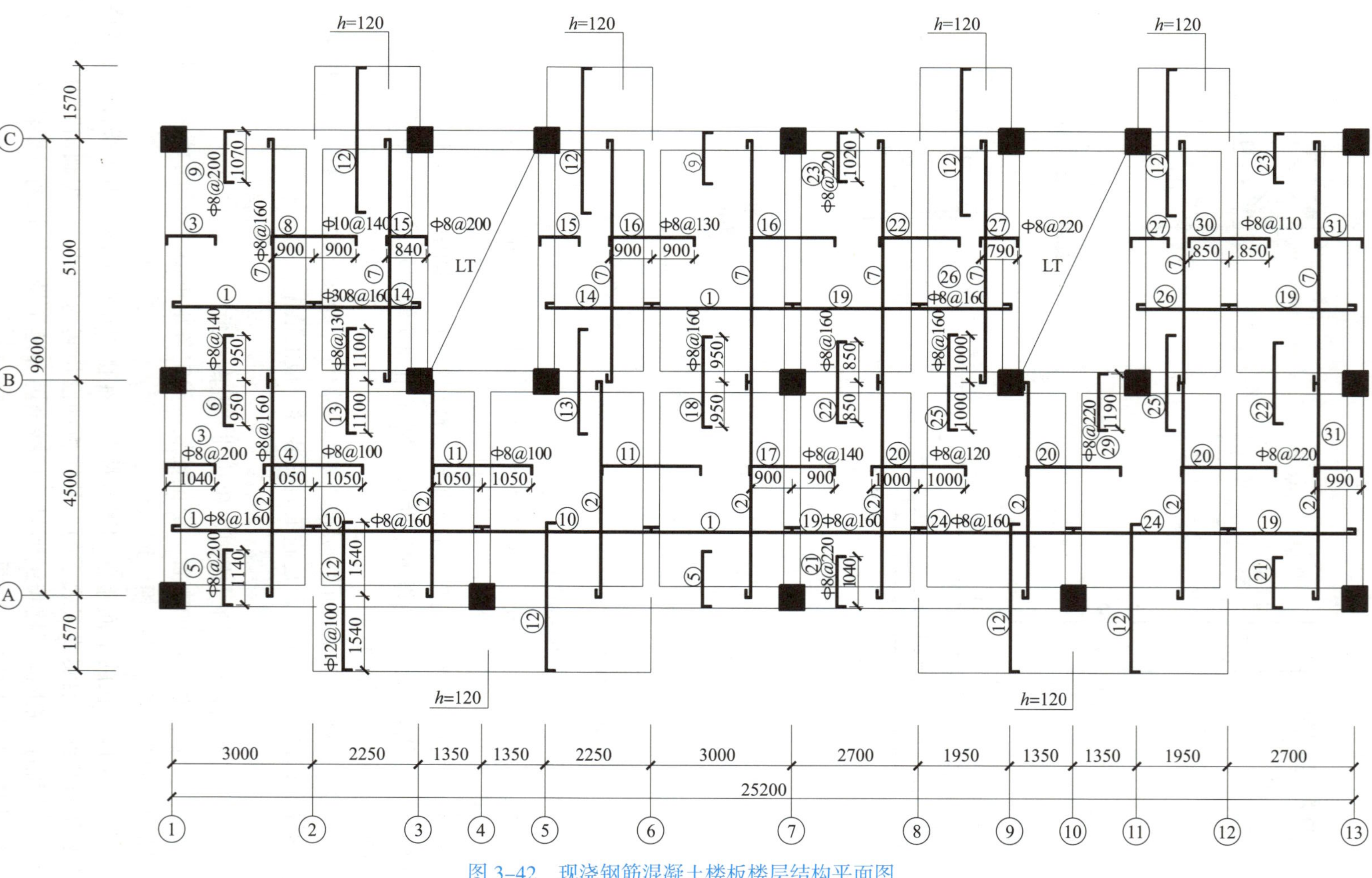

图 3-42 现浇钢筋混凝土楼板楼层结构平面图

（4）了解各节点详图的剖切位置。

（5）了解梁的平面布置、编号和截面尺寸等情况。为了使图形清晰，圈梁和过梁可另外用平面布置图表示。在圈梁平面布置图中，圈梁用粗实线表示，并在适当位置画出断面的剖切符号，以便与圈梁断面图对照识读。

（6）楼层结构平面图中的楼梯间通常用细实线画出两条对角线表示，并注明楼梯间。

（7）屋顶结构平面图与楼层结构平面图基本相同。由于屋面排水的需要，屋面楼板可根据需要按一定的坡度布置，并设置天沟板（或挑檐板），因此，在屋顶结构平面图中要注明天沟板的范围。另外，平屋顶的楼梯间要满铺屋面板，还要注意屋顶爬人孔、烟道等处有预留孔洞。

（8）现浇楼板可直接在图中画出钢筋形状及其配筋（见图 3-42）。放置在楼板底层的纵、横钢筋，其端部的弯钩应向上（如①、⑲号钢筋）或左（如②、⑦号钢筋）；放置在楼板顶层的纵、横钢筋，其端部的弯钩应向下（如③、④号钢筋）或右（如⑥、⑱号钢筋）。

六、钢筋混凝土构件详图

结构平面图仅表示了承重构件的布置、类型和数量，而承重构件的形状、大小、材料、构造和连接等情况则需要单独用构件详图表示。

钢筋混凝土构件详图由模板图、配筋图、预埋件详图和钢筋用量表等组成。其中，配筋图表示构件内部钢筋的形状、规格、数量、长度及布置情况，是构件详图最主要的图样。配筋图一般由立面图、断面图和钢筋详图组成，有时还列出钢筋用量表。

在配筋图中，假定混凝土是透明的，构件的轮廓线用细实线画出，混凝土材料图例不画，钢筋用粗实线画出，钢筋的横断面用黑圈点表示。

在配筋图中，由于钢筋数量较多，它们的品种规格、形状尺寸不一，为了防止混淆，一般都将它们分类编号。编号应用阿拉伯数字顺次编写，并将数字写在直径为 6 mm 的细实线圆圈内，并用引出线指到所编号的钢筋。

在配筋图中，要标注出钢筋的编号、数量、级别、直径、间距等。

钢筋的形状在配筋图中一般已表达清楚，如果配筋比较复杂，或钢筋重叠无法看清，应在配筋图近旁另画钢筋详图（又称钢筋大样图，见图 3-43）。钢筋详图应按照钢筋在立面图中的位置由上而下，用同一比例排列在配筋图的下方，并与相应的钢筋对齐。

为了便于编造施工预算，统计用料，对配筋复杂的构件还要列出钢筋用量表。钢筋用量表的内容有构件名称、数量、钢筋编号、钢筋规格、钢筋简图、钢筋根数、钢筋长度、钢筋质量等。

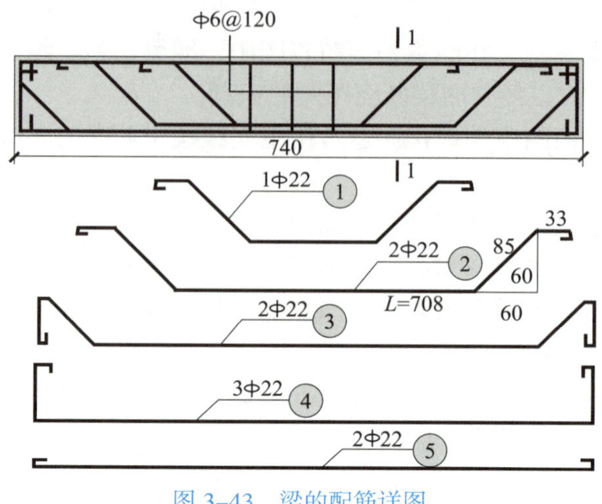

图 3-43 梁的配筋详图

第八节 结构施工图平面整体设计方法介绍

结构施工图平面整体设计方法简称平法。运用平法时，按照平面整体表示方法的制图规则，把结构构件的尺寸和配筋等整体直接表达在各类构件的结构平面布置图上，再与标准构造详图配合，即构成一套新型完整的结构设计。平法改变了传统的将构件从结构平面布置图中索引出来，再逐个绘制配筋详图的烦琐方法，是我国结构施工图表示方法的一次重大改革。平法自推广以来，先后推出多套国家建筑标准设计图集，目前最新出版的是 22G101 系列，此图集从 2022 年 5 月起执行。以下仅对平法中柱、梁、板的表达作简要介绍，详细内容见《混凝土结构施工图平面整体表示方法制图规则和构造详图》(22G101—1、22G101—2、22G101—3)。平法设计的注写方式有平面注写方式、列表注写方式和截面注写方式。

一、柱平法施工图制图规则

柱平法施工图通过在柱平面布置图上采用列表注写方式或截面注写方式进行表达。

1. 列表注写方式

采用列表注写方式时，在柱平面布置图上（一般只需采用适当比例绘制一张柱平面布置图，包括框架柱、框支柱、梁上柱和剪力墙上柱，柱编号见表 3-7）同一编号的柱中选择一个（有时需要选择几个）截面标注几何参数代号，在柱表中注写柱号、柱段起止标高、几何尺寸（含柱截面对轴线的偏心情况）与配筋的具体数值，并配以各种柱截面形状及其箍筋类型图，用此方式表达柱平法施工图。

表 3–7　柱编号

柱类型	代号	序号
框架柱	KZ	××
转换柱	ZHZ	××
框支柱	KZZ	××
芯柱	XZ	××
梁上柱	LZ	××
剪力墙上柱	QZ	××

对于矩形柱，注写柱截面尺寸 $b \times h$ 及与轴线关系的几何参数代号 b_1、b_2 和 h_1、h_2 的具体数值时，需对应于各段柱分别注写，其中 $b=b_1+b_2$，$h=h_1+h_2$。当截面的某一边收缩变化至与轴线重合或偏到轴线的另一侧时，b_1、b_2、h_1、h_2 中的某项为零或为负值。

对于圆柱，表中 $b \times h$ 一栏改用在圆柱直径数字前加 d 表示。为表达简单，圆柱截面与轴线的关系也用 b_1、b_2 和 h_1、h_2 表示，并使 $b=b_1+b_2$，$h=h_1+h_2$。

注写柱纵筋：当柱纵筋直径相同，各边根数也相同时（包括矩形柱、圆柱和芯柱），将纵筋注写在“全部纵筋”一栏中，除此之外，柱纵筋、分角筋、截面 b 边中部筋和 h 边中部筋三项分别注写（对于采用对称配筋的矩形截面柱，可仅注写一侧中部筋，对称边省略不注）。

注写箍筋类型号及箍筋肢数：在箍筋类型栏内注写按《混凝土结构施工图平面整体表示方法制图规则和构造详图（现浇混凝土框架、剪力墙、梁、板）》（22G101—1）规定绘制柱截面形状及箍筋类型号，注写柱箍筋，包括钢筋级别、直径与间距。

2. 截面注写方式

截面注写方式是在分标准层绘制的柱平面布置图的柱截面上，分别在同一编号的柱中选择一个截面，以直接注写截面尺寸和配筋具体数值的方式表达柱平法施工图。如图 3–44 所示，柱 KZ1 截面尺寸为 650 mm × 600 mm，角筋（柱的四个角上的配筋）为 4 根直径 22 mm 的 HRB400 级钢筋。b 边（柱 KZ1 的上、下两侧）每侧中部筋为 5 根直径 22 mm 的 HRB400 级钢筋，h 边（柱 KZ1 的左、右两侧）每侧中部筋未配置。箍筋为 HRB400 级钢筋，直径为 10 mm，加密区间距为 100 mm，非加密区间距为 200 mm。柱 KZ2 截面尺寸为 650 mm × 600 mm，共配置 24 根直径 22 mm 的 HRB400 级纵筋，箍筋为 HRB400 级钢筋，直径为 10 mm，加密区间距为 100 mm，非加密区间距为 200 mm。

二、梁平法施工图制图规则

梁平法施工图通过在梁平面布置图上采用平面注写方式或截面注写方式进行表达。

采用平面注写方式时，分别在梁平面布置图上不同编号的梁中各选一根梁，在其上注写截面尺寸和配筋具体数值，通过此方式表达梁平法施工图。梁编号见表 3–8。

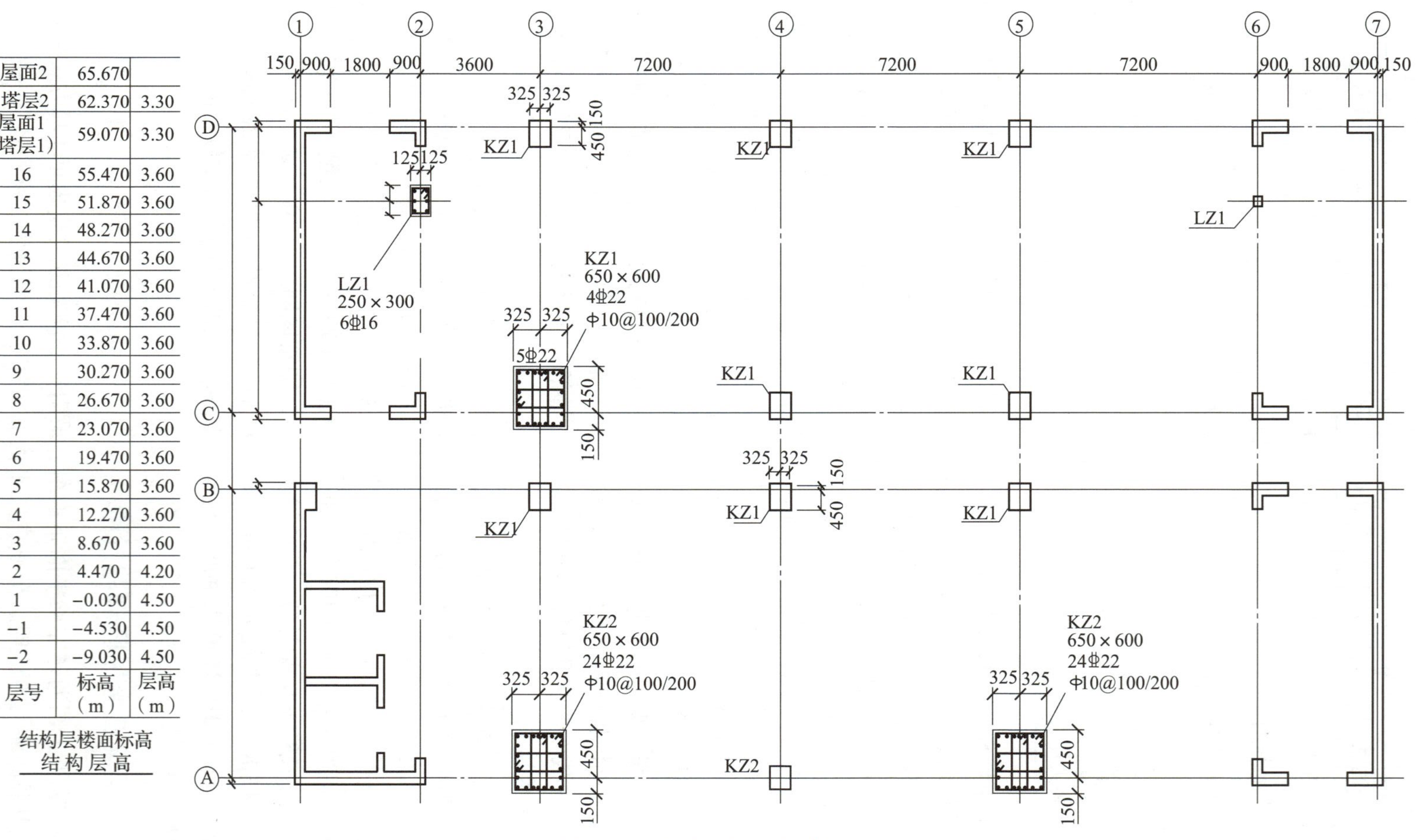

层号	标高（m）	层高（m）
屋面2	65.670	
塔层2	62.370	3.30
屋面1（塔层1）	59.070	3.30
16	55.470	3.60
15	51.870	3.60
14	48.270	3.60
13	44.670	3.60
12	41.070	3.60
11	37.470	3.60
10	33.870	3.60
9	30.270	3.60
8	26.670	3.60
7	23.070	3.60
6	19.470	3.60
5	15.870	3.60
4	12.270	3.60
3	8.670	3.60
2	4.470	4.20
1	−0.030	4.50
−1	−4.530	4.50
−2	−9.030	4.50

结构层楼面标高
结构层高

图3-44 柱平法施工图示例

表 3-8 梁编号

梁类型	代号	序号	跨数及是否带有悬挑
楼层框架梁	KL	××	（××）（××A）或（××B）
楼层框架扁梁	KBL	××	（××）（××A）或（××B）
屋面框架梁	WKL	××	（××）（××A）或（××B）
框支梁	KZL	××	（××）（××A）或（××B）
托柱转换梁	TZL	××	（××）（××A）或（××B）
非框架梁	L	××	（××）（××A）或（××B）
悬挑梁	XL	××	—
井字梁	JZL	××	（××）（××A）或（××B）

注：（××A）为一端有悬挑，（××B）为两端有悬挑，悬挑不计入跨数。例如，KL7（5A）表示第 7 号框架梁，五跨，一端有悬挑；L9（7B）表示第 9 号非框架梁，七跨，两端有悬挑。

平面注写包括集中标注与原位标注，集中标注表达梁的通用数值，原位标注表达梁的特殊数值。当集中标注中的某项数值不适用于梁的某部分时，则将该数值原位标注，施工时，原位标注取值优先。

如图 3-45 所示，集中标注的第一行表示第 2 号框架梁，两跨，一端有悬挑，梁的截面尺寸为 300 mm × 650 mm；第二行表示箍筋为 HPB300 级钢筋，直径为 8 mm，加密区间距为 100 mm，非加密区间距为 200 mm，采用双肢箍。梁上部角部纵筋为 2 根直径 25 mm 的 HRB400 级钢筋；第三行表示梁的两个侧面共配置 4 根直径 10 mm

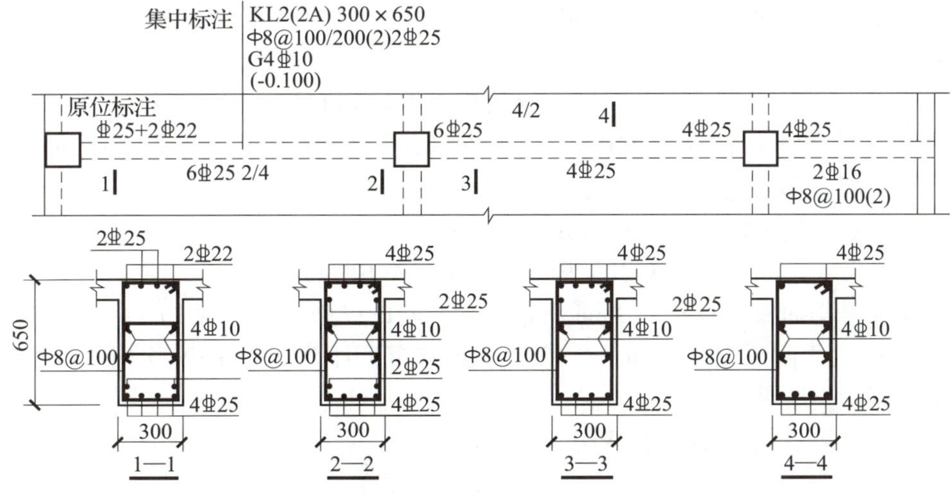

图 3-45 梁注写示例

的 HRB400 级纵向构造钢筋，每侧各配置 2⌀10（当梁腹板高度≥450 mm 时，需配置纵向构造钢筋，以大写字母 G 打头）；第四行表示梁顶低于结构层 0.1 m。

三、有梁楼盖板平法施工图表达方式

有梁楼盖板平法施工图通过在楼面板和屋面板布置图上采用平面注写的方式进行表达。

1. 板平面注写

板平面注写方式主要包括板块集中标注和板支座原位标注，为方便设计表达和施工识图，规定结构平面的坐标方向如下。

（1）当两向轴网正交布置时，图面从左至右为 *X* 向，从下至上为 *Y* 向。

（2）当轴网转折时，局部坐标方向顺轴网转折角度做相应转折。

（3）当轴网向心布置时，切向为 *X* 向，径向为 *Y* 向。

（4）纵筋按板块的下部纵筋和上部贯通纵筋分别注写（当板块上部不设贯通纵筋时则不注），并以 B 代表下部纵筋，以 T 代表上部贯通纵筋，B&T 代表下部纵筋与上部贯通纵筋；*X* 向纵筋以 X 打头，*Y* 向纵筋以 Y 打头，两向纵筋配置相同时则以 X&Y 打头。

（5）当纵筋采用两种规格钢筋“隔一布一”方式时，表达为“XX/YY@XXX”，表示直径为 XX 的钢筋和直径为 YY 的钢筋间距相同，两者组合后的实际间距为 XXX。直径 XX 的钢筋的间距为 XXX 的 2 倍，直径 YY 的钢筋的间距为 XXX 的 2 倍。

（6）当某些板内（例如在悬挑板 XB 的下部）配置有构造钢筋时，则 *X* 向以 Xc 打头注写，*Y* 向以 Yc 打头注写。

（7）板面标高高差是相对于结构层楼面标高的高差，应将其注写在括号内，有高差的应注写，无高差的不注写。

此外，对于平面布置比较复杂的区域，如轴网转折交界区域、向心布置的核心区域等，其平面坐标方向应由设计者另行规定并在图上明确标注。

例如，有一楼面板块注写为：LB5　*h*=110

B：X⌀12@125；Y⌀10@110

表示 5 号楼面板，板厚 110 mm；板下部配置的纵筋 *X* 向为⌀12@125，*Y* 向为⌀10@110；板上部未配置贯通纵筋。

又如，有一楼面板块注写为：LB9　*h*=110

B：X⌀10/12@100；Y⌀10@110

表示 9 号楼面板，板厚 110 mm。板下部配置的纵筋 *X* 向为⌀10、⌀12 隔一布一，⌀10 与⌀12 之间间距为 100 mm（⌀10 与⌀10 之间间距为 200 mm）；*Y* 向为⌀10@110；板上部未配置贯通纵筋。

再如，有一悬挑板注写为：XB1　*h*=150/100

B：Xc&Yc⌀8@200

表示 1 号悬挑板，板根部厚 150 mm，端部厚 100 mm，板下部配置构造钢筋双向

均为 φ 8@200。

2. 板块集中标注

板块集中标注的内容为板块编号、板厚、贯通纵筋以及当板面标高不同时的标高高差。

对于普通楼面，两向均以一跨为一板块；对于密肋楼盖，两向主梁（框架梁）均以一跨为一板块（非主梁密肋不计），所有板块应逐一编号，相同编号的板块可择一做集中标注。其他仅注写置于圆圈内的板编号，以及当板面标高不同时的标高高差。板块编号应符合表 3–9 的规定。

表 3–9　板块编号

板类型	代号	序号
楼面板	LB	××
屋面板	WB	××
延伸悬挑板	YXB	××
纯悬挑板	XB	××

注：延伸悬挑板的上部受力钢筋应与相邻跨内板的上部纵筋连通配置。

板厚注写为 h=×××（为垂直于板面的厚度）：当悬挑板的端部改变截面厚度时，用斜线分隔根部与端部的高度值，注写为 h=×××/×××，当设计已在图注中统一注明板厚时，此项可不注。

3. 板支座原位标注

板支座原位标注的内容为板支座上部非贯通纵筋和纯悬挑板上部受力钢筋。

板支座原位标注的钢筋应在配置相同跨的第一跨表达（当在梁悬挑部位单独配置时则在原位表达），在配置相同跨的第一跨（或梁悬挑部位），垂直于板支座（梁或墙）绘制一段适宜长度的中粗实线（当该筋通长设置在悬挑板或短跨两板上部时，实线段应画至对面或贯通短跨），以该线段代表支座上部非贯通纵筋；并在线段上方注写钢筋编号（如①、②等）、配筋值、横向连续布置的跨数（注写在括号内，且当为一跨时可不注）以及是否横向布置到梁的悬挑端。例如，（××）为横向布置的跨数，（××A）为横向布置的跨数及一端的梁挑部位，（××B）为横向布置的跨数及两端的梁挑部位。板支座上部非贯通筋自支座中线向跨内的延伸长度注写在线段的下方位置，如图 3–46 所示。

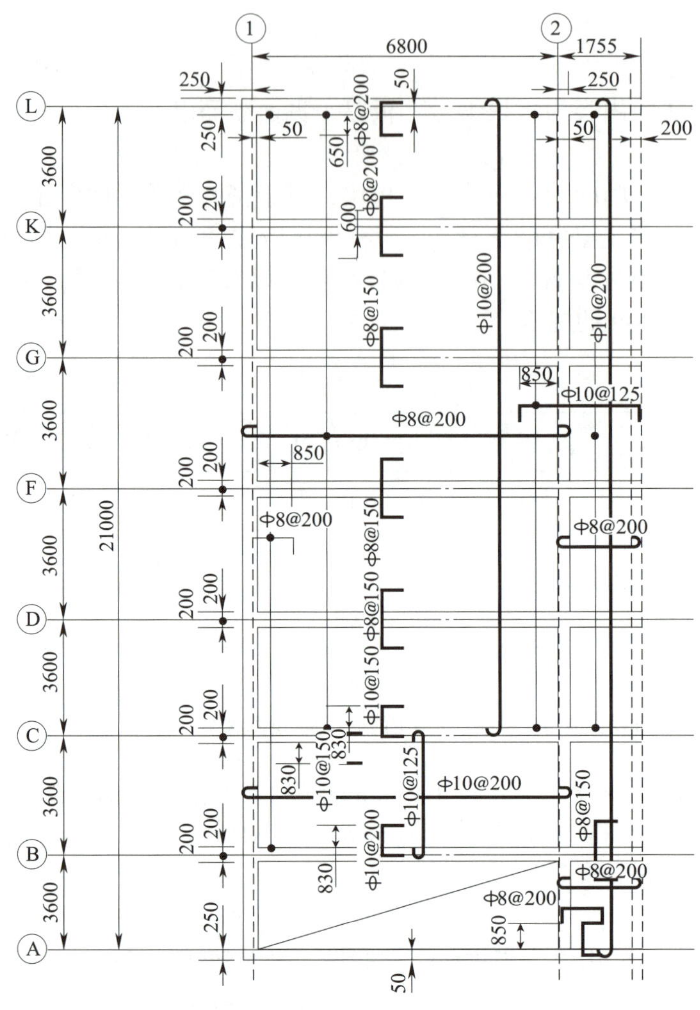

图 3–46　板平法施工图示例

技能训练 4　底层平面图绘制

一、目的

1. 掌握绘制建筑平面图的方法和步骤。
2. 熟悉建筑制图标准中有关建筑平面图的规定，了解民用建筑平面图的内容和要求。

二、内容

1. 将图 3–47 用 1∶100 的比例抄绘在一张 A2 的图纸上。
2. 图名为“底层平面图”，图号为 04。
3. 本作业为 AutoCAD 图。

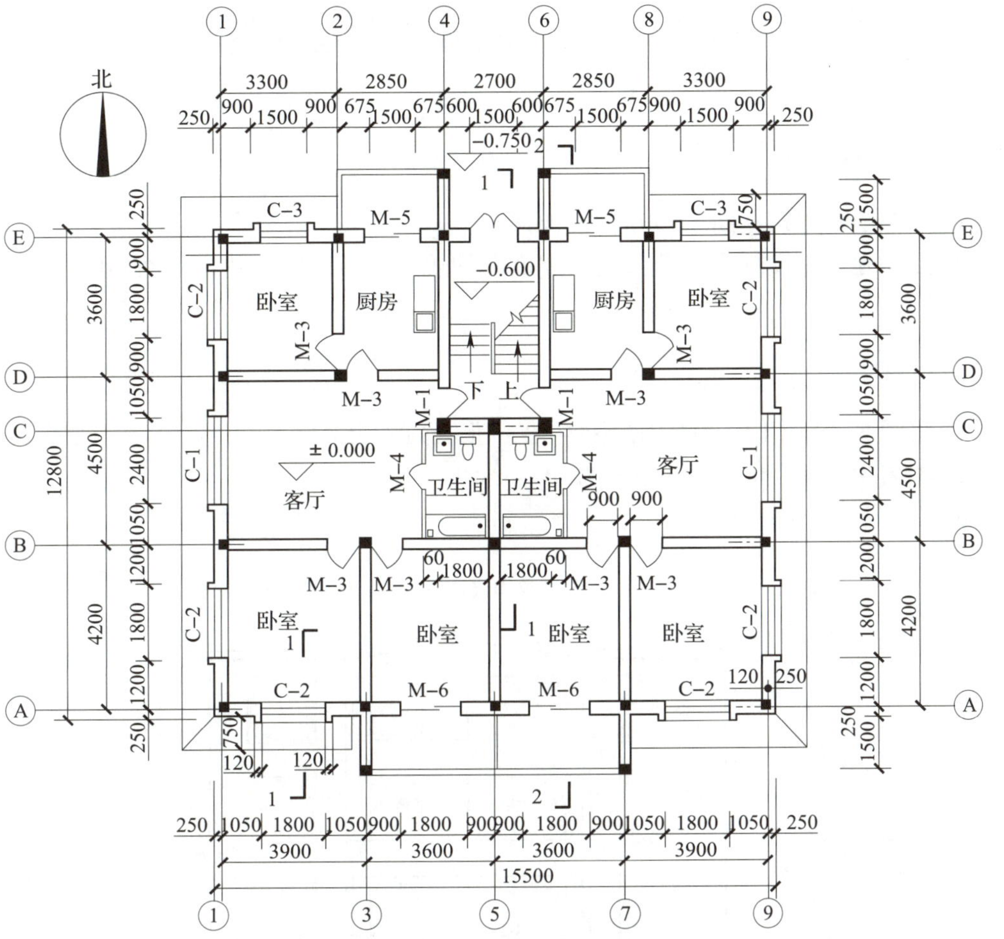

图 3–47　底层平面图

三、要求

1. 按照建筑制图标准的有关规定绘制建筑平面图。
2. 布图均匀，线型准确，图线粗细分明，字体端正，图面整洁。
3. 建筑平面图线型应按建筑制图标准选择线宽组，建议 b 为 0.7 mm。
4. 汉字用长仿宋体 7 号字，数字用 5 号字，要求字号大小一致。
5. 建筑平面图绘图步骤参考教材有关内容。

四、说明

1. 建筑平面图中砖、混凝土的表达方式用材料图例。

2. 底层平面图应加绘门窗表，门窗表的格式尺寸自定，外框用粗实线，内分格线用细实线。

3. 绘图时有不熟悉之处，请查阅教材。

技能训练 5　建筑立面图绘制

一、目的

1. 掌握绘制建筑立面图的方法和步骤。

2. 熟悉建筑制图标准中有关建筑立面图的规定，了解民用建筑立面图的内容和要求。

二、内容

1. 将图 3-48 用 1∶100 的比例抄绘在一张 A3 的图纸上。

2. 图名为“南立面图”，图号为 05。

3. 本作业为 AutoCAD 图。

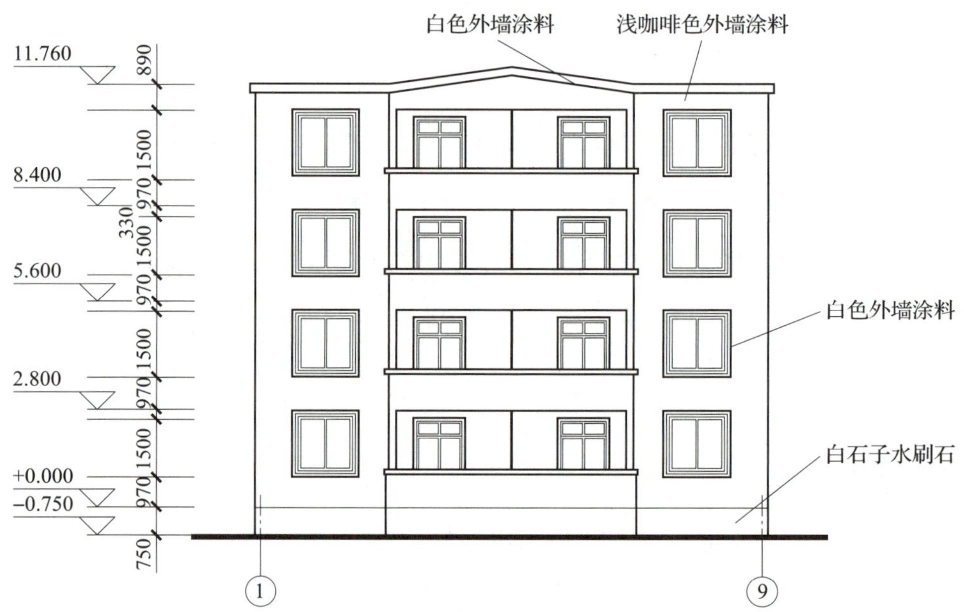

图 3-48　南立面图 1∶100

三、要求

1. 按照建筑制图标准的有关规定绘制建筑立面图。

2. 布图均匀，线型准确，图线粗细分明，字体端正，图面整洁。

3. 建筑立面图线型应按建筑制图标准选择线宽组，建议 b 为 0.7 mm。

4. 汉字用长仿宋体 7 号字，数字用 5 号字，要求字号大小一致。

5. 建筑立面图绘图步骤参考教材有关内容。

四、说明

1. 建筑立面图中门和窗的图例只需要各绘出一个详细图例，其他门和窗的表达方式用简化的形式。
2. 建筑立面图应加外墙材料说明，引出线用细线。
3. 绘图时有不熟悉之处，请查阅教材。

技能训练 6　建筑剖面图绘制

一、目的

1. 掌握绘制建筑剖面图的方法和步骤。
2. 熟悉建筑制图标准中有关建筑剖面图的规定，了解民用建筑剖面图的内容和要求。

二、内容

1. 将图 3-49 用 1∶100 的比例抄绘在一张 A3 的图纸上。
2. 图名为“建筑剖面图”，图号为 06。
3. 本作业为 AutoCAD 图。

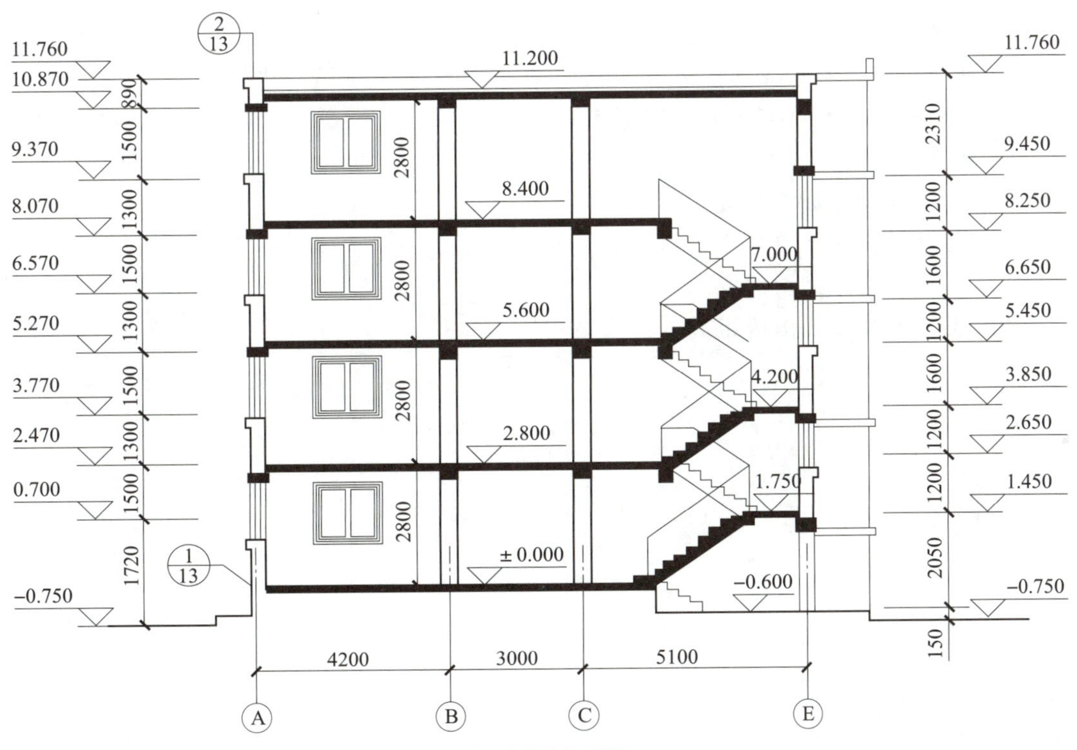

图 3-49　建筑剖面图 1∶100

三、要求

1. 按照建筑制图标准的有关规定绘制建筑剖面图。
2. 布图均匀，线型准确，图线粗细分明，字体端正，图面整洁。
3. 建筑剖面图线型应按建筑制图标准选择线宽组，建议 b 为 0.7 mm。
4. 汉字用长仿宋体 7 号字，数字用 5 号字，要求字号大小一致。
5. 建筑剖面图绘图步骤参考本教材有关内容。

四、说明

1. 建筑剖面图的混凝土图例需要涂黑。
2. 建筑剖面图应加索引符号，引出线用细线。
3. 绘图时有不熟悉之处，请查阅本教材。

思考练习题

1. 建筑总平面图是如何形成的？
2. 建筑平面图是如何形成的？内容是什么？
3. 建筑平面图的绘图步骤是什么？
4. 建筑立面图是如何形成的？内容是什么？
5. 建筑立面图的命名方式有哪几种？
6. 建筑立面图的绘图步骤是什么？
7. 建筑剖面图是如何形成的？
8. 如何选择建筑剖面图的剖切位置？
9. 建筑剖面图的绘图步骤是什么？
10. 建筑详图是如何形成的？
11. 楼梯详图和外墙身详图的内容是什么？
12. 简述结构施工图的概念。
13. 简述结构施工图的组成。

第四章 建筑构造概述

学习目标

熟悉建筑构造研究的对象及其任务，掌握建筑物基本构件的组成、作用及设计要求，了解影响建筑构造的各种因素，熟悉建筑构造设计原则。

各种建筑的建筑风格和建筑结构类型可能是不同的，但是总体而言，大多数建筑的构造组成都是相同的，比如它们都有门窗、墙体、屋顶等，而其各个组成部分的构造原理和构造方法也都是类似的。建筑构造主要研究建筑物的构造组成，以及各组成部分的构造原理和构造方法。构造原理研究建筑各组成部分的要求，以及满足这些要求的理论；构造方法则研究在构造原理指导下，用建筑材料和制品构成构件和配件的方法，以及构配件之间的连接方法。

第一节 民用建筑构造组成

通常把用建筑材料构筑的，供人们居住和进行各种活动的空间和实体称为建筑物，其他如水塔、蓄水池、烟囱等不能居住的建造物称为构筑物，如图 4–1 所示。

一般民用建筑是由基础、墙和柱、楼地层、楼梯、门和窗、屋顶等主要部分组成的，如图 4–2 所示。民用建筑各主要组成部分的作用及构造要求分述如下。

a）

b）

图 4–1 建筑物与构筑物

a）建筑物——房屋 b）构筑物——水塔

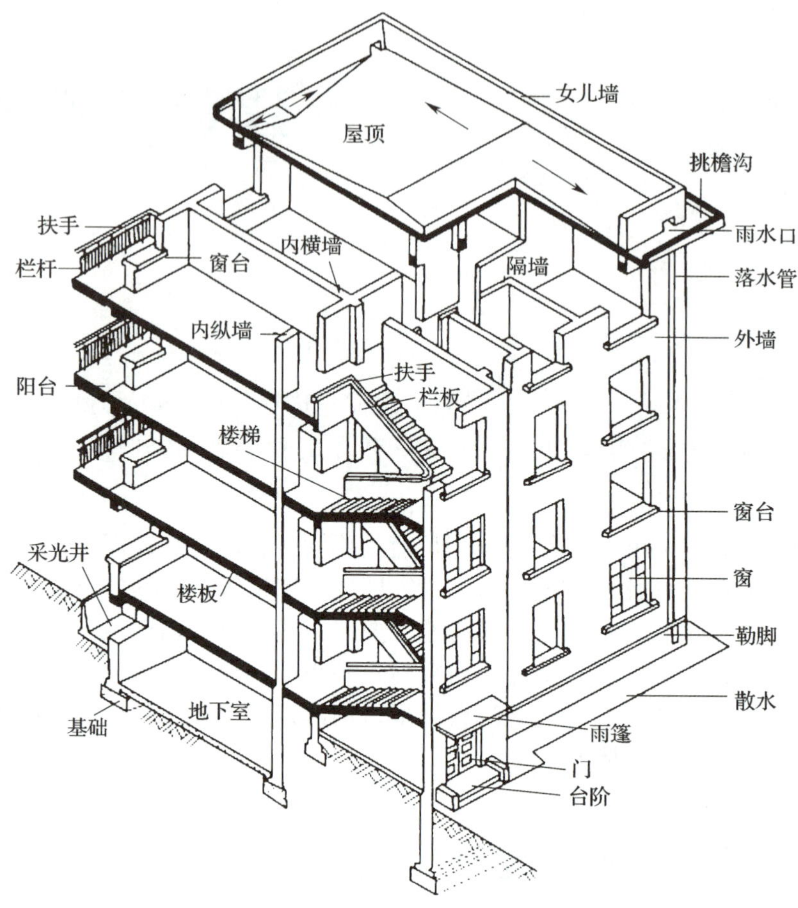

图 4–2　民用建筑的构造组成

一、基础

基础是建筑物最下面的部分，埋在自然地坪以下。它承受建筑物的全部荷载，并把这些荷载传递给下面的土层——地基。基础是建筑物的重要组成部分，应该坚固、稳定、有足够的承载能力、能经受冰冻和地下水及其所含化学物质的侵蚀。

二、墙和柱

墙和柱是建筑物的竖向承重构件，它们承受楼地层和屋顶传来的荷载，并把这些荷载传给基础。墙不仅是承重构件，同时也是建筑物的围护结构。外墙阻隔雨水、风雪、寒暑对室内的影响，内墙把室内空间分隔为独立的房间，避免使用时互相干扰等。在框架结构中，柱子起到竖向承重作用，而填充在柱间的墙仅起围护和分隔作用。

墙和柱必须坚固、稳定。同时，墙还应该具有良好的保温、隔热、防火、隔声、防水和耐久等性能。

三、楼地层

楼地层包括底楼的地坪层和二楼及以上各层的楼板层。楼板层是建筑物的水平承重和分隔部分，包括面层、楼板和顶棚三部分。楼板把建筑空间在垂直方向划分为若干层，将其所承受的荷载传给墙或柱。楼板支撑在墙上，对墙也有水平支撑作用。面层直接承受各种荷载并传给楼板，或传给地坪层及地基。顶棚在楼板下面，能改善房间的声、光等效果，并具有装饰作用。

楼地层应具有一定的强度和刚度，并应耐磨、隔声、防潮、防水等。

四、楼梯

楼梯是建筑物中联系上下各层的垂直交通设施，平时供人们上下楼层，火灾、地震等事故状态时供人们紧急疏散。

楼梯应坚固、安全、防火、防滑，并具有足够的通行能力。

五、门和窗

门是供人们及家具设备进出建筑物和房间的建筑配件，有的门还兼有采光和通风的作用。门应有足够的宽度和高度。窗的作用是采光、通风和供人眺望，应有足够的面积。

门和窗安装在墙上，是建筑物围护结构的组成部分，应防水、防雨、保温和隔声。

六、屋顶

屋顶是建筑物顶部的承重和围护部分，它由屋面、承重结构和保温隔热层三大部分组成。屋面的作用是阻隔雨水、风雪对室内的影响，并将雨水排出。承重结构则承受屋顶的全部荷载，并把这些荷载传给墙或柱。保温隔热层的作用是防止冬季室内热量散失或夏季太阳辐射热进入室内。

屋顶应能防水、排水、保温、隔热，它的承重结构应有足够的强度和刚度，同时还应该具有美观的要求。

民用建筑除上述基本组成部分外，还有一些其他配件和设施，如雨篷、散水、通风道、阳台、勒脚、台阶、墙裙、栏杆等。

第二节 建筑分类

建筑可按不同的方式进行分类。

一、按使用性质分类

按使用性质不同，建筑可以分为工业建筑、农业建筑和民用建筑三大类。

1. 工业建筑

工业建筑是供人们从事各类工业生产的房屋，包括生产用房屋及辅助用房屋。

2. 农业建筑

农业建筑是供人们从事农牧业的种植、养殖、畜牧、储存等用途的房屋，如塑料薄膜大棚、畜舍、温室、种子库房等。

3. 民用建筑

民用建筑是供人们居住、生活、工作和从事文化、商业、医疗、交通等公共活动的房屋。根据用途不同，民用建筑又可分为 15 类。

（1）居住类建筑：供人们居住、生活的房屋，包括住宅和宿舍。

（2）办公类建筑：供行政和企事业单位办公用的房屋。

（3）教育科研类建筑：供教学、科学研究等使用的房屋，包括学校建筑、科研建筑等。

（4）文化娱乐类建筑：供集会、参观、阅览、演出与娱乐等使用的房屋，包括集会建筑、博览建筑、文娱建筑等。

（5）体育类建筑：供体育运动使用的房屋，如体育馆、体育场、游泳馆、各种竞技训练房、射击场等。

（6）商业服务类建筑：供营业性和服务性商业活动使用的房屋以及供储存商品使用的房屋，包括商业建筑和商业仓库建筑等。

（7）旅馆类建筑：供来往旅客住宿的房屋，如宾馆、旅馆、招待所等。

（8）医疗福利类建筑：包括医疗建筑、托幼建筑和福利建筑。

（9）交通类建筑：供铁路、公路、水运、航空用的房屋，如火车站、汽车站、多层车库、轮船客运站、候机楼、航空港等。

（10）邮电类建筑：包括邮电建筑和广播建筑。

（11）司法类建筑：供公安部门、法院使用的房屋，如公安局、法院、法庭、监狱、看守所等。

（12）纪念类建筑：供纪念历史人物或事件的房屋，如纪念堂、纪念馆等。

（13）园林类建筑：供游览和休憩的公园、动物园、植物园，以及园中的房屋等。

（14）市政公用设施类建筑：供某区域公用的房屋，如消防站、急救站、加油站、煤气调压站、变电站等。

（15）综合性建筑：兼有两类或两类以上使用用途的房屋，如底层商店住宅等。

上述 15 类建筑中，2 至 15 类称为公共建筑。

二、按主要承重结构的材料分类

按主要承重结构的材料不同，建筑可分为生土—木结构建筑、砖木结构建筑、砖混结构建筑、钢筋混凝土结构建筑和钢结构建筑。

1. 生土—木结构建筑

以土坯、版筑（干打垒）等生土墙和木屋架作为主要承重结构的建筑，称为生土—木结构建筑。这种建筑的墙由生土构成，不经焙烧，可节约能源。生土—木结构建筑可用于村镇建筑，就地取材，降低建造费用、冬暖夏凉、保护环境，如图 4-3 所示。

图 4–3　生土—木结构建筑（福建永定土楼）

2. 砖木结构建筑

用砖墙（或砖柱、木柱）、木楼板和木屋架作为主要承重结构的建筑，称为砖木结构建筑，如图 4–4 所示。

图 4–4　砖木结构建筑（北京颐和园佛香阁）

3. 砖混结构建筑

用砖墙（或柱）作为竖向承重构件，以钢筋混凝土楼板和屋面板作为水平承重构件的建筑，称为砖—钢筋混凝土混合结构建筑，简称砖混结构建筑，也称为砌体结构建筑。砖混结构建筑如图 4–5 所示。

4. 钢筋混凝土结构建筑

主要承重构件（梁、板、柱）全部采用钢筋混凝土材料的建筑，称为钢筋混凝土结构建筑。这种结构类型主要用于大型公共建筑和高层建筑，如图 4–6 所示。

5. 钢结构建筑

主要承重构件全部采用钢材制作的建筑，称为钢结构建筑，如图 4–7 所示。它与钢筋混凝土结构建筑比较，具有自重轻、工业化施工程度高和力学性能好等优点。钢结构主要用于大型公共建筑、高层建筑和工业建筑。

图 4-5　砖混结构建筑（上海马勒别墅）

图 4-6　钢筋混凝土结构建筑（法国朗香教堂）

图 4-7　钢结构建筑（广州塔）

三、按层数分类

按层数不同，建筑可分为低层建筑、多层建筑、中高层建筑、高层建筑和超高层建筑。低层建筑是指 1 至 3 层的建筑，多层建筑是指 4 至 6 层的建筑，中高层建筑是指 7 至 9 层的建筑。国家标准《住宅设计规范》(GB 50096—2011) 规定，7 层及 7 层以上的住宅必须设置电梯，以保证居住者的健康。但设置电梯必将增加建筑的造价和使用维护费用，故应控制中高层建筑的建造。高层建筑是指 10 至 30 层的建筑或总高度超过 24 m 的公共建筑及综合性建筑（不包括高度超过 24 m 的单层主体建筑）。高层建筑的造价高，故应适当控制其建造量。超高层建筑是指高度超过 100 m 的公共建筑。

四、按规模和数量分类

按规模和数量不同，建筑可分为大量性建筑和大型性建筑。

1. 大量性建筑

大量性建筑是指建造数量较多、分布广、规模不大的民用建筑，包括居住建筑和

为居民服务的一些中小型公共建筑，如住宅楼、中小学校、托儿所、幼儿园、诊疗所、小商店、地铁车站、医院等。

2. 大型性建筑

大型性建筑是指建造数量较少、单栋建筑体量大的公共建筑，如大型体育馆、机场、火车站等。

第三节　建筑构造影响因素和建筑等级

建筑物受到各种因素的影响，包括自然界因素的影响和人为因素的影响。在进行建筑物构造设计时，必须考虑这些因素，采取必要措施，提高建筑物抵御外界影响的能力，提高使用质量和耐久性，满足人们的使用要求。

一、影响建筑构造的因素

1. 外界环境的影响

（1）建筑物结构上的作用

建筑物结构上的作用是指使结构产生效应（结构或构件的内力、应力、位移、应变、裂缝等）的各种原因的总称，包括直接作用和间接作用。

1）直接作用。它是指直接作用在结构上的力，称为荷载。荷载分为永久荷载、可变荷载和偶然荷载三类。

①永久荷载也称恒荷载，是指在使用期间其数值不随时间变化或变化很小的荷载，如建筑物自重、土压力等。

②可变荷载也称活荷载，是指在使用期间其数值随时间变化且变化值较大的荷载。这类荷载的作用位置和作用时间等也都经常变化，如人群、家具、设备的重量，落在屋顶上的雪的重量，作用于墙面和屋顶上的风压力等。

③偶然荷载是指在使用期间不一定出现，一旦出现，其值很大且持续时间较短的荷载，如爆炸力、撞击力等。

2）间接作用。它是指使建筑物结构产生效应，但不直接以力的形式出现的作用，如温度变化、材料的收缩和徐变、地基变形等。

（2）自然界的其他影响

我国幅员辽阔，各地区气候、地质和水文等差异较大。建筑物在自然界中要经受日晒、雨淋、冰冻、地下水的侵蚀等影响，相关部位要采取保温、隔热、防水、防温度变形、防冻胀、隔蒸汽等构造措施，避免由于这些影响因素引起建筑物破坏，保证建筑物能正常使用。

（3）各种人为因素的影响

人们所从事的生产、工作、学习与生活活动也将对建筑物产生影响。例如，机械振动、化学腐蚀、噪声、爆炸和火灾等就是人为因素的影响。为了防止这些影响造成危害，建筑物的相应部位要采取防振、耐腐蚀、隔声、防爆、防火等构造措施。

2. 建筑技术条件的影响

建筑技术条件是指建筑材料技术、结构技术和施工技术等。随着科技的进步，这些技术也在不断地发展和变化，受其影响，建筑构造技术水平也在不断改变。因此，建筑构造与建筑技术条件密切相关。

3. 建筑标准的影响

建筑构造设计必须考虑建筑标准。标准高的建筑，质量要求高，设施齐全，装修档次高，相应的造价也较高，其构造做法也考究；反之，则较低。因此，建筑构造的选材、工艺和细部做法都要求与建筑标准相一致。

二、建筑构造设计原则

建筑构造设计应妥善处理各种影响因素，满足使用、安全、经济、美观等各项要求。

1. 满足建筑物的各项使用功能要求

建筑物由于所在地区不同、用途不同，因而有不同的技术要求。例如，采暖地区的建筑物要求保温，而炎热地区的建筑物则要求隔热，播音室要求吸声，有振动设备的建筑物要求防振，产生腐蚀性介质的建筑物要求防腐蚀，医院的 X 光室要求防射线等。在进行建筑构造设计时，必须综合运用有关技术知识进行计算，选择合理的构造方案，作出符合要求的构造设计。

2. 确保结构安全

建筑设计除了根据荷载大小进行结构计算，确定构件的必需尺寸外，在构造上还必须采取措施，保证构件的整体刚度和构件之间连接的可靠。建筑物中有一些受力的配件（如楼梯扶手和阳台栏杆）要承受水平推力，选择这类配件的构造方案时，更要注意安全。

3. 适应建筑工业化的需要

为了促进建筑工业化的发展，在进行构造设计时，应积极推广先进技术，尽量采用各种新型建筑材料，采用标准设计和构配件定型通用图等，为构配件生产工厂化、施工机械化创造条件。

4. 执行技术政策，做到经济合理

技术政策是国家在一定时期的技术经济规定。例如，相关部门根据我国木材资源现状规定了节约木材、以钢代木、研制木材代用品的政策，在构造设计中必须尽量节约木材。同样，为了节约能源、降低能耗，对住宅类建筑有保温隔热等构造要求。

在构造设计中，还必须注意降低造价、节约主要建筑材料，要从各地实际情况出发，因地制宜，就地取材，降低材料费用，从而降低工程造价。

5. 注意美观

建筑物的美观主要取决于建筑设计中体型组合和立面处理、材料的色彩与质感、细部构造的处理和刻画。例如，抹灰的线脚、栏杆的形式、门窗的类型等，都直接影响建筑物的整体美观效果。因此，在进行建筑构造设计时，也必须注意美观。

总之，在建筑构造设计中，必须全面贯彻各项技术政策，做到坚固实用、技术先进、经济合理、美观大方，认真进行不同构造方案的分析、比较，并采用最佳方案。

三、建筑等级

建筑物的等级是从防火性能、耐久年限、规模大小和复杂程度等不同角度划分的建筑物级别。进行构造设计时，应根据不同等级对建筑物各组成部分的不同要求，选择恰当的构造方案。

1. 按防火性能分类

建筑火灾是对建筑物影响较大的灾害，一旦发生将造成巨大损失。为了从建筑构造上预防和控制火灾的发生和蔓延。国家标准《建筑设计防火规范（2018 年版）》（GB 50016—2014）规定，建筑物的耐火等级分为四级。耐火等级标准是依据建筑主要构件的燃烧性能和耐火极限确定的。

（1）燃烧性能

燃烧性能是指组成建筑物的主要构件在明火或高温作用下是否能够燃烧以及燃烧的难易程度。建筑构件按燃烧性能不同，分为非燃烧体、难燃烧体和燃烧体。

1）非燃烧体。它是指用非燃烧材料制成的构件。非燃烧材料是指在空气中受到火烧或高温作用时不起火、不微燃、不炭化的材料。建筑中常用的金属材料和天然或人工的无机矿物材料（如石材、砖、混凝土等）均为非燃烧材料。

2）难燃烧体。它是指用难燃烧材料制成的构件，或用带有非燃烧材料保护层的燃烧材料制成的构件。难燃烧材料是指在空气中受到火烧或高温作用时难起火、难微燃，当火源移走后燃烧或微燃立即停止的材料。沥青混凝土、经过防火处理的木材、用有机物填充的混凝土和水泥刨花板等均为难燃烧材料。

3）燃烧体。它是指用燃烧材料制成的构件。燃烧材料是指在空气中受到火烧或高温作用时，立即能起火燃烧或微燃，且火源移走后仍继续燃烧或微燃的材料，如木材。

（2）耐火极限

耐火极限是指建筑构件遇火后能支持的时间。对任一建筑构件按时间—温度标准曲线进行耐火试验，从受到火的作用起，到失去支持能力或完整性被破坏或失去隔火作用时为止的这段时间，用小时（h）表示，即为该构件的耐火极限。

构件遇火后可能会失去稳定性，或完整性被破坏，或失去隔火作用，只要建筑构件达到上述三个状态之一，就达到了耐火极限。失去稳定性是指构件自身解体或垮塌，将导致建筑倒塌。完整性被破坏是指楼板、隔墙等具有分隔作用的构件出现穿透裂缝或较大的孔隙，此时火焰会透过裂缝或孔隙蔓延。失去隔火作用是指具有分隔作用的构件，背火面平均温升到达 140 ℃（不包括背火面的起始温度），或背火面任意一点温升到达 180 ℃，或背火面任一点的温度到达 220 ℃，此时，靠近背火面的构件将开始燃烧、微燃或炭化，同时失去隔火作用。

国家标准《建筑设计防火规范（2018 年版）》（GB 50016—2014）规定，建筑物各耐火等级构件的燃烧性能和耐火极限不应低于表 4-1 的规定。

表 4-1 建筑构件的燃烧性能和耐火极限 h

构件名称 \ 燃烧性能和耐火极限 \ 耐火等级		一级	二级	三级	四级
墙	防火墙	非燃烧体 4.00	非燃烧体 4.00	非燃烧体 4.00	非燃烧体 4.00
	承重墙	非燃烧体 3.00	非燃烧体 2.50	非燃烧体 2.00	难燃烧体 0.50
	非承重外墙	非燃烧体 1.00	非燃烧体 1.00	非燃烧体 0.50	燃烧体
	楼梯间和前室的墙、电梯井的墙、住宅建筑单元之间的墙和分户墙	非燃烧体 2.00	非燃烧体 2.00	非燃烧体 1.50	难燃烧体 0.50
	疏散走道两侧的隔墙	非燃烧体 1.00	非燃烧体 1.00	非燃烧体 0.50	难燃烧体 0.25
	房间隔墙	非燃烧体 0.75	非燃烧体 0.50	难燃烧体 0.50	难燃烧体 0.25
柱		非燃烧体 3.00	非燃烧体 2.50	非燃烧体 2.00	难燃烧体 0.50
梁		非燃烧体 2.00	非燃烧体 1.50	非燃烧体 1.00	难燃烧体 0.50
楼板		非燃烧体 1.50	非燃烧体 1.00	非燃烧体 0.50	燃烧体
屋顶承重构件		非燃烧体 1.50	非燃烧体 1.00	燃烧体 0.50	燃烧体
疏散楼梯		非燃烧体 1.50	非燃烧体 1.00	非燃烧体 0.50	燃烧体
吊顶（包括吊顶搁栅）		非燃烧体 0.25	难燃烧体 0.25	难燃烧体 0.15	燃烧体

2. 按耐久年限分类

建筑按主体结构确定的耐久年限分为四级，见表 4-2。

表 4-2　建筑耐久年限等级

建筑等级	耐久年限	适用建筑类型
一	100 年以上	重要建筑和高层建筑
二	50 ~ 100 年	一般性建筑
三	25 ~ 50 年	次要建筑
四	15 年以下	临时性建筑

3. 按规模大小和复杂程度分类

根据《建筑设计防火规范（2018 年版）》（GB 50016—2014）的规定，民用建筑根据其建筑高度和层数可分为单层民用建筑、多层民用建筑和高层民用建筑。高层民用建筑根据其建筑高度、使用功能和楼层建筑面积可分为一类和二类。民用建筑的分类见表 4-3。

表 4-3　民用建筑的分类

<table>
<tr><th rowspan="2">名称</th><th colspan="2">高层民用建筑</th><th rowspan="2">单、多层民用建筑</th></tr>
<tr><th>一类</th><th>二类</th></tr>
<tr><td>住宅建筑</td><td>建筑高度大于 54 m 的住宅建筑（包括设置商业服务网点的住宅建筑）</td><td>建筑高度大于 27 m 但不大于 54 m 的住宅建筑（包括设置商业服务网点的住宅建筑）</td><td>建筑高度不大于 27 m 的住宅建筑（包括设置商业服务网点的住宅建筑）</td></tr>
<tr><td>公共建筑</td><td>1. 建筑高度大于 50 m 的公共建筑
2. 建筑高度 24 m 以上部分任一楼层建筑面积大于 1 000 m² 的商店、展览、电信、邮政、财贸金融建筑和其他多种功能组合的建筑
3. 医疗建筑、重要公共建筑、独立建造的老年人照料设施
4. 省级及以上的广播电视和防灾指挥调度建筑、网局级和省级电力调度建筑
5. 藏书超过 100 万册的图书馆、仓库</td><td>除一类高层公共建筑外的其他高层公共建筑</td><td>1. 建筑高度大于 24 m 的单层公共建筑
2. 建筑高度不大于 24 m 的其他公共建筑</td></tr>
</table>

第四节　建筑标准化与建筑模数协调

建筑业是国民经济的支柱之一，在经济建设中，建筑业要走在国民经济各部门的前列，为这些部门创造条件，建造房屋、设施以及进行相应的居住区建设。为了满足大规模经济建设的需要，必须改变建筑业长期以来分散的、手工作坊式的生产方式，用集中的大工业生产方式进行生产。建筑业同其他行业一样，必须实现工业化。建筑工业化的目标是设计标准化、构件与配件生产工厂化、施工机械化和管理现代化。设计标准化是实现其他目标的前提。

设计标准化就是从统一设计构配件入手，尽量减少它们的类型，进而形成单元或整个建筑物的标准设计。构件与配件生产工厂化就是构配件生产集中在工厂进行，逐步做到商品化。施工机械化就是用机械取代繁重体力劳动，用机械在施工现场安装构件与配件。管理现代化就是运用现代企业管理方法提高企业的核心竞争力，提高效率，节约成本。

一、建筑标准化

建筑标准化包括两个方面：一个是建筑设计的标准方面，包括制定各种建筑法规、规范、标准、定额与指标；另一个是建筑的标准设计方面，即根据上述各项设计标准，设计通用的构件、配件、单元和建筑物。

建筑标准设计的内容随着建筑材料和施工技术水平的发展而不断变化。当采用砖墙、现浇钢筋混凝土楼盖的砖混结构时，标准设计的内容主要是配件（如门、窗等）通用图和建筑构造节点详图；当采用预制装配式钢筋混凝土构件的砖混结构时，标准设计的内容为供工厂预制的通用构件图和配件图，以及相应的单元标准设计；当建筑物为完全预制装配式时，标准设计也随之向专用体系和通用体系的方向发展。

标准设计的主要形式有三种。

1. 标准构件、配件设计

由国家或地方编制一般建筑常用的构件和配件图，供设计人员选用，以减少不必要的重复劳动。

2. 整个建筑物或单元的标准设计

由国家或地方编制整个建筑物或单元的设计图，供建设单位选用。整个建筑物的设计图经地基验算后即可用于建造建筑物。单元标准设计则需经设计单位用若干单元拼成一个符合要求的组合体，成为一栋建筑物的设计图。我国曾编制过一些专用性和通用性车间的定型设计、中小型公共建筑的定型设计，都取得了很好的效果。特别是在住宅设计方面，各地区采用定型单元组合住宅，对减少重复设计劳动、缩短设计周期、推动住宅建设方面起了很大的作用。

3. 工业化建筑体系

为了适应建筑工业化的要求，不仅建筑物的构配件和水、暖、电等设备应实现标准化，还应相应地对它们的用料、生产、运输、安装乃至组织管理等问题进行通盘设计，做出统一的规定，称为工业化建筑体系。工业化建筑体系分为专用体系和通用体系两种。

（1）专用体系

专用体系有一套专用的构配件和特定的生产方法，构配件只能在本体系内使用。专用体系的优点是定型化程度高，缺点是不够灵活。

（2）通用体系

通用体系的构配件可以在各体系内互换，甚至可以进行商品化生产。这些构配件

不仅可以在民用建筑之间通用，还可以在某些民用建筑与工业建筑之间通用。通用体系的优点是灵活性高，缺点是组织实现不如专用体系容易。

二、建筑模数协调

在采用标准设计、通用设计时，为了使建筑制品、建筑构配件和组合件实现工业化大规模生产，使不同材料、不同形式和不同制造方法的建筑构配件、组合件具有较好的通用性和互换性，以加快设计速度，提高施工质量和效率，降低建筑造价，建筑物及其各部分的尺寸必须统一协调。为此，我国制定了《建筑模数协调标准》(GB/T 50002—2013)，重新规定了模数和模数协调原则，用以约束和协调建筑的尺度关系。

建筑模数是选定的标准尺寸单位，作为建筑空间、构配件以及建筑设备尺度协调中的增值单位。

1. 基本模数

基本模数是模数协调中选用的基本尺寸单位，基本模数的数值为 100 mm，其符号为 M，即 1M=100 mm。整个建筑物和建筑物的一部分以及建筑组合件的模数化尺寸应是基本模数的倍数。

2. 导出模数

导出模数分为扩大模数和分模数，扩大模数是基本模数的整数倍数，分模数是整数除基本模数的数值。

模数基数是建筑中普遍需要而又符合建筑工业发展的、有限的、互相协调的几个基本尺寸的数值，它是组成各模数数列的基础。

水平扩大模数基数为 3M、6M、12M、15M、30M、60M，其相应尺寸分别为 300 mm、600 mm、1 200 mm、1 500 mm、3 000 mm、6 000 mm。

竖向扩大模数基数为 3M 和 6M，其相应的尺寸为 300 mm 和 600 mm。

分模数基数为 1/10M、1/5M、1/2M，其相应的尺寸为 10 mm、20 mm、50 mm。

3. 模数数列

模数数列是以选定的模数基数为基础而展开的数值系统，它可以确保不同类型的建筑物及其各组成部分间的尺寸统一与协调，减少尺寸的范围，以及使尺寸的叠加和分割有较大的灵活性。除特殊情况外，建筑物中的所有尺寸都必须采用表 4–4 的模数数列。

表 4–4　模数数列　mm

模数名称	基本模数	扩大模数						分模数		
模数基数	1M	3M	6M	12M	15M	30M	60M	1/10M	1/5M	1/2M
基数数值	100	300	600	1 200	1 500	3 000	6 000	10	20	50
模数数列	100	300						10		
	200	600	600					20	20	
	300	900						30		

续表

模数名称	基本模数	扩大模数						分模数		
模数数列	400	1 200	1 200	1 200				40	40	
	500	1 500			1 500			50		50
	600	1 800	1 800					60	60	
	700	2 100						70		
	800	2 400	2 400	2 400				80	80	
	900	2 700						90		
	1 000	3 000	3 000		3 000	3 000		100	100	100
	1 100	3 300						110		
	1 200	3 600	3 600	3 600				120	120	
	1 300	3 900						130		
	1 400	4 200	4 200					140	140	
	1 500	4 500			4 500			150		150
	1 600	4 800	4 800	4 800				160	160	
	1 700	5 100						170		
	1 800	5 400	5 400					180	180	
	1 900	5 700						190		
	2 000	6 000	6 000	6 000	6 000	6 000	6 000	200	200	200
	2 100	6 300						220		
	2 200	6 600	6 600					240		
	2 300	6 900								250
	2 400	7 200	7 200	7 200					260	
	2 500	7 500			7 500				280	
	2 600		7 800						300	300
	2 700		8 400	8 400					320	
	2 800		9 000		9 000	9 000			340	
	2 900		9 600	9 600						350
	3 000				10 500				360	
	3 100			10 800					380	

续表

模数名称	基本模数	扩大模数						分模数		
模数数列	3 200			12 000	12 000	12 000	12 000		400	400
	3 300					15 000				450
	3 400					18 000	18 000			500
	3 500					21 000				550
	3 600					24 000	24 000			600

4. 模数数列的适用范围

在基本模数数列中，水平基本模数 1M 至 20M 的数列主要用于门窗洞口和构配件截面等处，竖向基本模数 1M 至 36M 的数列主要用于建筑物的层高、门窗洞口和构配件截面等处。

在扩大模数数列中，水平扩大模数 3M、6M、12M、15M、30M、60M 的数列主要用于建筑物的开间或柱距、进深或跨度、构配件尺寸和门窗洞口等处，竖向扩大模数 3M 数列主要用于建筑物的高度、层高和门窗洞口等处，分模数 1/10M、1/5M、1/2M 的数列主要用于缝隙、构造节点、构配件截面等处。

思考练习题

1. 简述建筑构造设计的主要任务。
2. 简述影响建筑构造的因素和建筑构造的设计原则。
3. 建筑由哪些基本构造组成？它们各自有什么作用？

第五章 地基与基础

学习目标

熟悉地基和基础的基本概念及分类，掌握建筑物基本构件的组成、作用及设计要求，了解影响建筑构造的各种因素，熟悉建筑构造设计原则。

地基是承受由基础传下来的荷载的土层，它不属于建筑物的组成部分。基础是建筑物最下面与土壤直接接触的扩大构件，是建筑物的下部结构。地基按土层性质和承载力不同，可以分为天然地基和人工地基两大类。基础的类型很多，按照所用材料及受力特点不同，可分为刚性基础和柔性基础；按构造形式不同，可分为独立基础、条形基础、筏形基础、箱形基础和桩基础等。

第一节 地基与基础基本概念

基础是建筑物最下面的部分。它的作用是把建筑物的自重以及建筑物内所承载的人和各种设备、屋顶积雪、墙和屋顶所受到的风的作用等所有荷载传给它下面的土层。基础下面承受荷载的那部分土层称为地基。地基与基础如图 5–1 所示。

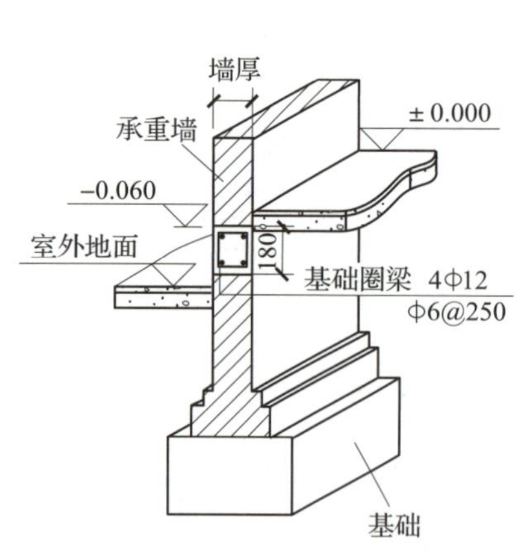

图 5–1 地基与基础

一、地基的分类

1. 天然地基

具有足够的承载力，不需要经过人工加固，可直接在其上建造建筑物的土层称为天然地基。

2. 人工地基

人工地基是指土层的承载力差，必须进行人工加固处理后，才能承受建筑物全部荷载的地基。

地基的分类见表 5–1。

表 5–1　　地基的分类

分类	种类	说明
天然地基	岩石	颗粒间牢固联结，呈整体或具有节理裂隙的岩体
	碎石土	粒径大于 2 mm 的颗粒含量超过总质量的 50% 的土
	砂土	粒径大于 2 mm 的颗粒含量不超过总质量的 50% 的土。按照其颗粒大小及不同颗粒的数量比不同，分为砾砂、粗砂、中砂、细砂和粉砂
	粉土	性质介于砂土与黏性土之间
	黏性土	可分为粉质黏土和黏土
人工地基	淤泥	颜色灰黑，有臭味
	人工填土	可分为素填土、杂填土和冲填土。素填土为碎石土、砂土、粉土、黏性土等组成的填土；杂填土为含有建筑垃圾、工业废料、生活垃圾等杂物的填土；冲填土为水力冲填泥沙形成的填土

二、对地基和基础的要求

1. 地基应具有良好的稳定性

地基在荷载作用下沉降均匀，才能保证建筑物的沉降均匀。如果地基土质分布不均匀，处理不好就会产生不均匀沉降，此时极易产生墙身开裂、建筑物倾斜，甚至破坏的情况。

2. 基础应有足够的强度

基础具有足够的强度，才能稳定地把荷载传给地基。如果基础在承受荷载后受到破坏，必然会使建筑物出现裂缝，甚至坍塌。因此，建筑物基础所用的材料应符合基础的强度要求。

3. 基础应满足耐久性要求

基础所用材料和构造的选择应与上部建筑物的建筑等级相适应，符合耐久性要求。如果基础先于上部结构破坏，检查和加固都十分困难，将严重影响建筑物的寿命。

4. 基础工程应注意经济效益

按结构类型不同，基础工程的造价占建筑物总造价的 5%～10%，甚至更高。因此，应尽量选择土质好的地段建造建筑物，以降低基础工程的造价。当地段不能选择时，应采用恰当的基础形式及构造方案，尽量节省工程费用。除了上述措施之外，就近获得材料和减少运输费用，同样可以减少基础工程的开支，从而降低整个建筑物的造价。

三、基础埋置深度

由室外设计地面到基础底面的距离，称为基础埋置深度，简称基础埋深。基础埋深不超过 5 m 的称为浅基础，大于 5 m 的称为深基础。在确定基础埋深时，应优先选择浅基础。它的优点是不需要特殊施工设备，施工技术也较简单。基础埋深越小，工程造价越低。但当基础埋深过小时，地基受到压力后有可能把四周的土挤走，导致基础不够稳定。基础埋得过浅，还易受各种侵蚀和影响，从而造成基础破坏。一般情况下，基础的埋深应不小于 500 mm，如图 5-2 所示。

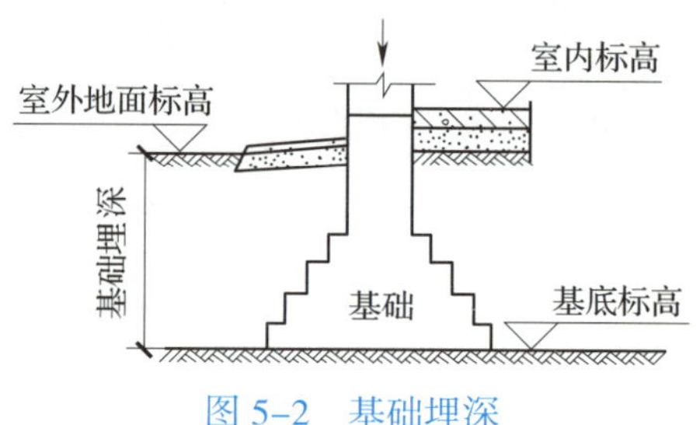

图 5-2　基础埋深

第二节　基础分类与构造

基础按材料及受力特点不同，可以分为刚性基础和柔性基础。刚性基础抗压强度高，但抗弯强度、抗剪强度比较低，包括砖基础、三合土基础、石基础、混凝土基础等；柔性基础是指用钢筋混凝土制成的抗压强度、抗拉强度均较高的基础。基础按构造形式不同，可分为条形基础、独立基础、桩基础、整片基础等。

一、按材料及受力特点分类

1. 刚性基础

有些材料（如砖、石、混凝土等）的抗压强度高，但抗弯强度、抗剪强度却很低。用这类材料建造基础时，应设法使基础不产生拉应力。由于地基承载力在一般情况下低于墙或柱等上部结构的抗压强度，故基础底面宽度要大于墙或柱的宽度。刚性基础多用于承载力高的地基上建造的低层和多层建筑。

（1）砖基础

砖是一种取材容易、价格低廉的材料。由于砖的强度、耐久性均较差，故砖基础多用于地基土质好、地下水位较低、五层以下的砖木结构或砖混结构建筑，如图 5-3 所示。砖基础由于刚性角的限制，要求采用台阶式向下逐级放大，称为大放脚。大放脚的宽高比应为 1∶1.5。

（2）三合土基础

三合土基础是由石灰、砂、骨料（如碎砖或石子）按体积比 1∶3∶6 或 1∶2∶4 加

水拌和夯实而成，适用于四层及四层以下的建筑。

（3）石基础

石基础是由毛石或料石与砂浆砌筑而成，通常采用水泥砂浆砌筑，如图 5-4 所示。由于石材强度高、抗冻和耐水性能好，水泥砂浆同样是耐水材料，所以石基础可以用于地下水位较高、冻结深度较深的地区。由于我国各地石材产量丰富，故石基础被广泛用于低层及多层民用建筑。

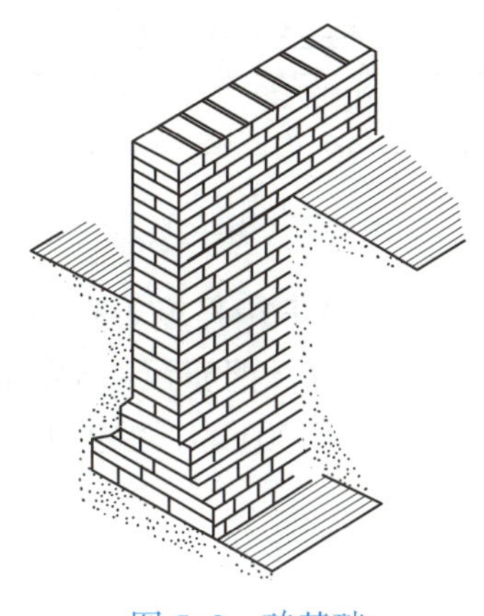

图 5-3 砖基础

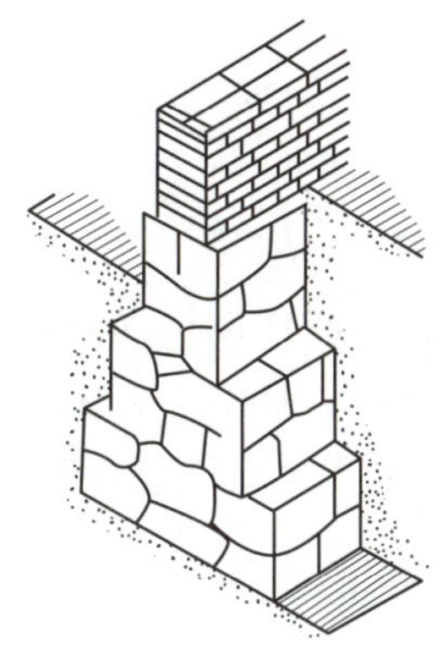

图 5-4 石基础

（4）混凝土基础

混凝土基础具有坚固、耐久、耐水的特点，常用于有地下水和冰冻作用的地方，如图 5-5 所示。由于混凝土是可塑的，基础的断面形式不仅可以做成矩形和阶梯形，当底面宽度 B>2 000 mm 时还可以做成锥形，锥形断面能节约混凝土，从而减轻基础自重。为了节约混凝土，可以在混凝土中加入粒径不超过 300 mm 的毛石，这种混凝土称为毛石混凝土，所得到的基础称为毛石混凝土基础，如图 5-6 所示。

2. 柔性基础（钢筋混凝土基础）

如图 5-7 所示，钢筋混凝土基础相当于一个受均布荷载的悬臂梁，所以它的截面高度向外逐渐变小，但最薄处的厚度不应小于 200 mm。截面如做成阶梯形，每步高度为 300 ~ 500 mm。钢筋混凝土基础中，受力钢筋的数量应通过计算确定，但钢筋直径不宜小于 8 mm，净距不宜大于 200 mm，混凝土的强度等级不宜低于 C15。

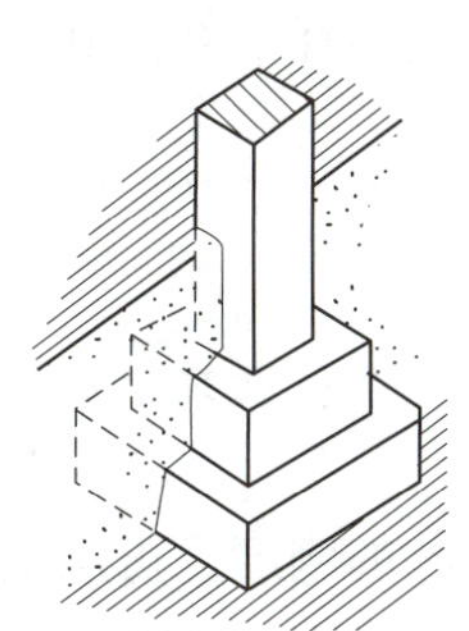

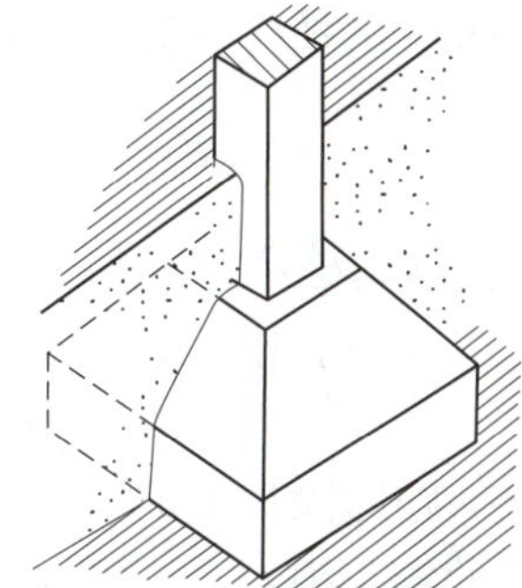

图 5-5 混凝土基础

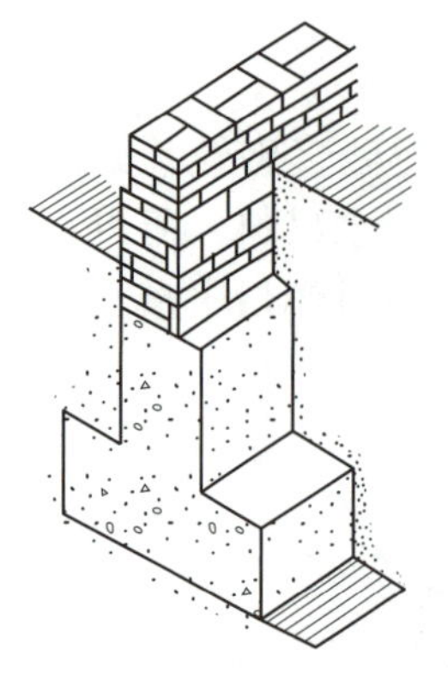
图 5-6　毛石混凝土基础

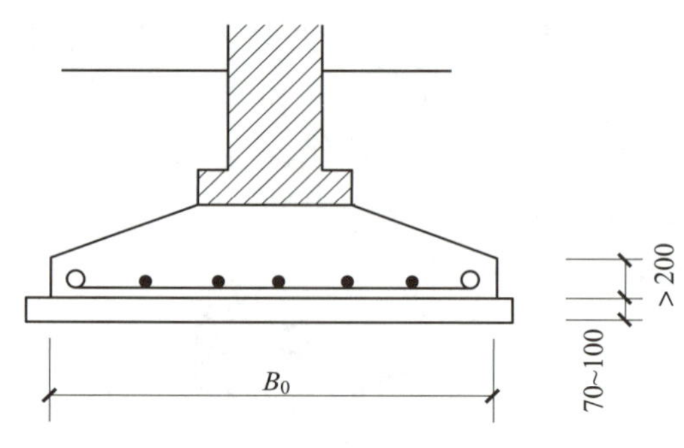

图 5-7　钢筋混凝土基础

为了使基础底面均匀传递对地基的荷载，常在基础下用强度等级为 C7.5 或 C10 的混凝土做一个垫层，其厚度宜为 50 ~ 100 mm。有垫层时，钢筋距基础底面的保护层厚度不宜小于 35 mm，无垫层时，钢筋距基础底面不宜小于 70 mm，保护钢筋免遭锈蚀。

二、按构造形式分类

基础的构造形式主要是由上部承重结构和地基承载力决定的。例如，墙的基础一般应为连续的条形基础，柱下基础可为独立基础，当荷载大而地基承载力小时，则应做桩基础或整片基础。

1. 条形基础

条形基础呈连续的带状，故也称带形基础。条形基础一般用于墙下，也可用于柱下，如图 5-1、图 5-3、图 5-4 和图 5-6 所示。

当建筑物为墙承重结构时，承重墙下一般采用通长的条形基础。中小型公共建筑常采用砖、石、混凝土、灰土、三合土等刚性材料的刚性条形基础。当荷载较大、地基软弱时，也可采用钢筋混凝土条形基础。

2. 独立基础

独立基础呈柱墩形，也叫单独基础，当建筑物为框架承重结构或内框架承重结构时，承重柱下扩大形成独立基础，常用的断面形式有阶梯形、锥形、杯形等（见图 5-5）。当柱子的独立基础置于较弱地基上时，基础底面积可能很大，彼此相距很近甚至碰到一起，这时应该把柱下独立基础连起来，形成柱下条形基础或柱下十字交叉基础（见图 5-8）。

3. 整片基础

整片基础包括筏形基础和箱形基础。

筏形基础具有减少基底压力、提高地基承载力和调整地基不均匀沉降的能力，如图 5-9 所示。

当钢筋混凝土基础埋深很大时，为了增加建筑物的刚度，可用钢筋混凝土筑成有底板、顶板和四壁的箱形基础，如图 5-10 所示。箱形基础可用于荷载很大的高层建筑，内部空间可用作地下室。

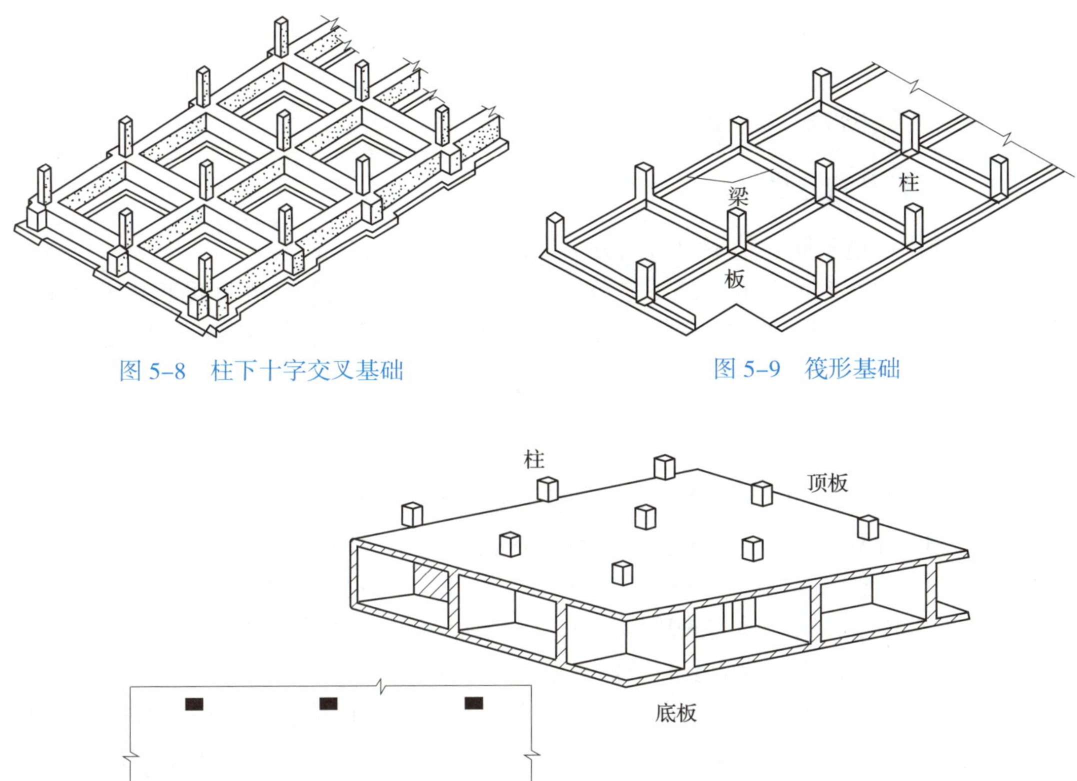

图 5-8　柱下十字交叉基础

图 5-9　筏形基础

图 5-10　箱形基础

4. 桩基础

当建筑物荷载较大，地基的软弱土层厚度在 5 m 以上，基础不能埋在软弱土层内，或对软弱土层进行人工处理较困难或不经济时，常采用桩基础，如图 5-11 所示。

采用桩基础能节省基础材料，减少挖填土方工程量，改善工人的劳动条件，缩短工期。在严寒地区的冬季进行基础施工时，开挖冻土既耗费人工，又进度迟缓，而采用桩基础能避开挖掘冻土这一繁重劳动，因此近年来用量逐年增加。

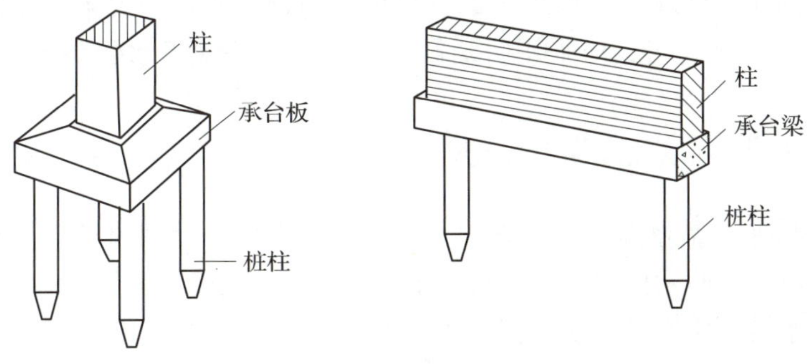

图 5-11　桩基础

第三节 地下室

建筑物底层下部的空间称为地下室。

一、地下室的分类

1. 按使用性质不同，地下室可以分为普通地下室和人防地下室。

2. 按埋入地下深度不同，地下室可以分为全地下室（地下室地面低于室外地坪面的高度超过该房间净高的 1/2）和半地下室（地下室地面低于室外地坪面高度超过该房间净高的 1/3，且不超过 1/2）。

二、地下室的组成

地下室一般由墙、底板、顶板、门和窗、采光井等组成。

地下室的墙不仅承受上部的垂直荷载，还要承受土、地下水及土壤冻结时产生的侧压力，墙体厚度应该经过计算确定。当采用砖墙时，厚度一般不小于 490 mm。荷载较大或地下水位较高时，最好采用混凝土或钢筋混凝土。地下室的顶板采用现浇楼板或预制混凝土楼板，防空地下室的顶板一般采用现浇楼板。

普通地下室的门或窗与地上部分相同。防空地下室的门应符合相应等级的防护要求，一般用钢门或钢筋混凝土门。防空地下室一般不允许设窗。当地下室的窗台低于室外地面时，为了保证采光和通风，应设采光井。

地下室的采光井一般每个窗设一个，当窗的距离很近时，也可将采光井连在一起，一般采光井底板顶面采用现浇楼板。

地下室的楼梯可与地面部分的楼梯结合设置。由于地下室的层高比较小，故多设单跑楼梯。一个地下室至少有两部楼梯通向地面，其中一部楼梯必须通往独立安全出口。独立安全出口与地面以上建筑物应有一定距离，一般不得小于建筑物高度的一半，以防止地面建筑物破坏塌落后将出口堵塞。

三、地下室的防水与防潮做法

地下室的防水与防潮做法取决于地下室地坪与地下水位的关系。设计最高地下水位低于地下室底板标高时，应采用防潮做法；设计最高地下水位高于地下室标高时，应采用防水做法。

1. 地下室防水

（1）自防水

自防水是指通过调整混凝土配合比或在混凝土中掺外加剂等手段，改善混凝土自身的密实性，以达到防水的目的，其抗渗能力大于 0.6 MPa（抗渗等级大于等于 S6）。

常用的防水混凝土有普通防水混凝土和掺外加剂防水混凝土。

（2）材料防水

材料防水包括防水卷材防水、水泥砂浆防水和涂料防水。

1）防水卷材防水。它有较好的耐水性、耐腐蚀性、耐侵蚀性、耐候性，并能承受设计允许范围内的应力变形；它有较高的抗拉强度和断裂延伸率，能承受一定荷载的冲击，适应基层的伸缩与开裂。防水卷材防水可分为外贴和外防内贴。

2）水泥砂浆防水。它属于刚性防水，特点是高强度、抗刺穿。

3）涂料防水。它包括有机涂料防水、无机涂料防水和金属防水。有机涂料延伸性、整体性、耐蚀性良好，宜用于迎水面；无机涂料与水泥砂浆、混凝土基层具有良好的湿干黏结性、耐磨性和抗刺穿性，宜用于潮湿基层；金属防水主要用于工业厂房地下烟道、电炉基坑、热风道等高温高湿的地下防水工程，以及振动较大、防水要求严格的地下防水工程。

2. 地下室防潮

地下室防潮适用于设计最高地下水位低于地下室底板标高的工程，如图 5-12 所示。

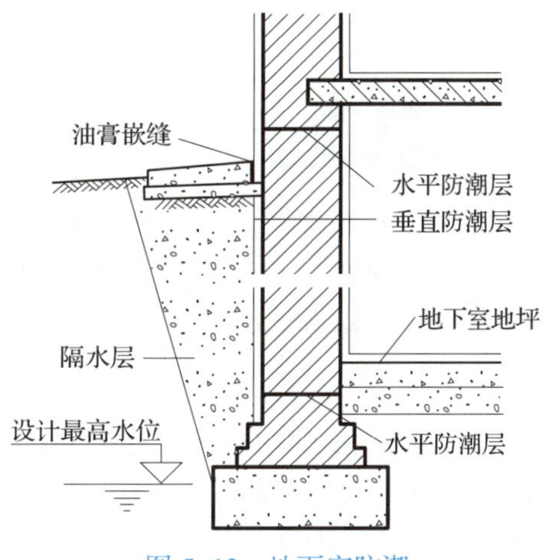

图 5-12　地下室防潮

思考练习题

1. 地基和基础有何区别？
2. 基础按照其所使用的材料不同，可分为哪几种？
3. 地基处理通常采用什么方法？各适用于什么土质？
4. 什么是基础的埋深？其影响因素有哪些？
5. 简述刚性基础和柔性基础的概念。
6. 基础按构造形式不同，可分为哪几类？一般适用于什么情况？
7. 桩基础由哪些部分组成？按施工方法不同，可分为几类？
8. 通常根据什么因素确定地下室应该防潮还是防水？

第六章 墙体

学习目标

了解墙体的类型、构造要求、组成材料和组砌方式，掌握勒脚、散水、明沟和墙身防潮层的概念、作用和构造要求，了解常见隔墙的类型和构造，了解墙体外保温做法，掌握墙面装修常见的做法。

墙体是建筑物的重要组成部分，按承重情况不同，可以分为承重墙和非承重墙两类。在砖混结构建筑中，墙体具有承重作用。外墙还具有围护功能，可抵御风、霜、雨、雪等各种因素对室内的侵袭。隔墙主要起到分隔建筑内部空间的作用。本章还将介绍砖墙的细部构造，包括散水与明沟、勒脚、墙身防潮层、过梁、圈梁和构造柱等。

第一节 墙体概述

墙体是建筑物的重要组成部分，它既是建筑的围护和分隔结构，又是建筑主要的竖向承重构件。在砖混结构建筑中，墙体的质量占建筑总质量的 40% ~ 65%，墙体造价占工程总造价的 30% ~ 40%。

一、墙体的作用

1. 承重作用

承重墙承担建筑由屋顶和楼板传递来的荷载以及作用在墙身上的风荷载，并把这些荷载传递给基础，是建筑主要的竖向承重构件。

2. 围护作用

外墙是建筑围护结构的主体，具有抵御自然界中风、霜、雨、雪的侵袭及隔绝噪声、抵抗温度变化和太阳辐射等不利因素侵袭的功能。

3. 分隔作用

墙体是划分建筑内部空间的主要构件，把建筑内部划分成不同的空间，并区分室内与室外。

二、墙体的分类

1. 按位置和方向分类

沿建筑四周边缘布置的墙体称为外墙，被外墙所包围的墙体称为内墙；沿着建筑物长轴方向布置的墙体称为纵墙，建筑物两端的外纵墙也称为檐墙；沿着建筑物短轴方向布置的墙体称为横墙，两端的外横墙也被称为山墙。墙体按位置和方向分类如图 6–1 所示。

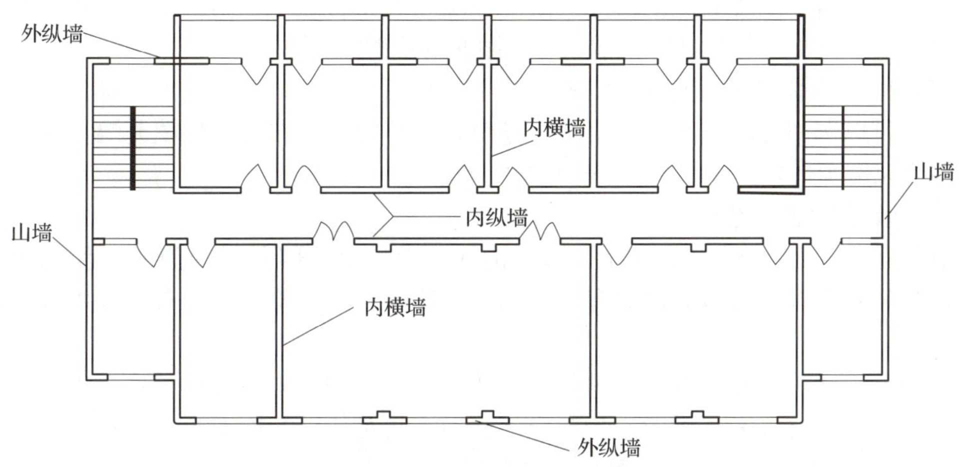

图 6–1 墙体按位置和方向分类

2. 按受力情况分类

承担上部构件传来荷载的墙称为承重墙，不承担上部构件传来荷载的墙称为非承重墙。在砖混结构中，非承重墙可以分为自承重墙和隔墙，自承重墙仅承受自身重量并传递给基础，隔墙则把自重传递给楼板层或者附加小梁。在框架结构中，非承重墙可以分为填充墙和幕墙，填充墙是位于框架梁柱之间的墙体，幕墙是悬挂于框架梁柱的外侧起围护作用的墙体。

3. 按材料分类

按材料不同，墙体可分为砖墙、砌块墙、石墙、土墙、混凝土墙等。

4. 按施工方法分类

按施工方法不同，墙体主要有叠砌式墙体、板筑式墙体、装配式墙体三种。叠砌式墙体是用砂浆等胶结材料将砖石块材等组砌而成的墙体，如砖墙、石墙及各种砌块墙；板筑式墙体是在现场立模板，现浇而成的墙体，如地下室的钢筋混凝土墙体和生土—木结构的夯土墙；装配式墙体是将工厂制作的大、中型墙体构件在施工现场用机械吊装拼合而成的墙体。

三、墙体的构造要求

1. 具有足够的强度和稳定性

强度是指物体抵抗破坏的能力。墙体的强度与构成墙体的材料有关，在确定墙体材料的基础上，应通过结构计算确定墙体的厚度，以满足强度的要求。

墙体的稳定性主要是指墙体保持竖直状态不发生弯曲或倾倒的能力。一般可以采用增加墙体厚度、加设圈梁、构造柱以及墙垛的方法提升墙体稳定性。

2. 满足热工方面的要求

建筑在使用中对热工环境舒适性有一定的要求。从节能的角度出发，为了降低建筑长期的运营费用，要求作为围护结构的外墙具有良好的热稳定性。

炎热地区夏季太阳辐射强烈，外墙应具有足够的隔热能力，可以选用热阻大、质量大的外墙材料，如砖墙、土墙等，减少外墙内表面的温度波动，也可以在外墙表面选用光滑、平整、浅色的材料，增加对太阳光的反射能力。

寒冷地区冬季室内温度高于室外，热量易从高温一侧向低温一侧传递，为了减少热损失，可以选用孔隙率高、密度小、导热系数小的材料作为框架填充墙，或者增加外墙厚度以减少传热。

3. 满足隔声的要求

墙体是建筑的水平方向划分空间的构件，为了使人们获得安静的工作和生活环境，避免相互干扰，墙体必须要有足够的隔声能力，并应符合国家有关隔声标准的要求。

噪声的传播途径有两种，一种是空气传声，另一种是固体介质传声。说话声、吹号声等都是通过空气来传播的，步履声、移动家具对地板的撞击声等是通过固体介质（楼板）来传递的。控制噪声一般可以采取以下措施。

（1）加强墙体的密缝处理。如对墙体与门窗、通风管道等的缝隙进行密缝处理。

（2）增加墙体密实度和厚度。

（3）采用有空气间层或多孔材料的夹层墙。空气或玻璃棉等多孔材料具有减振和吸声作用，可以提高墙体的隔声能力。

4. 其他要求

（1）防火要求

建筑墙体的材料及厚度应满足有关防火规范中对燃烧性能和耐火极限的要求。

（2）防水防潮要求

在卫生间、厨房、地下室等有水的房间应采取防水防潮措施，使室内保持良好的卫生环境。

（3）建筑工业化要求

在民用建筑中，墙体工程量占工程总量的40%～50%，要逐步改革以普通黏土砖为主的墙体材料，采用预制装配式墙体材料和构造方案，为生产工厂化、施工机械化创造条件。

四、墙体的承重方案

1. 横墙承重方案

将楼板及屋面板等水平承重构件搁置在横墙上，楼面荷载通过楼板、横墙、基础传递给地基。该方案适用于房间开间尺寸不大的宿舍、住宅等建筑，如图 6-2a 所示。

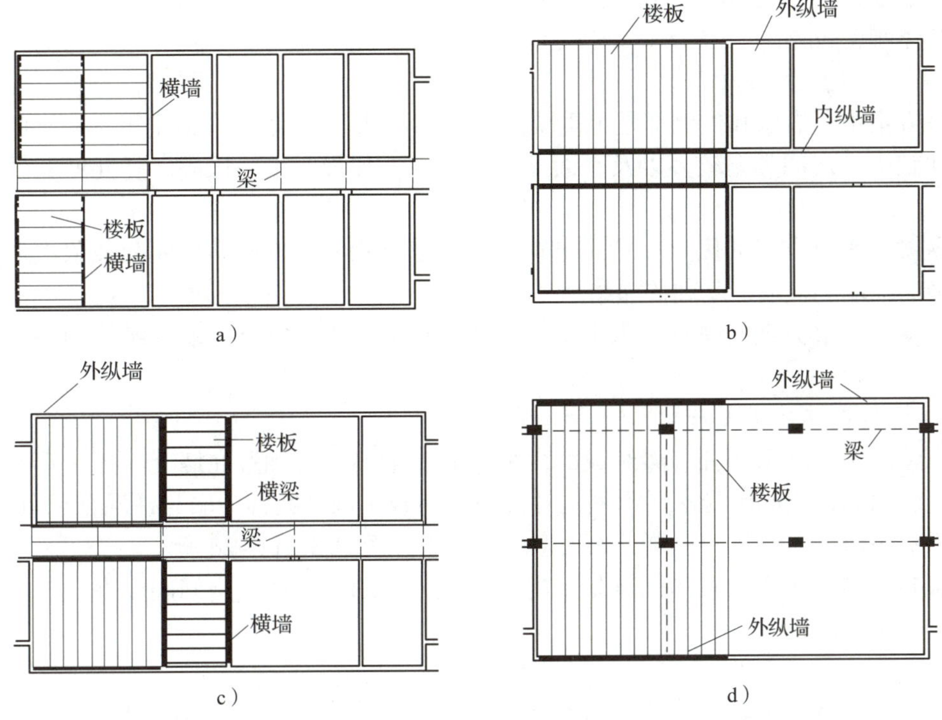

图 6-2 墙体承重方案

a）横墙承重方案 b）纵墙承重方案 c）纵横墙承重方案 d）墙与柱混合承重方案

横墙承重方案的优点：由于横墙间距一般比纵墙小，此时水平承重构件的跨度小、截面高度也小，可以节省混凝土和钢材；由于横墙较密，又有纵墙拉结，建筑物的整体性好，横向刚度大，有利于抵抗水平荷载（如风荷载、地震作用等）；当横墙承重而纵墙为非承重墙时，在檐墙上开窗灵活；内纵墙可以自由布置，增加了建筑平面布局的灵活性。

横墙承重方案的缺点：由于横墙间距受到限制，建筑开间尺寸不够灵活；墙的结构面积较大，建筑物的使用面积相对较小，墙体材料耗费较多。

2. 纵墙承重方案

楼板及屋面板等水平承重构件均搁置在纵墙上，横墙只起分隔空间和连接纵墙的作用。楼面荷载依次通过楼板、梁、纵墙、基础传递给地基。该方案适用于要求有较大空间以及划分较灵活的建筑（如办公楼、餐厅、商店等），也适用于旅馆、住宅、宿舍等，如图 6-2b 所示。

纵墙承重方案的优点：开间划分灵活，能分隔出较大的房间，以适应不同的需要；楼板、进深梁等水平承重构件的规格少，便于工业化；横墙厚度小，可节省墙体材料；北方地区檐墙因保温需要，其厚度往往大于承重所需要的厚度，纵墙承重可以使檐墙充分发挥作用。

纵墙承重方案的缺点：水平承重构件的跨度比横墙承重方案大，因而单件质量大，施工时需用一定的起重运输设备；在纵墙上开设门窗洞口受到限制，室内通风不易组织；由于横墙不承受垂直荷载，抵抗水平荷载的能力比承重的横墙差，所以这种建筑物的整体刚度较差。

3. 纵横墙承重方案

该方案中，纵墙和横墙都是承重墙，如图 6-2c 所示。该方案适用于房间开间和进深尺寸较大、房间类型较多以及平面复杂的建筑，如教学楼、医院、托儿所、幼儿园等。

纵横墙承重方案的优点：平面布置灵活，建筑物刚度较好。楼面荷载依次通过楼板、梁、纵墙和横墙、基础传递给地基。

纵横墙承重方案的缺点：水平承重构件类型多，施工复杂，墙的结构面积大，消耗墙体材料较多。

4. 墙与柱混合承重方案

当建筑物内部采用柱、梁组成的内框架时，梁的一端搁置在墙上，另一端搁置在柱上，由墙和柱共同承受水平承重构件传来的荷载，该方案称为墙与柱混合承重方案，适用于室内需要大空间的建筑，如大型商店、餐厅等，如图 6-2d 所示。

墙与柱混合承重方案的优点是室内空间较大，划分灵活，空间刚度好；缺点是耗费钢材、水泥比较多。

第二节 砌体墙

砌体墙是用砂浆等胶凝材料将砖石块材等黏结而成的墙体，也称为块材墙，如砖墙、石墙及砌块墙等。砌体墙具有一定的保温、隔热、隔声性能和承载能力，生产及施工操作简单，不需要大型的施工设备，但是现场湿作业较多、施工速度慢、劳动强度大。

一、墙体材料

1. 常用块材

（1）砖

砖按照外观形状可以分成普通实心砖（标准砖）、多孔砖和空心砖。

砖的强度等级分为 MU30、MU25、MU20、MU15、MU10 五个等级（MU 后的数字表示砖的抗压强度平均值，单位为 MPa）。

标准砖的规格为 240 mm × 115 mm × 53 mm，如图 6-3 所示，在工程实际中经常以一个砖宽加一个灰缝（115 mm+10 mm=125 mm）为砖砌体的组合模数。

（2）砌块

砌块是利用混凝土、工业废料（如炉渣、粉煤灰等）或地方材料（如火山渣、陶粒等）制成的人造块材，外形尺寸比砖大，具有设备简单、砌筑速度快等优点，符合建筑工业化发展中墙体改革的要求。

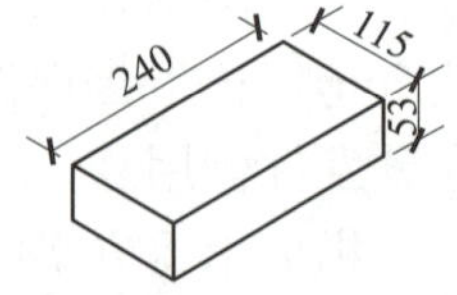

图 6-3　标准砖的规格

砌块按尺寸大小分成小型砌块、中型砌块、大型砌块三种。高度在 115 ~ 380 mm 的称为小型砌块，高度在 380 ~ 980 mm 的称为中型砌块，高度在 980 mm 以上的称为大型砌块。

（3）石材

天然石材是应用历史最为悠久的块材。天然石材按其重力密度不同，分为重石和轻石两种。重力密度大于 18 kN/m^3 的为重石，如花岗岩、砂岩、石灰石等；重力密度小于 18 kN/m^3 的为轻石，如凝灰岩、贝壳灰岩等。重石的强度高，抗冻性、耐水性都较好，常用于建筑物的基础、挡土墙等。

石材的强度等级可以采用边长为 70 mm 的立方体试块的抗压强度标准值表示，有 MU100、MU80、MU60、MU50、MU40、MU30、MU20 七个等级。

2. 砂浆

砌筑砂浆将块材黏结在一起形成砖砌体，使块材传力均匀，并提高墙体的防潮、隔热和隔声性能。砌筑墙体的砂浆主要有水泥砂浆、水泥石灰混合砂浆和石灰砂浆三种。水泥砂浆强度高、防潮性能好，主要用于受力和防潮要求高的墙体或基础砌筑中；水泥石灰混合砂浆由水泥、石灰、砂拌和而成，有一定的强度，和易性好，使用广泛；石灰砂浆的强度和防潮性都较差，但和易性好，适用于强度要求低的墙体。

根据国家标准《预拌砂浆》（GB/T 25181—2019），普通砌筑砂浆的强度等级分为 M5、M7.5、M10、M15、M20、M25 和 M30 七个等级。在同一段砌体中，砂浆和块材的强度有一定的对应关系，以保证砌体的整体强度不受影响。

二、砖墙的厚度和组砌方式

1. 砖墙的厚度

砖墙的厚度主要由块材和灰缝的尺寸组合而成，以常用的实心砖（规格为 53 mm × 115 mm × 240 mm）为例，用砖的三个方向的尺寸作为墙厚的基数，当错缝或墙厚超过砖块尺寸时，均按灰缝 10 mm 进行砌筑，如图 6–4a、图 6–4b 和图 6–4c 所示。

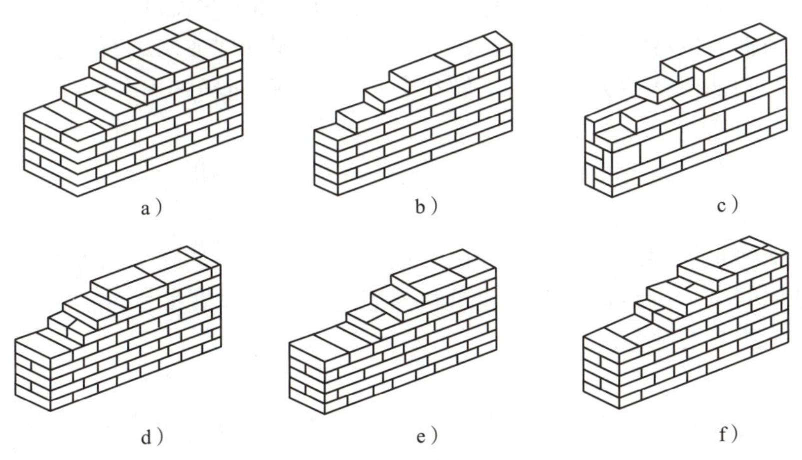

图 6–4　砖墙的厚度和组砌方式

a）370 mm 厚墙　b）120 mm 厚墙　c）180 mm 厚墙　d）一顺一丁式厚墙　e）多顺一丁式厚墙　f）梅花丁式厚墙

2. 砖墙的组砌方式

砖墙在砌筑时应遵循“内外搭接、上下错缝”的原则，砖与砖之间搭接和错缝的距离一般不小于 60 mm。

砖墙的组砌方式有很多，常见的有一顺一丁式、多顺一丁式、梅花丁式等，如图 6–4d、图 6–4e 和图 6–4f 所示。

三、砖墙的细部构造

1. 勒脚

勒脚是外墙接近室外地面的部分。勒脚的主要作用有两个：一是保护接近地面的墙身不受雨、雪的侵蚀而受潮、受冻以致破坏，并防止对墙身的各种机械性损伤；二是美观，对建筑物的立面产生一定装饰效果。

自室外地坪算起，勒脚的高度一般应在 500 mm 以上，有时考虑到建筑立面形象的要求，经常把勒脚顶部提高至首层窗台处。目前，勒脚通常用饰面的做法，即在墙体外表面采用密实度大的材料处理勒脚，常见的有水泥砂浆抹灰、水刷石、斩假石、贴面砖、贴天然石材等。

勒脚构造做法如图 6–5 所示。

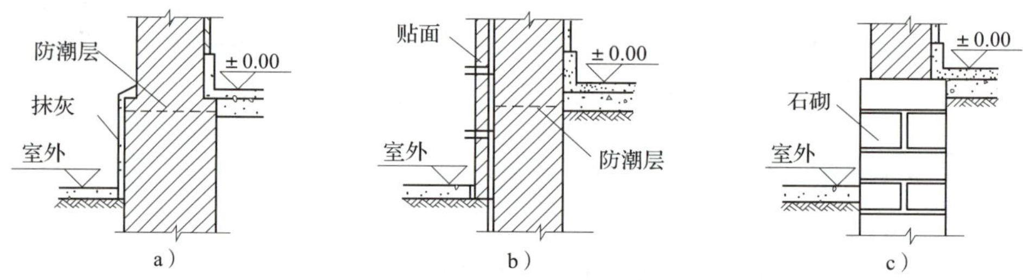

图 6–5 勒脚构造做法

a）抹灰勒脚 b）贴面勒脚 c）石材砌筑勒脚

（1）在勒脚部位抹 20 ~ 30 mm 厚的 1 : 2（或 1 : 2.5）水泥砂浆，或做水刷石。

（2）在勒脚部位将墙加厚 60 ~ 120 mm，再用水泥砂浆或水刷石罩面。

（3）在勒脚部位镶贴天然石材（如花岗石等），贴面勒脚耐久性强、装饰效果好，用于标准较高的建筑。

（4）用天然石材砌筑勒脚。

2. 散水和明沟

为了保证建筑四周地下部分不受雨水侵蚀，尽量控制基础周围土壤的含水率，确保基础的使用安全，应经常采用在建筑物外墙根部四周设置散水或明沟的办法，把建筑物上部下落的雨水排走。

（1）散水

散水是沿建筑物外墙四周设置的向外倾斜的坡面，又称散水坡、护坡，如图 6–6 所示。散水的作用是把屋面下落的雨水排到远处，降低基础周围土壤的含水率，进而保护建筑四周的地基。

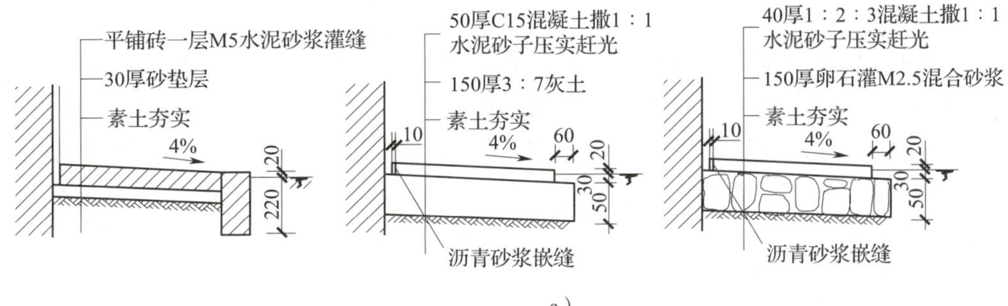

a）

b）

图 6–6　散水

a）散水的构造做法　b）散水的工程实例

散水的宽度一般在 600 ~ 1 000 mm。当屋面采用无组织排水方式时，散水的宽度应比屋檐的挑出宽度大 200 mm 左右，坡度一般在 3% ~ 5%。

散水最好采用不透水的材料做面层，如混凝土、砂浆等。散水一般采用混凝土或碎砖混凝土做垫层，土壤冻深在 600 mm 以上的地区，宜在散水垫层下面设置砂垫层，以免散水被土壤冻胀破坏。砂垫层的厚度与土壤的冻胀程度有关，通常在 300 mm 左右。降水量较少地区的建筑或临时建筑也可以用砖、块石做散水。

散水垫层为刚性材料时，每隔 6 ~ 15 m 需要设置伸缩缝，伸缩缝及散水与建筑外墙交界处应用沥青填充。

（2）明沟

明沟又称阳沟、排水沟，一般用于降雨量较大的地区，布置在建筑物的四周，作用是把屋面下落的雨水引导至集水井，进入排水管道。明沟通常采用混凝土浇筑，也可以用砖、石砌筑，并用水泥砂浆抹面。明沟的断面尺寸一般不少于宽 180 mm、深 150 mm，沟底应有不小于 1% 的纵向坡度。明沟工程实例和尺寸如图 6–7 所示。

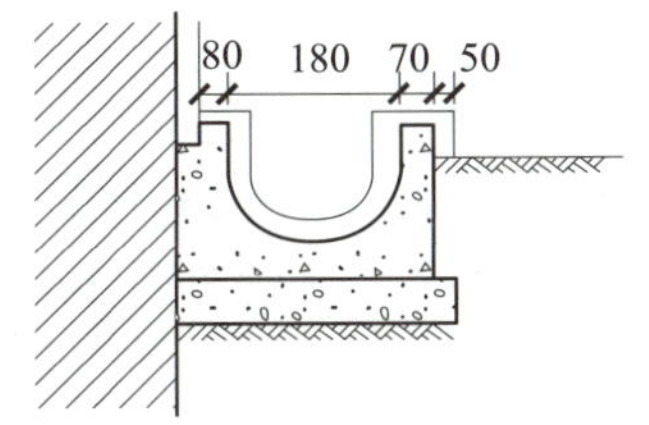

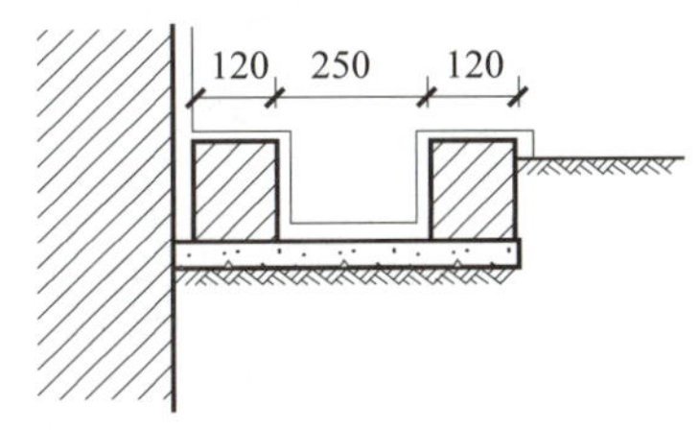

图 6–7　明沟工程实例和尺寸

3. 防潮层

建筑物被埋置在地下部分的墙体和基础会受到土壤中潮气的影响，土壤中的潮气进入地下部分的墙体和基础材料的孔隙内形成毛细水，毛细水沿墙体上升，会逐渐使地上部分墙体潮湿，影响建筑的正常使用和安全。为了隔阻毛细水的上升，可在墙体中设置防潮层，防潮层分为水平防潮层和垂直防潮层两种，如图 6–8 所示。

水平防潮层：高度应在室内地坪与室外地坪之间，且距室外地面至少 150 mm，以地面不透水层中部为最理想。

垂直防潮层：当室内地面出现高差或室内地面低于室外地面时，由于地面较低一侧房间下部一定范围内的墙体另一侧为潮湿土壤，为了保证这部分墙体的干燥，除了要分别按高差不同在墙内设置两道水平防潮层之外，还要对两道水平防潮层之间的墙体做防潮处理，即垂直防潮层。具体做法是：在墙体靠回填土一侧用 20 mm 厚 1∶2 水泥砂浆抹灰，涂冷底子油一道，再刷两遍热沥青防潮，也可以抹 25 mm 厚防水砂浆。在另外一侧墙面，最好用水泥砂浆抹灰。

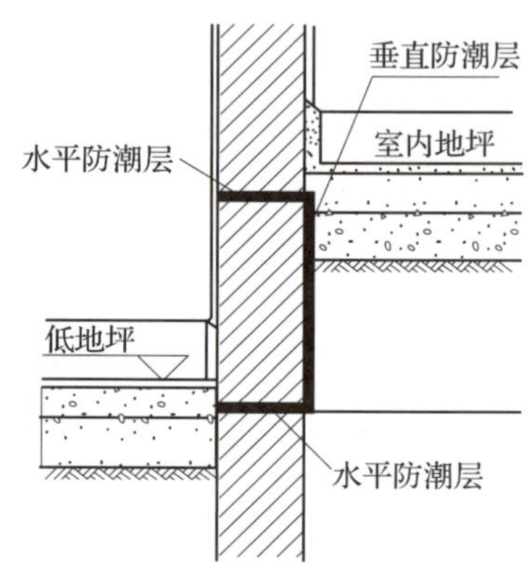

图 6–8　防潮层

防潮层按做法不同，可分为油毡防潮层、防水砂浆防潮层、防水砂浆砖砌防潮层和细石混凝土防潮层等。墙身防潮层的做法如图 6–9 所示。

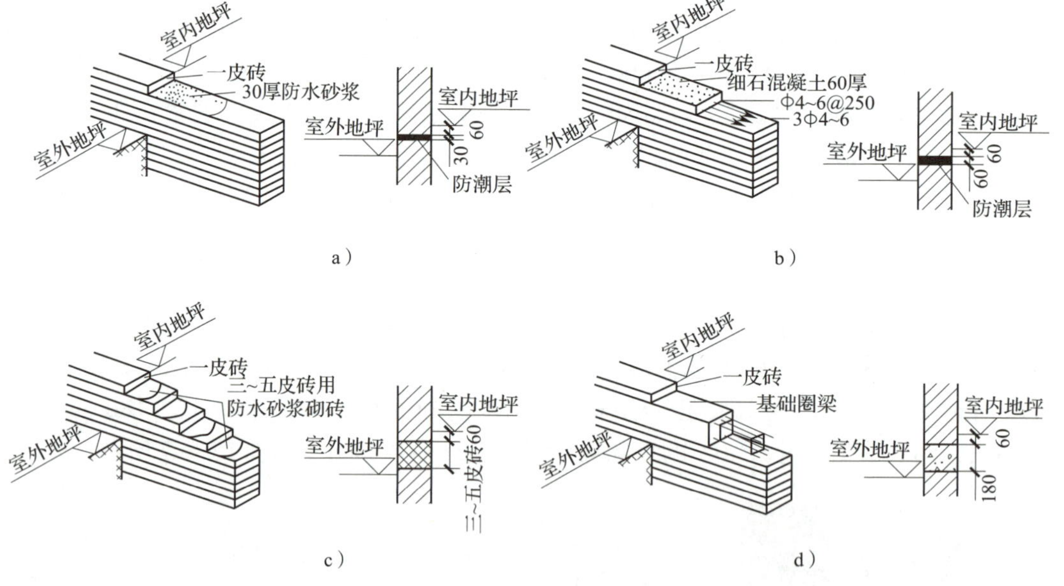

图 6–9　墙身防潮层的做法

a）防水砂浆防潮层　b）细石混凝土防潮层　c）防水砂浆砖砌防潮层　d）基础圈梁代替防潮层

（1）油毡防潮层

油毡防潮层分为干铺和粘贴两种。干铺做法是在防潮层部位抹 20 mm 厚 1∶3 水泥砂浆找平层，在找平层上干铺油毡一层。粘贴做法是在砂浆找平层上刷冷底子油一道，而后用热沥青粘贴油毡，再在油毡上涂刷一层热沥青，形成一毡二油的防潮层。为了确保防潮效果，不论干铺或粘贴，油毡的宽度应比墙宽 20 mm，油毡搭接应大于 100 mm。干铺做法把防潮层上下的砌体分开，破坏了墙的整体性，不能用于地震区。

（2）防水砂浆防潮层

防水砂浆防潮层的做法是在防潮层部位抹不小于 25 mm 厚、掺入防水剂的 1∶2 水泥砂浆。防水剂与水泥混合凝结，能填充微小孔隙和堵塞、封闭毛细孔，从而阻断毛细水。常用的防水剂为成品防水粉，掺量一般为水泥质量的 5%。

（3）细石混凝土防潮层

细石混凝土防潮层是在防潮层部位设置不小于 60 mm 厚与墙体宽度相同的细石混凝土带，内配 3Φ6 或 3Φ8 钢筋。细石混凝土密实度大，能在一定程度上阻断毛细水。配置的钢筋能防止基础不均匀沉降造成的混凝土带开裂。

4. 窗台

窗台是设在窗洞口下部的构件，分内窗台和外窗台两种。外窗台的作用主要是排出窗面雨水，保证下部墙体干燥，同时也对建筑的立面起到装饰作用。采暖地区的建筑通常把暖气散热片设在窗下，当墙体厚度在 370 mm 以上时，为了节省暖气占地面积，一般将窗下墙体内凹 120 mm，此时应设置内窗台，以遮挡住暖气片。窗台构造做法如图 6–10 所示。

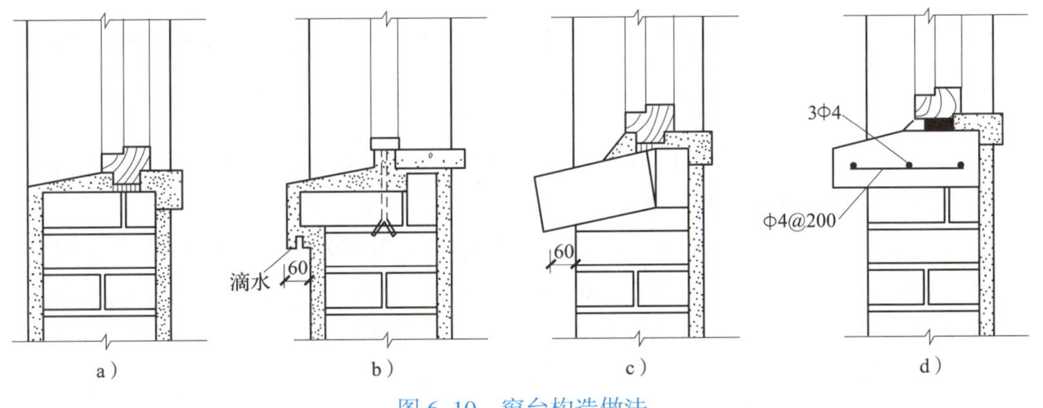

图 6–10 窗台构造做法

a）不悬挑窗台 b）有滴水的悬挑窗台 c）侧砌砖窗台 d）预置钢筋混凝土窗台

外窗台有悬挑和不悬挑两种。悬挑窗台常用砖砌或采用预制钢筋混凝土，其挑出的尺寸应不小于 60 mm。砖砌外窗台有平砌和侧砌两种，窗台的坡度可以利用斜砌的砖形成，也可以由砖面抹灰形成。悬挑外窗台应在下边缘做滴水，一般为半圆形凹槽，以免排水时雨水沿窗台底面流至下部墙体。

目前，建筑外墙装饰材料的档次不断提高，不少建筑取消了悬挑窗台，而用不悬挑窗台代替，即只在窗洞口下部用不透水材料做成斜坡。

5. 过梁

为了满足使用要求，在墙体中要开设门窗洞口。为了支撑洞口上传来的荷载，并把这些荷载传递给洞口两侧的墙体，常在门窗洞口上设置横梁，即门窗过梁，如图 6–11 所示。

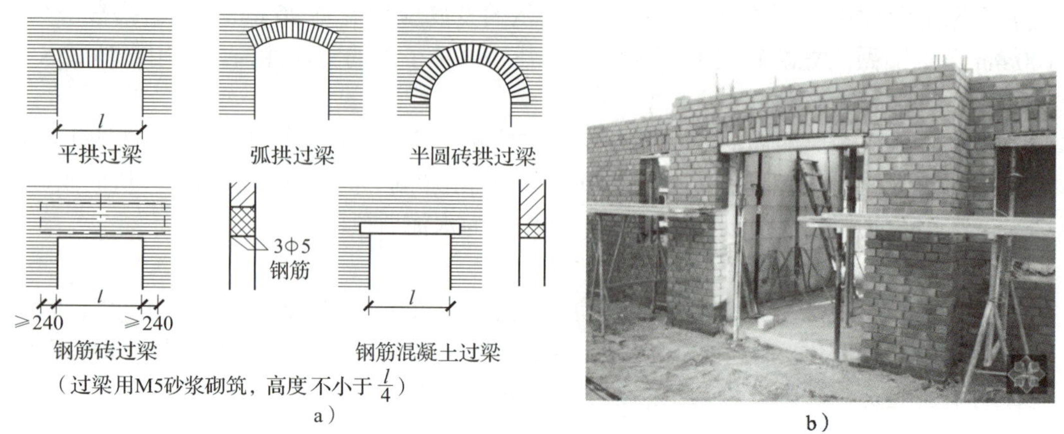

图 6–11　门窗过梁

a）过梁的种类　b）砖砌平拱过梁的施工

（1）砖拱过梁

砖拱过梁是应用历史很长的传统做法，有平拱和弧拱两种形式，目前只在简易建筑中采用。

（2）钢筋砖过梁

钢筋砖过梁是指在洞口顶部配置钢筋，其上用砖平砌形成的加筋砖砌体，跨度可达 2 m 左右。

（3）钢筋混凝土过梁

钢筋混凝土过梁的适应性较强，目前在建筑中大量采用。按照施工方式不同，钢筋混凝土过梁分为现浇和预制两种。

钢筋混凝土过梁的截面尺寸和材料配置应根据上部荷载及过梁的跨度通过计算确定。过梁两端伸入墙体的长度应在 240 mm 以上。为了便于过梁两端墙体的砌筑，钢筋混凝土过梁的高度应与砖砌体皮数尺寸相配合，如 120 mm、180 mm、240 mm。钢筋混凝土过梁的宽度通常与墙厚相同，当墙面不抹灰时（俗称清水墙），过梁的宽度应比墙厚小 20 mm。钢筋混凝土过梁的截面形式有矩形和 L 形两种。矩形截面的过梁一般用于内墙或南方地区的抹灰外墙（俗称混水墙），L 形截面的过梁多在严寒或寒冷地区外墙中采用。这是因为钢筋混凝土的导热系数要大于砖砌体的导热系数，如果在这些地区建筑的外墙中采用矩形截面过梁，就会在过梁处产生热桥，过梁的内表面将会结露，影响室内的环境和美观。按照热工原理，保温性能好的材料应放置在低温区，所以 L 形过梁的缺口应面向室外。

6. 圈梁

圈梁是沿外墙及部分内墙设置的连续闭合的梁，如图 6–12 所示。圈梁可以增强建筑的整体刚度和整体性，防止由于地基不均匀沉降、振动及地震引起的墙体开裂。

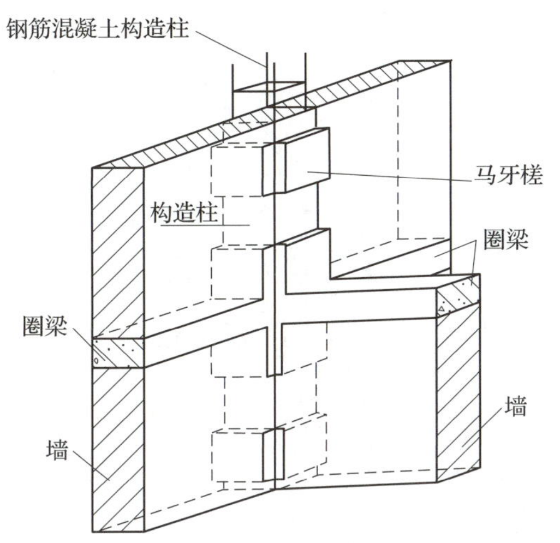

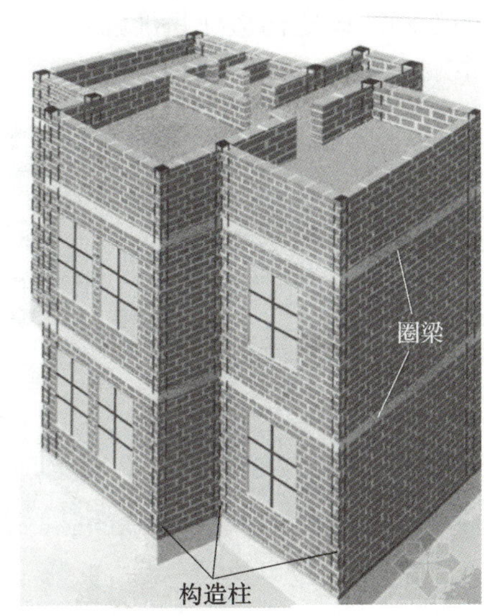

图 6-12 圈梁与构造柱

圈梁多采用钢筋混凝土材料，其宽度宜与墙体厚度相同。当墙厚 d>240 mm 时，圈梁的宽度可以比墙体厚度小，但不应小于 2/3d。圈梁的高度一般不小于 120 mm，通常与砖的皮数尺寸相配合。圈梁一般按构造要求配置钢筋，纵向钢筋应不小于 4Φ8，箍筋间距不大于 300 mm，纵向钢筋对称布置。

圈梁通常设置在基础墙处、檐口处和楼板处。当屋面板、楼板与窗洞口间距较小，而且抗震设防等级较低时，也可以把圈梁设在窗洞口上方，兼做过梁使用。圈梁在建筑中往往不止设置一道，其数量应视建筑的高度、层数、地基情况和防震要求而定。单层建筑至少设置一道圈梁，多层建筑一般隔层设置一道圈梁。地震设防地区的建筑往往要层层设置圈梁。圈梁除了在外墙和承重内纵墙中设置之外，应根据建筑的结构及防震要求，每隔 6 ~ 32 m 在横墙中设置，以充分发挥"腰箍"的作用。

按照要求，圈梁应当连续、封闭地设置在同一水平面上。当圈梁被门窗洞口（如楼梯间窗洞口）截断时，应在洞口上方或下方设置附加圈梁，如图 6-13 所示。附加圈梁与圈梁的搭接长度不应小于两者垂直净距的两倍，且不应小于 1 m。地震设防地区建筑的圈梁应当完全封闭，不宜被洞口截断。

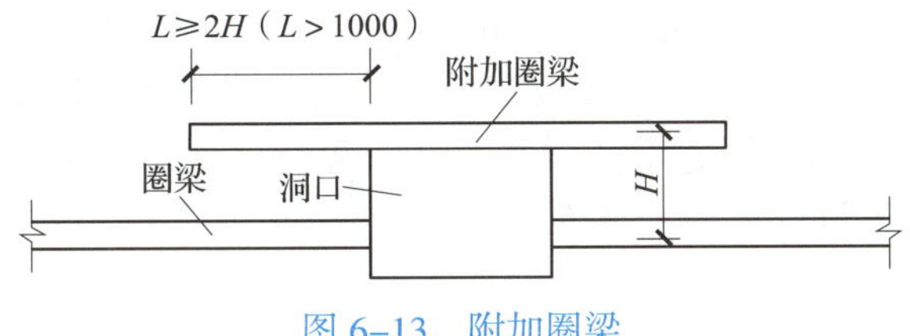

图 6-13 附加圈梁

7. 构造柱

由于砖墙的整体性较差，为了提高墙体的抗震能力和稳定性，我国有关规范对于地震设防地区砖混结构建筑的层数、高度、横墙间距、圈梁及墙垛的尺寸均做出了一定的限制。设置构造柱是加强建筑整体性的有效手段之一，可以使墙体的抗剪强度提高 10%～30%，如图 6–14 所示。

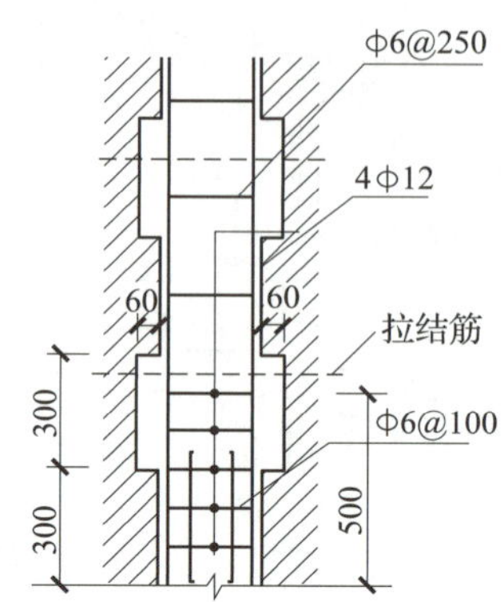

图 6–14　构造柱

构造柱是从构造角度考虑而设置的，它与从承重角度考虑设置的柱相比，作用完全不同。构造柱在墙体内部与水平设置的圈梁相连，形成了具有较大刚度的空间骨架，极大地增强了建筑的整体刚度，提高了墙体的抗变形能力。构造柱一般设置在建筑物的四角、内外墙交接处、楼梯间、电梯间及部分较长墙体的中部。

构造柱的下端应锚固在钢筋混凝土基础或基础圈梁中，上部与楼层圈梁连接。圈梁为隔层设置时，应在无圈梁的楼层设置配筋砖带。由于女儿墙的上部是自由端而且位于建筑的顶部，易受地震破坏。一般情况下构造柱应当通至女儿墙顶部，并与钢筋混凝土压顶相连，而且女儿墙中的构造柱间距应当加密。构造柱的截面尺寸应不小于 180 mm × 240 mm。主筋采用 4Φ12 钢筋为宜，箍筋间距不大于 250 mm。墙与柱之间应沿墙每 500 mm 设 2Φ6 拉结钢筋，每边伸入墙内长度不小于 1 000 mm。构造柱在施工时应当先砌墙体，并留出马牙槎，随着墙体的上升逐段现浇钢筋混凝土。

第三节　隔墙与隔断

建筑中不承重、只起分隔室内空间作用的墙体称为隔墙。隔墙不承受外来荷载，是非承重的内墙，因此考虑到建筑的经济性，隔墙在满足稳定性条件下应越薄越好；隔墙应越轻越好，目的是减轻加给楼板的荷载；隔墙要根据需要满足隔声、防水、防潮、耐火等要求；为适应房间适用性质的改变，隔墙要便于拆装。

根据材料和构造不同，隔墙有多种不同的形式。

一、隔墙

1. 块材隔墙

块材隔墙常用做法有 120 mm 厚砖砌隔墙、加气混凝土砌块隔墙、水泥焦渣空心砖隔墙和玻璃空心砖隔墙等。

2. 立筋类隔墙

立筋类隔墙一般采用木材、薄壁型钢做骨架，用灰板条、钢丝网抹灰，用纸面石膏板、吸声板或其他装饰面板罩面。这种隔墙具有自重轻、占地小、装饰较方便的特点，是建筑中应用较多的一种隔墙，如图 6–15 所示。

石膏板隔墙是目前在建筑中使用较多的一种立筋类隔墙。石膏板的自重轻，防火性能好，加工方便，价格不高，用于隔墙时多选用 12 mm 厚石膏板。有时为提高隔墙的耐火极限，也可以采用双层石膏板。

石膏板隔墙的骨架可以采用薄壁型钢、木方和石膏板条，目前采用薄壁型钢骨架的较多，称为轻钢龙骨石膏板。轻钢骨架由上槛、下槛、竖（主）龙骨、横（次）龙骨组成。组装骨架的薄壁型钢是工厂生产的定型产品，并配有组装需要的各种连接构件。竖龙骨的间距不大于 600 mm，横龙骨的间距不大于 1 500 mm。当墙体高度在 4 m 以上时，还应适当加密。

轻钢龙骨石膏板隔墙用自攻螺钉解决石膏板与龙骨的连接问题，钉的间距约为 200 mm，钉帽应压入板内约 2 mm。石膏板条龙骨隔墙采用专用黏结剂连接板材和龙骨。石膏板在表面刮腻子之后就可以饰面。轻钢龙骨石膏板隔墙如图 6–16 所示。

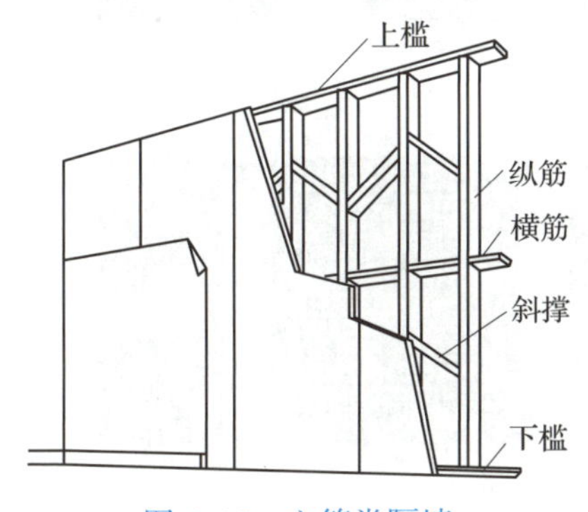

图 6–15 立筋类隔墙

图 6–16 轻钢龙骨石膏板隔墙

3. 条板类隔墙

条板类隔墙是采用构件生产厂家生产的轻质板材，在现场装配而成的隔墙。这种隔墙装配性好，属于干作业施工，施工速度快、防火性能好，但价格偏高。目前，条板类隔墙的材料及种类较多，常见的主要有水泥玻璃纤维空心条板（GRC 空心隔墙条板）、玻璃纤维增强石膏空心条板、钢丝（钢丝网）增强水泥条板、轻混凝土条板、复合夹心轻质条板等。

GRC 空心隔墙条板是以低碱水泥为胶结材料，抗碱玻璃纤维网格布为增强材料，膨胀珍珠岩为骨料，并配以起泡剂和防水剂等，经配料、搅拌、浇筑、成型、养护而成，具有质量轻、强度高、隔热、隔声、不燃、加工方便等特点，如图 6–17 所示。

安装 GRC 空心隔墙条板有两种方法：一种是先用黏结剂固定顶部，再用临时木楔固定底部，待黏结剂干后，去掉木楔，用细石混凝土灌缝，如图 6–18a 所示；另一种是采用连接件安装，先固定顶部和底部的连接件，随后安装板材，调节连接件的高度，如图 6–18b 所示。

图 6-17　GRC 空心隔墙条板及工程实例

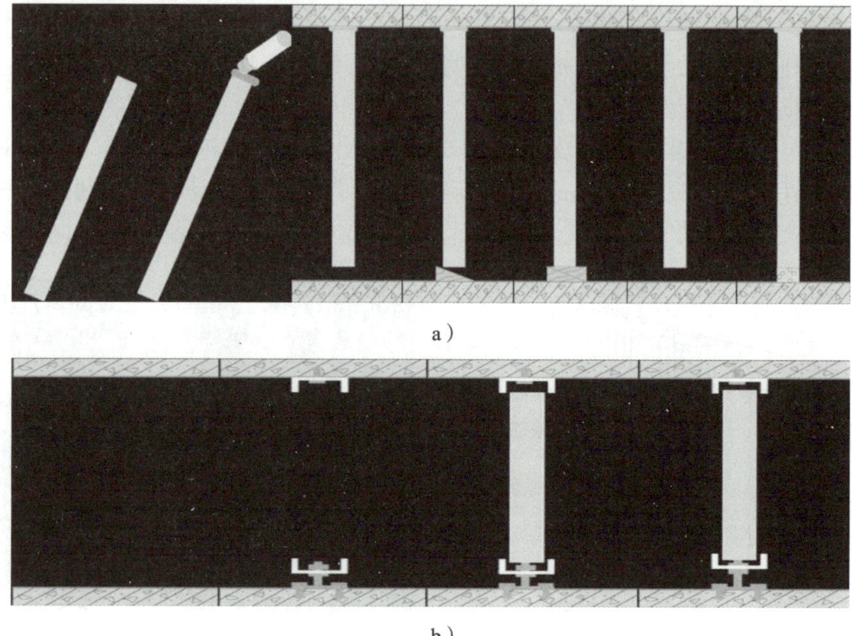

a）

b）

图 6-18　GRC 空心隔墙条板的安装方法

二、隔断

隔断是分隔室内空间的装修构件，作用是调整空间或遮挡视线，增加空间的层次和深度，如图 6-19 所示。

随着装修设计水平和客户对室内空间质量要求的不断提高，越来越多的办公楼在室内装修中往往喜欢可以随意变更空间的、美观的活动隔断，一些空间较宽敞的景观办公室通常用隔断围合成许多半敞开的办公小空间，一些多功能大厅也经常需要临时分割成几个小厅。多种多样的灵活隔断由于具有灵活分隔空间的性能，已经在居住建筑和公共建筑的室内装修中广泛应用，成为住宅、办公楼、旅馆、餐厅等室内空间设计中较为常用的一种处理方法。

根据使用和装配方法不同，隔断的形式可分为屏风式隔断、镂空式隔断、玻璃墙式隔断、移动式隔断和家具式隔断等。

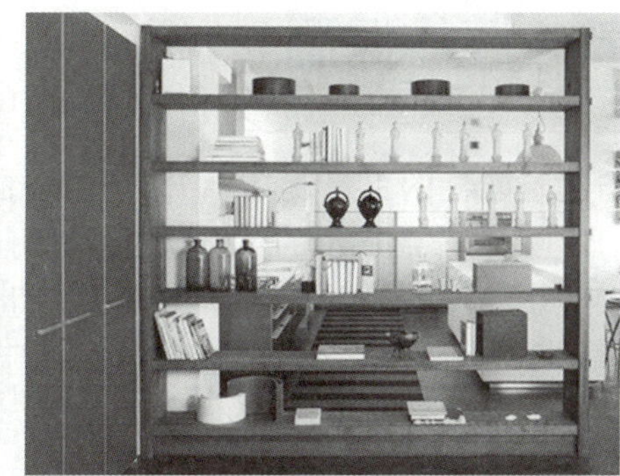

图 6–19　隔断

1. 屏风式隔断

屏风式隔断一般不做到顶，从而增强室内空间景观的通透性和流动性，同时又起到屏蔽视线的作用，使大空间形成很多通透的小空间。这种隔断通常用于办公室、展览馆、宾馆大厅等的设计，有时厕所和淋浴间也采用这种形式的隔断。

2. 镂空式隔断

镂空式隔断通常适用于公共建筑的门厅、过厅，制造材料也多种多样，有木、竹、钢、预制混凝土等材质，较屏风式隔断而言，镂空式隔断的通透性更好些。

3. 玻璃墙式隔断

玻璃墙式隔断是采用玻璃砖砌筑的隔断形式，它既起到分割空间的作用，同时又能够间接采光。这种设计在旅馆、写字楼中较为普遍。另外，采用磨砂玻璃、刻花玻璃、彩色玻璃、普通玻璃等嵌入金属或木框中制成的隔断也是一种玻璃墙式隔断。这种隔断有很强的装饰作用，可以丰富室内景观。

其他还有很多种类型的隔断，如可以开启和闭合的移动式隔断，使一个空间既可以分割，也可以合二为一，已经被广泛地应用到住宅和公共建筑的室内空间设计中。另外，家具式隔断也是一种很巧妙的空间分割方式，既提高了室内空间的使用率，又使室内空间具有一定的趣味性。

第四节 墙体保温

我国建筑能耗的总量逐年上升，在全社会终端能耗中所占的比例已从 20 世纪 70 年代末的 10% 上升到近年的 27.5%，未来可能上升到 40%。减少建筑能耗、改善大气环境，有助于我国环境的改善，以及人们生活和社会的可持续发展。在建筑能耗中，屋顶的热损失约为 5%，地板约为 3.5%，门窗传导约为 20.5%，换气约为 22%，外墙的热损失所占比例最大，约为 45%。因此，外墙的保温处理在建筑节能中的地位非常重要，需要特别加以重视。

外墙保温做法主要有外墙内保温、夹心保温和外墙外保温三种。

一、外墙内保温做法

外墙内保温做法即在外墙内侧（室内一侧）增加保温措施。常用的墙体保温做法有贴保温板（水泥类、石膏类、条板和小板）做法、粉刷石膏做法（即在墙上粘贴聚苯板，然后用粉刷石膏做面层）、聚苯颗粒胶粉做法等。

外墙内保温做法的优点是造价低、施工方便，缺点是减少了室内的使用面积，容易在住户进行室内装饰时被破坏，外墙某些部位（如内外墙交接处、圈梁等）容易形成“热桥”。同时，保温层直接做在室内，一旦出现问题，维修时对住户影响较大。因此，采用这种做法时必须注意保证工程质量，避免出现开裂、脱落等现象。

二、夹心保温做法

夹心保温做法即把保温材料放在墙体中间，形成夹心墙。这种做法的优点是墙体结构和保温层同时完成，对保温材料的保护较为有利。但由于墙体保温材料把墙体分为内外“两层皮”，因此，在内外层墙皮之间必须采取可靠的拉结措施，有抗震要求的地区更要认真做好。

三、外墙外保温做法

外墙外保温做法即在墙体外侧（室外一侧）增加保温措施。保温材料可选用聚苯板或岩棉板、玻璃棉板等，采取黏结及锚固件与墙体连接，面层做聚合物砂浆用玻纤网格布强化；对现浇钢筋混凝土外墙，可采取模板内置保温板的复合浇筑方法，使结构与保温同时完成；也可采取聚苯颗粒胶粉在现场喷、抹成保温层的方法；还可以在工厂制成带饰面层的复合保温板，到现场安装，用锚固件固定在外墙上。聚苯板薄抹灰外墙外保温如图 6-20 所示。

与外墙内保温做法比较，外墙外保温的热工效率较高，不占用室内空间，对保护主体结构有利，不仅适用于新建建筑，也适用于既有建筑的节能改造。但由于保温层处于室外，外墙外保温做法对墙体保温材料性能和施工质量有更为严格的要求。

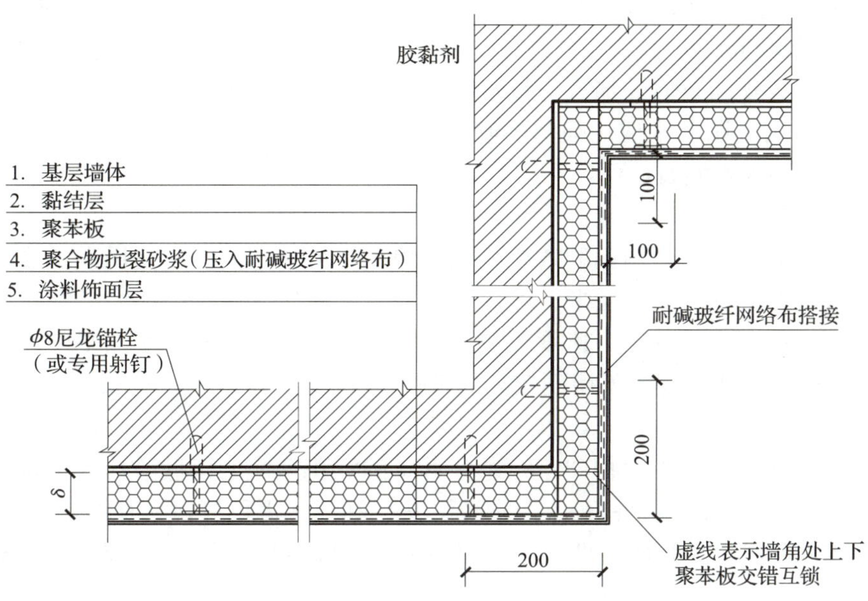

图 6-20 聚苯板薄抹灰外墙外保温

为了防止保温材料受潮而失效，围护结构保温层靠高温一侧需要设置一道隔蒸汽层，隔蒸汽材料一般采用沥青、卷材、隔汽涂料及铝箔等。

第五节 墙面装修

墙面装修根据饰面材料和施工方式不同，可分成抹灰、涂刷、贴面、铺贴和裱糊五大类。

一、抹灰类墙面装修

进行抹灰类墙面装修施工时，用石灰砂浆或水泥砂浆、水泥石灰砂浆、纸筋石灰膏浆、水泥石子浆等糊状料抹饰于墙体表面，再经加工处理即成。施工时，应按墙体材料特点、墙体表面平整程度用适宜的砂浆打底、找平，最后饰以面层。面层的材料种类即作为墙面的名称。例如，用石灰砂浆打底、找平，纸筋灰罩面的墙面，称作纸筋灰墙面。这种做法具有造价低、施工简便、材料来源广泛、施工技术要求容易掌握的优点，但也有作业量大、施工效率低、面层耐久性差的缺点。

墙面抹灰一般要分二至三层进行操作，分别称为底层、中间层和面层。总厚度有一定的要求，外墙抹灰厚度一般为 20 ~ 25 mm，内墙抹灰厚度一般为 15 ~ 20 mm。

室内阳角处做护角。护角一般采用 1 : 2 水泥砂浆，也可以埋置角钢，水刷石、干粘石、硅藻土也属于抹灰类墙面。

1. 水泥砂浆墙面

用水泥砂浆作面层的墙面称为水泥砂浆墙面。它的特点是坚硬耐磨、防潮防水，有一定的防腐性能，多用于外墙面和有水、潮湿的内墙面，以及干燥房间的墙裙和踢脚。

2. 水刷石墙面

选用均匀美观的石屑并加入适量水泥，拌成糊状，抹于木引条分割的格子内，压实擀平，随即用毛刷蘸水或用喷雾器喷水，自上而下将水泥浆冲下，露出石屑表面，抽出木引条，即成水刷石墙面。

3. 干粘石墙面

干粘石墙面与水刷石墙面的效果相似，但施工方法不同。它是用人工或喷枪将石子（石屑或豆石）粘在黏结层上，然后用木板将其压实、压平即成。干粘石墙面的造价较水刷石墙面要低，且施工速度较快，但整体效果不如水刷石墙面平整光泽，而且石子容易脱落，适用于建筑外墙面较高的部位。

4. 硅藻土墙面

硅藻土是海里的浮游生物硅藻经过几百年的沉积形成的以硅酸盐为主要成分的硅质沉积岩。硅藻土的颜色有白色、灰白色、灰色和浅灰褐色等，具有细腻、孔隙率大、质轻、吸水性和渗透性强的特性，用于墙面装饰可以清洁空气、防火阻燃、隔热保湿、隔声防噪。

二、涂刷类墙面装修

涂料分为内墙涂料和外墙涂料两类，可以采用刷涂、滚涂和喷涂的方式进行施工。涂刷类做法一般要求墙面基层应当干燥，必须待涂料干燥之后才能进行下一道涂料的施工，否则容易出现开裂、皱皮等质量问题。由于这种做法具有造价低、施工方便、装饰效果好、便于维修和更换的优点，近年来在建筑中的应用越来越广泛。

内墙涂料主要有乳胶漆、水溶性内墙涂料和仿壁毯涂料等。乳胶漆是以合成树脂乳液为主要成膜物质，加入颜料、辅料，经混合、研磨制得的薄质内墙涂料。它具有无毒、涂膜透气好、无结露现象等特点。水溶性内墙涂料是指以水溶性合成树脂聚乙烯醇及其衍生物为主要成膜物质，加入适量的颜料、辅料不经研磨而得的内墙涂料，比较环保。仿壁毯涂料由乳液胶结材料、粉状胶结材料、少量的粉状填料、辅料和纤维等组成，成膜后外观类似毛毯或绒面，装饰效果独特，有良好的吸声隔热效果，主要用于居室及声学要求较高的场所。

外墙涂料主要有合成树脂乳液外墙涂料、合成树脂溶剂型外墙涂料、无机外墙涂料等。

三、贴面类墙面装修

贴面类墙面装修主要适用于饰面材料为人造或天然块材的墙面。贴面类墙面要求面料坚固耐久、色泽稳定、耐腐蚀、防水、防火、防冻，施工较烦琐，造价较高，技术要求严格，常用于中高级建筑的外墙面和有积水、有腐蚀、便于清洗的内墙面。按照施工方法不同，贴面类墙面装修主要有直接镶贴和挂贴两种做法。

直接镶贴的做法一般分成底层、黏结层和块材面层三个构造层次。底层和黏结层为配合比不同的砂浆，通常黏结层砂浆的强度等级要高于底层砂浆的强度等级，并根

据面层块材的不同掺入 108 胶等外加材料，以改变砂浆的凝结时间并增加黏结力。民用建筑中常用的直接镶贴块材主要有釉面砖、陶瓷锦砖、小块天然石材和碎拼天然石材等。

挂贴的做法分为湿挂法和干挂法两种，主要适用于大型块材的饰面。湿挂法的做法一般分为基层、浇筑层和饰面层三个构造层次。它与直接镶贴法的主要区别在于基层和饰面块材之间有连接挂件，设置连接挂件的目的主要是防止质量较大的饰面块材在温度或变形的作用下脱落。连接挂件一般采用 ф6 钢筋网，并用铜丝或镀锌铁丝与块材连接。湿挂法如图 6–21 所示。

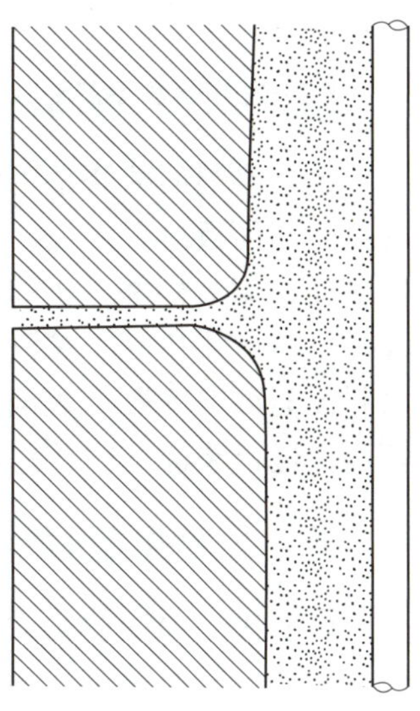

图 6–21　湿挂法

湿挂法属于湿作业，一般要用水泥砂浆作黏结剂，现场施工条件差、效率低，而且湿砂浆容易透过饰面块材形成“挂碱”，直接影响墙面的美观。目前，立面要求较高且墙面饰面块材体量较大的建筑一般采用干挂法施工。采用干挂法施工时，在墙体上固定型钢骨架，然后把饰面块材固定在骨架上，骨架的间距应当与块材的规格相互配套，并用密封胶嵌缝。干挂法如图 6–22 所示。

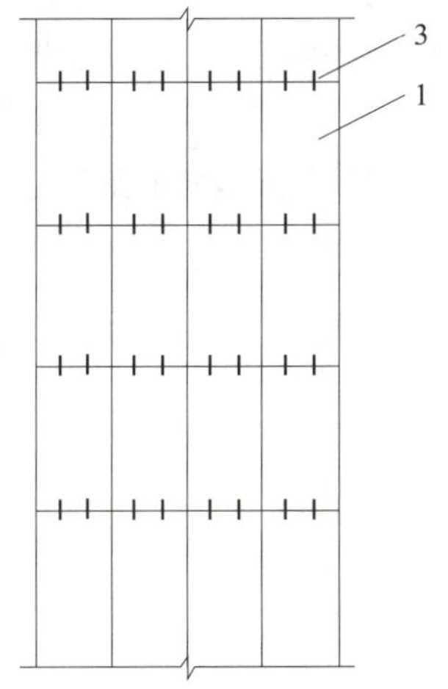

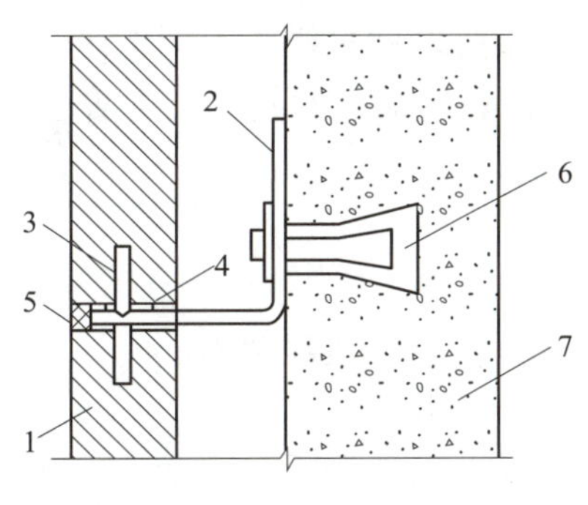

图 6–22　干挂法

1—饰面块材　2—不锈钢连接件　3—不锈钢缝销　4—缓冲垫
5—嵌缝油膏　6—不锈钢膨胀螺栓　7—混凝土墙

干挂法具有以下优点：

1. 块材与墙面形成的空腔内不灌水泥沙浆，因此彻底避免了由于水泥化学作用而导致饰面块材表面发生花脸、变色、锈斑等严重问题，以及由于挂贴不牢而产生的空鼓、裂缝、脱落等问题。

2. 饰面块材系分块独立地吊挂于墙面之上，每块块材的重量不会传给其他块材，且无水泥砂浆，因此墙体负荷大为减轻。

3. 饰面块材用吊挂件及膨胀螺栓等挂于墙上，施工进度较快，周期较短，且无须搅拌水泥砂浆，大大减少了工地现场的污染及清理现场的人工费用。

4. 吊挂件轻巧灵活，前、后、左、右、上、下均可调整，因此装修质量易于保证。

四、铺贴类墙面装修

铺贴类墙面装修是用各种板材通过镶嵌、拼贴、铺钉的方法装饰墙面的一种做法。常见的饰面板材有木板、竹板、胶合板、金属板、玻璃等。这种做法具有装饰效果好、档次高、耐久性好、干作业施工的优点，是一种历史悠久的装饰做法，目前在建筑工程中仍然应用广泛。铺贴类装修的做法在施工时一般需要在基层上架设龙骨，龙骨的材料及截面、间距、表面处理应根据饰面板材的情况进行选择。相当一部分饰面材料表面应进行装饰处理，并辅以线脚、压条、盖板等辅助构件。

五、裱糊类墙面装修

裱糊类墙面装修是通过裱糊的办法利用各种人造及天然软质饰面材料装饰墙面的一种做法，具有装饰效果好、造价适中、易于更换、施工较方便的特点。常用的饰面材料有各种壁纸、玻璃纤维墙布、天然织物墙布等。裱糊类墙面装修应当在基层表面满刮腻子，并打磨平整，待腻子干燥后用黏结剂把饰面材料粘牢；应尽量采用正规裱糊的方法进行施工，同时应当注意接缝脊饰面材料的图案和纹路，当墙体背侧为潮湿环境时，应仔细做好基层的防潮处理。

墙面的装修做法多种多样，不同地区、不同时期建筑的装饰做法也不尽相同，应当在掌握墙面装修基本知识的基础上灵活运用。

1. 简述墙体的分类方式和类别。
2. 墙体的设计要求是什么？
3. 简述砖混结构的四种承重方案及特点。
4. 简述散水、明沟、勒脚的作用。
5. 简述墙脚水平防潮层的设置位置、方式及特点。
6. 墙身的加固方式有哪些？有何设计要求？
7. 提高外墙保温能力的措施有哪些？

第七章 楼地层

学习目标

了解楼地层的组成、要求和分类，了解各种现浇楼板的类型、特点和适用情况，掌握地面装修的种类和构造做法，了解装配式楼板、顶棚装饰和阳台的种类。

楼地层包括楼板层和地坪层。楼板层是将楼层分隔成上下空间的水平分隔构件，地坪层是分隔建筑物底层与地基的水平分隔构件。它们既是水平分隔构件，也是承重构件，承受着自重和上部荷载，并将这些荷载传递给墙或柱。同时，楼板还对墙体起到水平支撑作用，帮助墙体抵抗风及地震所产生的水平力，增加建筑物的整体刚度，还在一定程度上起着隔声、防火、防水等作用。

第一节 楼地层组成与分类

一、楼地层的组成

1. 楼板层的组成

楼板层由面层、结构层、顶棚层三部分组成，有的还设有附加层，如图 7–1 所示。

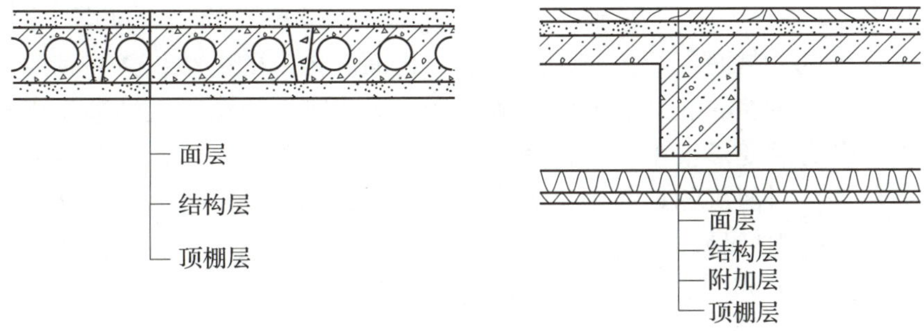

图 7–1 楼板层的组成

（1）面层

面层又称楼面或地面，起着保护楼板、承受并传递荷载的作用，同时对室内有很重要的清洁和装饰作用。面层直接与家具、人员、设备接触，必须坚固、耐磨、平整，具有必要的隔热、防水、隔声性能。

（2）结构层

结构层即楼板的承重构件，包括楼板和梁。它承受着自重和上部荷载，并将这些荷载传递给墙或柱。同时，楼板还对墙体起到水平支撑作用，增加建筑物的整体刚度。因此，结构层应具有足够的强度和刚度，确保安全和正常使用。

（3）顶棚层

顶棚层又称天花板，是结构层的底部，应该表面光洁、平整、美观。

另外，还可以根据需要在楼板层里设置保温、隔声、防水、敷设管道等的附加层。

2. 地坪层的组成

地坪层由面层、垫层和基层组成，如图 7–2 所示，也可以增加找平、防水、防潮等的附加层。

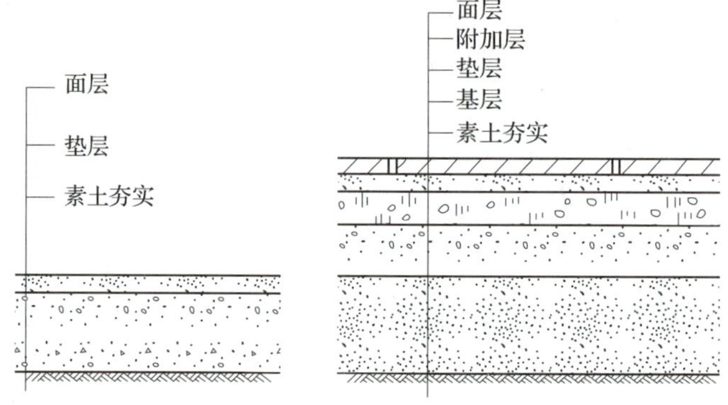

图 7–2　地坪层的组成

（1）面层

地坪层的面层直接承受作用在它上面的各种荷载，并传递给垫层。地坪层的面层必须坚固、耐磨、平整，具有必要的隔热、防水、隔声性能。

（2）垫层

垫层是位于基层与面层间的结构层，它承担面层传来的荷载，并将荷载均匀传到基层。垫层需要有足够的强度、厚度和耐久性，分为刚性垫层和柔性垫层两种。刚性垫层刚度大，受力后变形很小，如强度等级较低的 C10 混凝土、碎砖三合土等，一般用于整体面层和块料面层的地面中，如水磨石地面、陶瓷锦砖地面、地砖地面等；柔性垫层刚度小，受力后易产生变形，常用砂、碎石、矿渣做成，一般用于面层材料厚而且强度较高的地面中，如砖地面、预制混凝土板地面等。

（3）基层

基层是垫层下面的土层。土层的承载力较好或上部荷载较小时，一般采用素土夯实；土层承载力较差或上部荷载较大时，可以对基层进行加固处理，如掺入碎砖、石子等骨料夯实。

二、楼地层的设计要求

1. 具有足够的强度和刚度

楼地层应具有足够的强度和刚度，以保证结构的安全及变形要求。

2. 满足隔声、防火、防水、防潮、保温和隔热等方面的要求

楼地层应满足隔声、防火、防水、防潮、保温和隔热等方面的要求，以保证建筑物的正常使用及人身和财产的安全，并且便于在楼板层中敷设各种管道、线路，使建筑物的功能更加完善。

为了防止噪声通过楼板传到上下相邻的房间，楼板层应该具有一定的隔声能力。噪声的传播有空气传声和固体介质传声两种，楼板层隔声主要是针对固体介质传声。

楼板层隔声可以在楼板面层铺设弹性面层，如地毯、塑胶等，以减弱撞击声，减轻楼板的振动。这种方法比较简单，而且可以装饰美化室内，应用比较广泛。第二种方法是在面层下方设置片状、条状或块状的弹性垫层，形成浮筑式楼板，以减少固体介质传声。第三种方法是在楼板下面设置吊顶，吊顶与楼板间有空气层，可以防止振动直接传入下层空间，也可以在吊顶上铺设吸声材料，进一步加强隔声效果。楼板隔声构造如图 7–3 所示。

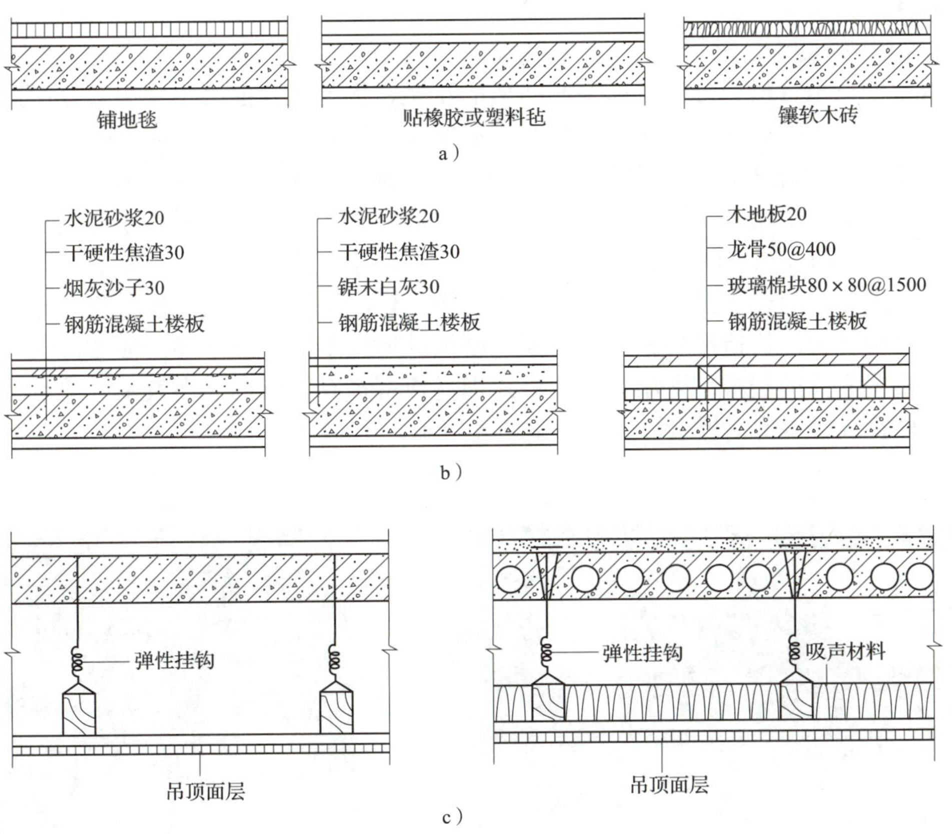

图 7–3　楼板隔声构造

a）弹性面层隔声构造　b）浮筑式楼板隔声构造　c）吊顶隔声构造

3. 满足经济性要求

一般来说，多层建筑物楼板的造价占建筑物总造价的 20%～30%，因此，应该尽量选择经济合理的结构形式和构造方法，减少材料的消耗，降低楼板层的自重，为建筑工业化创造条件，节约投资。

三、楼板的类型

根据所采用材料不同，楼板可分为木楼板、钢筋混凝土楼板、压型钢板组合楼板。

1. 木楼板

木楼板是在由墙或梁支撑的木搁栅上铺钉木板，并在木搁栅间设置增强稳定性的剪刀撑构成的。木楼板具有自重轻、构造简单、吸热指数小、节约钢材水泥等优点，但耐久性能和耐火性能差，耗费大量木材，除林区外现已极少采用。

2. 钢筋混凝土楼板

钢筋混凝土楼板强度高、刚度大、耐久性能和耐火性能好，且混凝土可塑性大，能浇筑成各种形状和尺寸，便于工业化生产，因而被广泛采用。根据施工方式不同，钢筋混凝土楼板可以分为现浇式钢筋混凝土楼板、装配式钢筋混凝土楼板和装配整体式钢筋混凝土楼板。

3. 压型钢板组合楼板

压型钢板组合楼板是用截面为凹凸形的压型钢板与现浇混凝土面层组合形成的整体性很强的一种楼板结构。压型钢板既为混凝土的模板，又增加了楼板的侧向和竖向刚度，使结构的跨度加大，梁的数量减少，楼板自重减轻，施工进度加快。这种楼板具有承载能力大、刚度大、整体性好、施工方便、有利于敷设各种管线等优点，但耗钢量较大，目前在大空间建筑及高层建筑中广泛采用。

压型钢板组合楼板主要由楼面层、组合板（现浇混凝土和钢衬板）与钢梁等几部分组成。组合板的构造形式较多，根据压型板的形式不同，有单层衬板支撑的楼板和双层孔格式支撑的楼板。采用双层孔格式钢衬板可提高楼板的隔声效果，并可在孔内敷设各种管线。压型钢板组合楼板如图 7–4 所示。

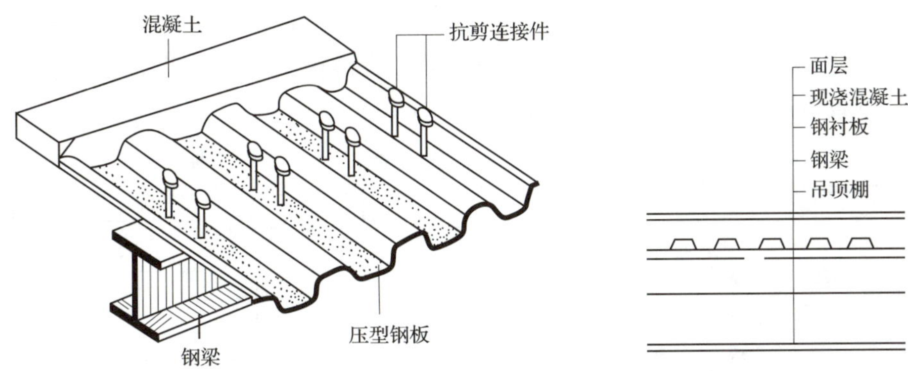

图 7-4　压型钢板组合楼板

第二节　钢筋混凝土楼板

钢筋混凝土楼板按施工方式不同，可以分为现浇钢筋混凝土楼板、预制装配式钢筋混凝土楼板及装配整体式钢筋混凝土楼板三种。

现浇钢筋混凝土楼板整体性好、刚度大、抗震性好、防水性好、梁板布置灵活，能适应各种不同规格形状和预留孔洞等的需要，但模板材料耗用量大、施工速度慢。

预制装配式钢筋混凝土楼板能节省模板，并能改善工人的劳动条件，有利于提高劳动生产效率、加快施工进度，但楼板的整体性较差、建筑物刚度较小。

装配整体式钢筋混凝土楼板可以节省模板、加快施工进度，楼板的整体性和建筑物的刚度也得到了加强。

一、现浇钢筋混凝土楼板

现浇钢筋混凝土楼板是在现场支模、绑扎钢筋、浇捣混凝土梁和板经养护而成。这种楼板具有成型自由、整体性和防水性好的优点，但模板用量大、工期长、工人劳动强度大，且受施工季节的影响较大。

现浇钢筋混凝土楼板根据受力和传力情况不同，分为板式楼板、梁板式楼板、井式楼板和无梁式楼板。

1. 板式楼板

板式楼板的板内不设梁，板直接搁置在墙上，如图 7-5 所示。这种板具有所占建筑空间小、顶棚平整、美观、施工方便等特点，适用于有许多小开间的房间的建筑物，特别是墙承重体系的建筑物，如住宅、旅馆或其他建筑物的走道、厨房、卫生间等。

图 7-5　板式楼板

2. 梁板式楼板

由板、主梁、次梁现浇而成的楼板称为梁板式楼板，又称为肋形楼板，如图 7–6 所示，其荷载传递途径为板—次梁—主梁—墙（柱）。

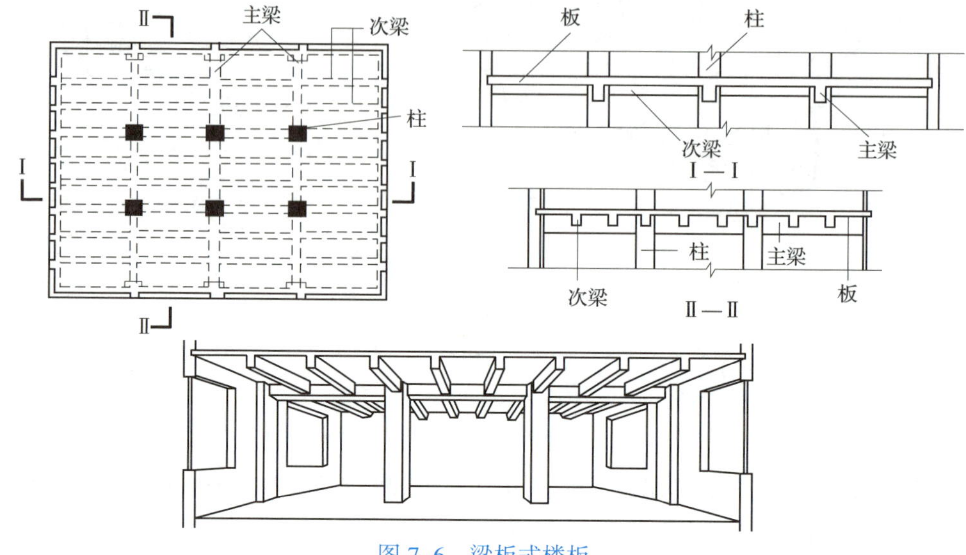

图 7–6　梁板式楼板

根据板的受力状况不同，梁板式楼板可分为单向板肋梁楼板和双向板肋梁楼板。当板的长边与短边之比大于 2 时，板基本上沿短边方向传递荷载，这种板称为单向板，板内受力钢筋沿短边方向布置。梁高一般为跨度的 1/12 ~ 1/10，板厚包括在梁高之内，梁宽取梁高的 1/3 ~ 1/2，梁的经济跨度为 4 ~ 6 m。

双向板的长边与短边之比不大于 2，荷载沿双向传递，短边方向内力较大，长边方向内力较小，受力主筋平行于短边，并布置在下面。次梁的梁高为跨度的 1/15 ~ 1/10；主梁的梁高为跨度的 1/12 ~ 1/8，梁宽为梁高的 1/3 ~ 1/2；主梁和次梁在墙上或柱上的搭接长度应不小于 240 mm。单向板和双向板如图 7–7 所示。

3. 井式楼板

井式楼板是梁板式楼板的一种特殊形式，如图 7–8 所示。当房间尺寸较大且接近正方形时，常沿两个方向布置等距离、等截面的梁，从而形成井格式的梁板结构。这种结构无主次梁之分，中部不设柱子，常用于跨度为 10 m 左右、长短边之比小于 1.5 的形状近似方形的公共建筑的门厅、大厅等处。

4. 无梁式楼板

直接支撑在墙上和柱上的不设梁的楼板称为无梁式楼板，如图 7–9 所示，分为有柱帽和无柱帽两种。当楼面荷载较小时，可采用无柱帽式无梁式楼板；当楼面荷载较大时，为提高楼板的承载能力及其刚度，增加柱对板的支托面积并减小板跨，一般在柱顶加设柱帽或托板。无梁式楼板的柱网一般宜布置为方形，柱距以 6 m 左右较为经济。由于板跨较大，板厚不宜小于 150 mm。无梁式楼板采用的柱网通常为正方形或接近正方形，这样较为经济。常用的柱网尺寸为 6 m 左右，板厚为 170 ~ 190 mm。

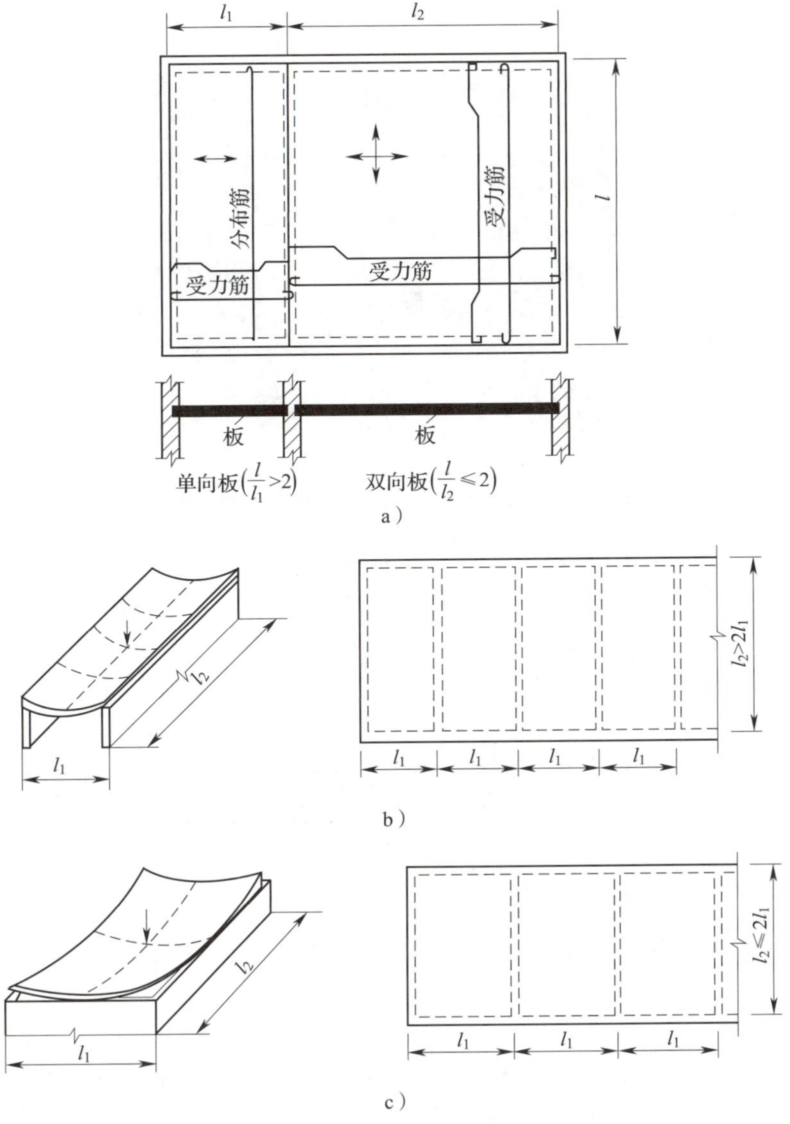

图 7–7　单向板和双向板

a）单向板和双向板的配筋　b）单向板　c）双向板

图 7–8　井式楼板

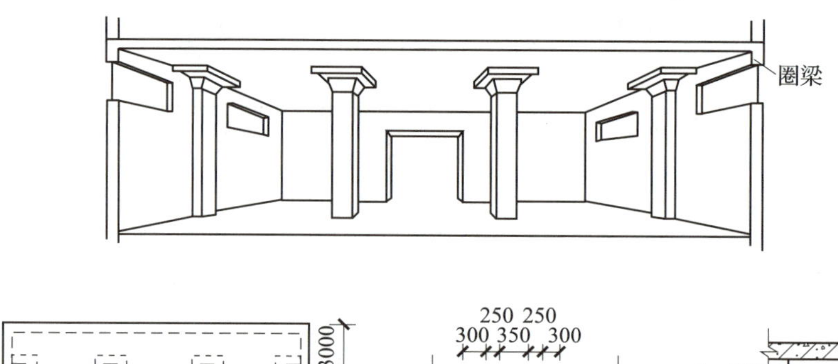

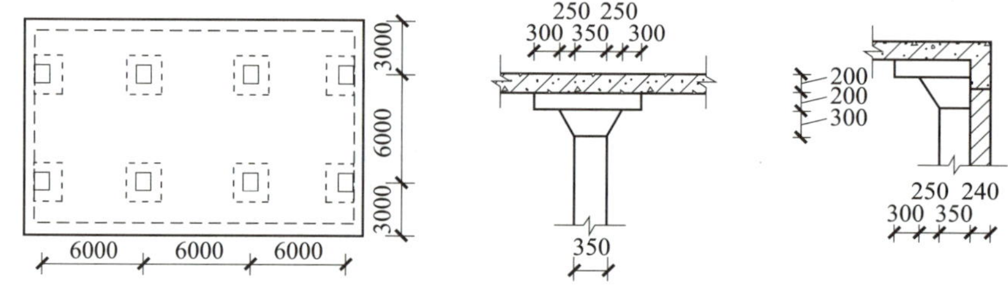

图 7-9　无梁式楼板

无梁式楼板顶棚平整，室内净空大，采光、通风和卫生条件好，便于工业化（升板法）施工，适用于楼层荷载较大的商场、仓库、展览馆、立体车库等建筑。

二、预制装配式钢筋混凝土楼板

预制装配式钢筋混凝土楼板是指在预制厂生产或现场预制的梁板构件，到现场安装拼合而成的楼板。这种楼板具有节约模板，减轻工人劳动强度，施工速度快，便于组织工厂化、机械化生产和施工等优点；缺点是整体性差，建筑物的刚度也不够好。

1. 预制装配式钢筋混凝土楼板的类型

预制装配式钢筋混凝土楼板的类型主要有实心平板、槽形板、空心板三种，如图 7-10 所示。

a）

b）

c）

图 7-10　预制装配式钢筋混凝土楼板的类型

a）实心平板　b）槽形板　c）空心板

（1）实心平板

实心平板的跨度一般在 2.4 m 以内；板厚不小于跨度的 1/30，一般为 60 ~ 100 mm；板宽为 500 ~ 1 000 mm。实心平板多用于跨度较小的走道和楼梯平台等处，也可用作搁板、沟盖板、阳台栏板等，板的两端支撑在墙上或梁上。实心平板施工时对起吊机械要求不高，造价低，但隔声效果差。

（2）槽形板

槽形板是一种梁板合一的构件，板肋即相当于小梁，作用在板上的荷载传给板肋，因而板可以做得很薄，仅有 25 ~ 30 mm，肋高为 120 ~ 300 mm。槽形板的经济跨度也比实心平板大，一般为 3 ~ 6 m，板宽为 500 ~ 1 200 mm。为提高槽形板的刚度和便于搁置，常将其两端以肋封闭。当板长超过 6 m 时，每隔 1 000 ~ 1 500 mm 增设一道横肋。槽口向下的槽形板称为正槽板，槽口向上的槽形板称为反槽板。槽形板减轻了板的自重，具有节省材料、便于开洞等优点，但隔声效果差。

（3）空心板

空心板是一种板腹抽孔的钢筋混凝土楼板，孔的形状有倒棱孔、椭圆孔和圆孔等几种。由于圆孔空心板制作最为方便，因此应用最广。空心板也是一种梁板合一的预制构件，其材料消耗也与槽形板相近，但空心板上下板面平整，且隔声效果好。空心板的跨度一般在 2.4 ~ 7.2 m，板宽通常为 500 mm、600 mm、900 mm、1 200 mm，板厚有 120 mm、150 mm、180 mm、240 mm 等几种。

2. 预制装配式钢筋混凝土楼板的结构布置与细部构造

（1）结构布置

在进行板的结构布置时，首先应根据房间的开间和进深尺寸确定板的支撑方式，再根据现有板的规格进行合理安排，选择一种或几种板进行布置。板的支撑方式有板式和梁板式两种。预制装配式钢筋混凝土楼板直接搁置在墙上的称为板式结构布置；若先搁梁，再将板搁置在梁上的称为梁板式结构布置。板式结构布置多用于房间的开间和进深尺寸都不大的建筑，如住宅、宿舍等；梁板式结构布置多用于房间的开间和进深尺寸都比较大的建筑，如教学楼。

如图 7-11 所示，当采用梁板式结构时，板在梁上的搁置方式有两种：一种是板直接搁置在矩形梁或 T 形梁顶上；另一种是将板搁置在花篮梁或十字梁上，使板面与梁顶面相平齐。采用花篮梁或十字梁可在梁高不变的情况下有效地提高室内净空高度，但此时板的长度应缩短一个梁顶的宽度，与轴线尺寸不一致。

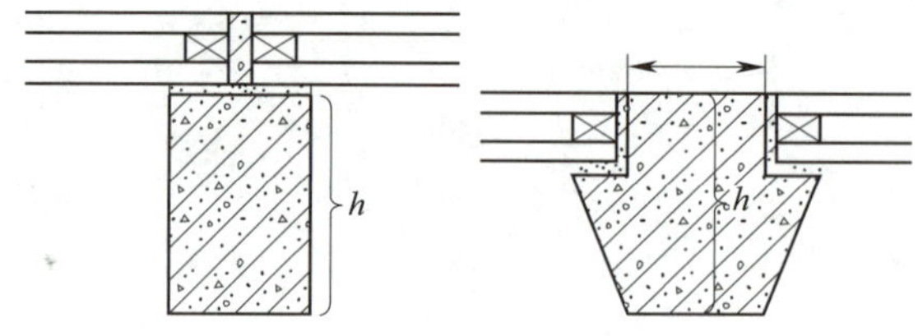

图 7–11　矩形梁与花篮梁

在进行楼板结构布置时，应尽量减少板的类型和规格，以方便施工。同时，应避免出现三面支撑的情况，即板的长边不得伸入砖墙内，否则在荷载作用下，板会产生裂缝。在具体布置板时，当板宽尺寸之和与房间的净开间（或净进深）出现小于一个板宽的空隙时，可采取以下方法解决。

1）增大板缝。当缝差在 60 mm 以内时，应重新调整板缝的宽度，一般板缝为 10 ~ 20 mm，超过 20 mm 的板缝内应配钢筋。

2）挑砖。当缝差为 60 ~ 120 mm 时，由平行于板边的墙挑砖，挑出的砖与板的上下表面平齐。

3）现浇板带。当缝差为 120 ~ 200 mm 时，用局部现浇板带的方法解决，现浇板带一般位于墙边（以便于埋设穿越楼板的管道），或设于较重的隔墙下。

4）重新选板或采用调缝板。当缝差超过 200 mm 时，应考虑重新选板或采用调缝板。

（2）细部构造

为保证楼板本身的整体性，使楼板与墙、梁等构件能共同工作，提高建筑物的刚度，板与板之间、板与墙或梁之间必须有可靠的连接，这对地震区尤为重要。

1）板的搁置要求。预制板直接搁置在砖墙上或梁上时，均应有足够的支撑长度。当圈梁标高与板的标高不同时，板端伸进外墙的长度应不小于 120 mm，伸进内墙的长度应不小于 100 mm，支撑于梁上时应不小于 80 mm。其支撑面上应采用 20 mm 厚且不低于 M5 的水泥砂浆找平（俗称坐浆）。预制板在梁、墙上的搁置如图 7–12 所示。

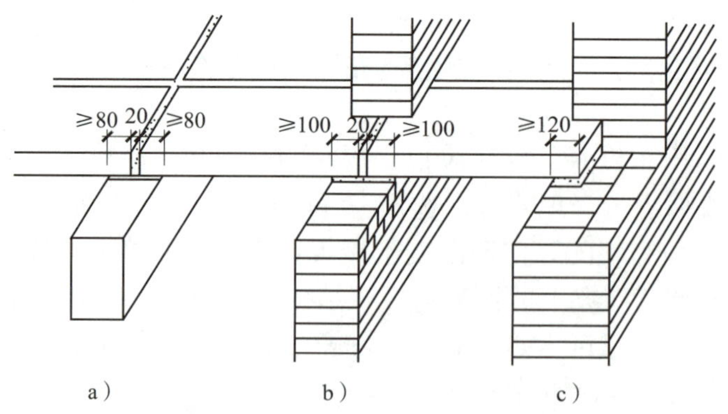

图 7–12　预制板在梁、墙上的搁置

a）梁上搁置　b）内墙上搁置　c）外墙上搁置

2）板与墙、梁的连接。为增强楼板的整体刚度，在地基条件较差地区或地震区，应在板与墙、梁之间及板端与板端连接处设置锚拉钢筋。

3）板缝处理。板间的接缝有端缝和侧缝两种。端缝一般以细石混凝土灌筑，必要时可将板端留出的钢筋交错搭接在一起，或加钢筋网片后再灌筑细石混凝土，以加强连接。侧缝一般有V形缝、U形缝和凹槽缝三种形式，以凹槽缝最为常见。缝内应灌筑细石混凝土，当缝宽大于20 mm时，需在缝内设纵向钢筋。

三、装配整体式钢筋混凝土楼板

装配整体式钢筋混凝土楼板结合了预制和现浇两种方法，是将楼板中的部分构件预制后，在现场进行安装，再整体浇筑面层成为一个整体的楼板。装配整体式钢筋混凝土楼板兼具预制板和现浇板的优点，有密肋填充块楼板和预制薄板叠合楼板两种。

1. 密肋填充块楼板

密肋填充块楼板是以陶土空心砖、矿渣混凝土实心块等作为肋间填充块，现浇密肋和面板制成，如图7–13所示。

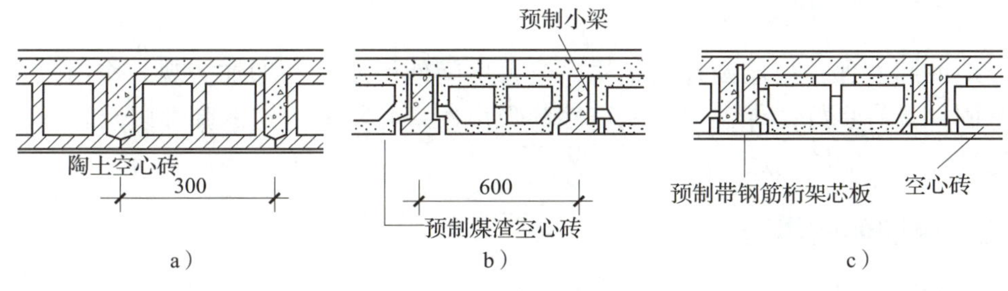

图7–13　密肋填充块楼板

a）现浇空心砖楼板　b）预制小梁填充块楼板　c）带骨架芯板填充块楼板

2. 预制薄板叠合楼板

预制薄板叠合楼板是由预制薄板和现浇钢筋混凝土层叠合而成的装配整体式楼板，如图7–14所示。

预制薄板跨度一般为4～6 m，最大可达到9 m，板宽为1.1～1.8 m，板厚通常不小于50 mm。现浇叠合层厚度以大于或等于薄板厚度的2倍为宜。

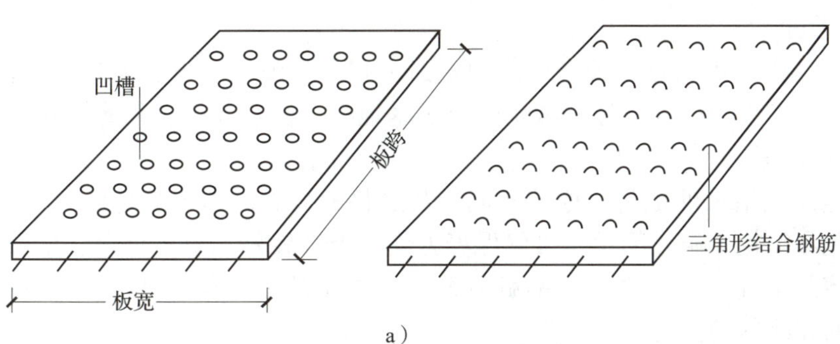

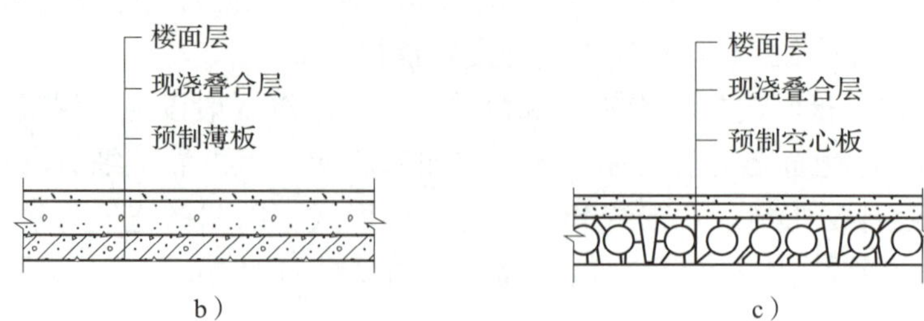

图 7-14 预制薄板叠合楼板

a）预制薄板的板面处理 b）预制薄板叠合楼板 c）预制空心板叠合楼板

第三节 楼地面装修

楼板层和地坪层的面层统称为楼地面。面层一般包括面层和面层下面的找平层两部分。楼地面一般以面层材料命名，如面层为水磨石，则该地面称为水磨石地面。

一、对楼地面的要求

楼地面起着保护楼层及地层结构，改善房间使用质量和增加美观的作用。它应该足够坚固，具有良好的保温性、隔声性和吸声性，并具有一定的弹性以及较强的装饰性和经济性，还能够满足某些特殊要求。

二、楼地面的类型

按照做法不同，楼地面可以分成以下四类。

1. 整体地面

整体地面是现场浇筑而成的地面。它造价低、施工简便，可以通过加工处理取得一定的装饰效果，包括水泥砂浆地面、细石混凝土地面、水磨石地面等。

2. 块材地面

块材地面是将各种块材采用胶结材料粘贴而成的地面。它耐磨损、强度高、容易清洁、装饰效果好，但造价较高、工效比较低，常用的有陶瓷地砖、缸砖、陶瓷锦砖、大理石、花岗岩、黏土砖、水泥砖等。

3. 木地面

木地面是由木板铺钉或胶合而成的地面。它富有弹性、自然美观、容易清洁，但耐火性差、易产生裂缝和变形，常用的有实木地板、复合地板、竹地板和软木地板等。

4. 塑料地面

塑料地面包括贴油地毡、橡胶地毯以及涂料地面和涂布无缝地面。塑料地面装饰效果好、色彩鲜艳、施工简单、维修保养方便、弹性较好、脚感舒适、步行时噪声小，但它具有容易老化、日久褪色、不耐高温、硬物刻划易留痕等缺点，常用的有聚氯乙烯塑料地面和涂料地面等。

三、常用楼地面的构造

1. 水泥砂浆地面

水泥砂浆地面又称水泥地面，如图 7–15 所示，特点是构造简单、施工方便、造价低廉，但导热系数大，易产生结露，施工质量不好时易起砂、起灰，且无弹性。

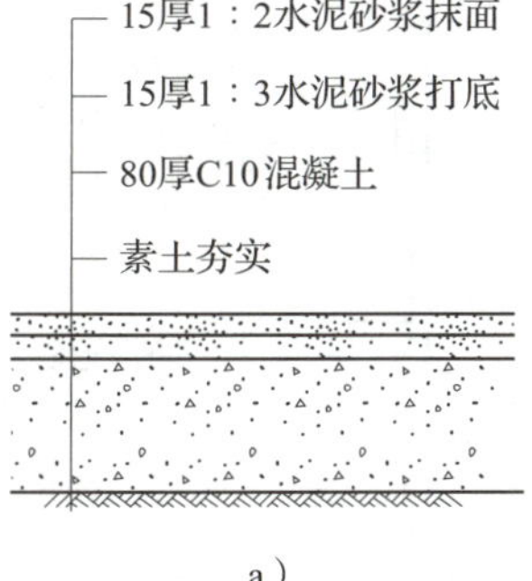

a）

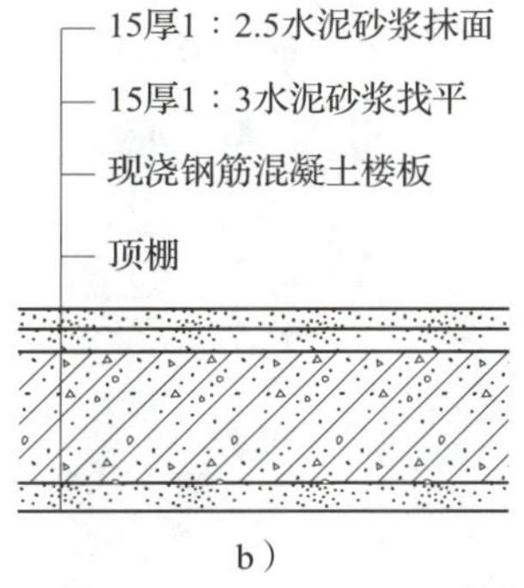

b）

图 7–15　水泥砂浆地面

a）底层地面　b）楼板层地面

单层做法是先在找平层上刷一道素水泥浆结合层，再抹 15 ~ 20 mm 厚 1 : 2 ~ 1 : 2.5 水泥砂浆并压光；双层做法是以 15 ~ 20 mm 厚 1 : 3 水泥砂浆打底并找平，再以 5 ~ 10 mm 厚 1 : 1.5 ~ 1 : 2 水泥砂浆抹面。

2. 水磨石地面

水磨石地面常用 10 ~ 15 mm 厚 1 : 3 水泥砂浆打底、找平；按设计图案用 1 : 1 水泥砂浆在找平层上固定分格条（铜条、铝条或玻璃条）；再用 1 : 1.5 ~ 1 : 2.5 的水泥石渣抹面，其厚度随石子粒径的大小而定，石子粒径大时可厚些，粒径小时可薄些。石子粒径多为 4 ~ 12 mm，此时抹面层厚 10 ~ 15 mm。养护一周后，加水用磨石机磨光、打蜡而成。水磨石地面构造如图 7–16 所示，水磨石地面工程实例如图 7–17 所示。

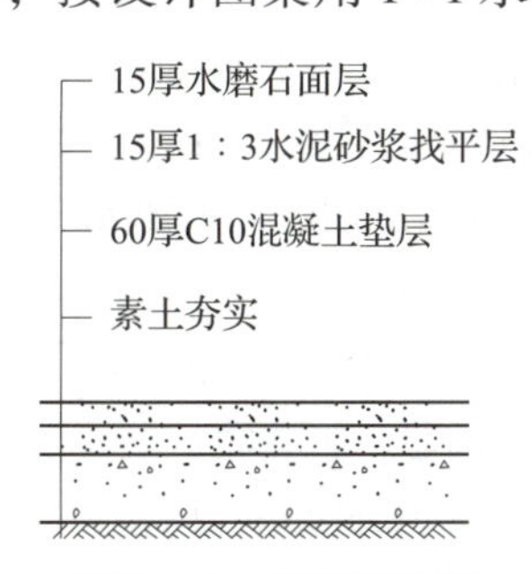

图 7–16　水磨石地面

3. 地砖、缸砖及陶瓷锦砖地面

地砖、缸砖、陶瓷锦砖等地面的做法是：在结构层上做 15～20 mm 厚 1∶3 水泥砂浆找平；5 mm 厚 1∶1～1∶1.5 水泥砂浆或 3～4 mm 素水泥浆加 108 胶粘贴块材面层；调整水平；待硬化后，用干水泥擦缝。地砖地面如图 7–18 所示，陶瓷锦砖地面如图 7–19 所示。

图 7–17　水磨石地面工程实例

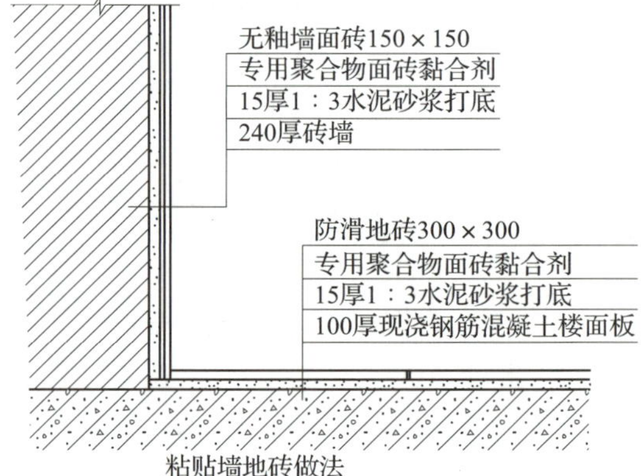

图 7–18　地砖地面

4. 天然石材地面

天然石材地面主要是指各种花岗岩、大理石地面，其质地坚硬、色泽美观，属高档地面，常用于高级宾馆、会堂、公共建筑的大厅、门厅等处。做法是在找平层上实铺 30 mm 厚 1∶3 干硬性水泥砂浆结合层，上撒素水泥粉（洒适量清水），粘贴 20 mm 厚花岗岩板（大理石板），并用素水泥浆擦缝。大理石地面如图 7–20 所示。

图 7–19　陶瓷锦砖地面

5. 木地面

木地面具有弹性好、不起尘、不返潮、易清扫、导热系数小的特点，适用于住宅、宾馆、体育馆、剧院等建筑物。

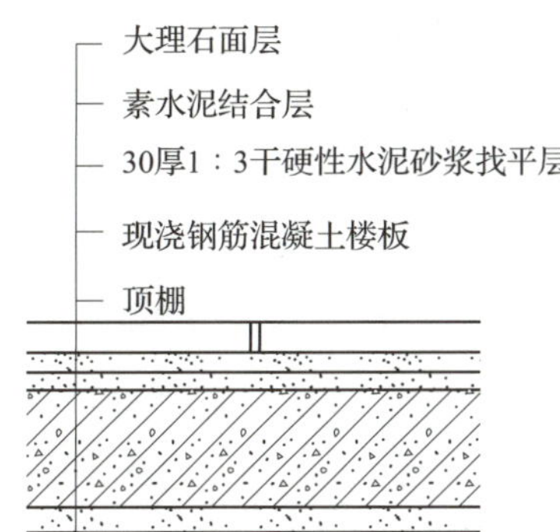

图 7-20 大理石地面

木地面的构造方式有空铺、实铺和粘贴三种。空铺木地面耗材多、防火性能差，除特殊要求外已很少采用。

（1）实铺木地面

实铺木地面是在混凝土垫层或钢筋混凝土楼板上设置小断面的木龙骨，在龙骨上钉木地板的地面。龙骨一般用预埋在结构层内的 U 形铁件嵌固，或用钢钉固定。为防潮可在垫层或结构层上刷冷底子油和热沥青各一道。木地面有单层和双层两种做法，如图 7-21 和图 7-22 所示。

（2）粘贴式木地面

粘贴式木地面是将木地板直接粘贴在找平层上的地面。找平层一般采用水泥砂浆或沥青砂浆，粘贴材料可用环氧树脂、乳胶等。这种构造方式所占空间高度小，一般为 120 ~ 150 mm。

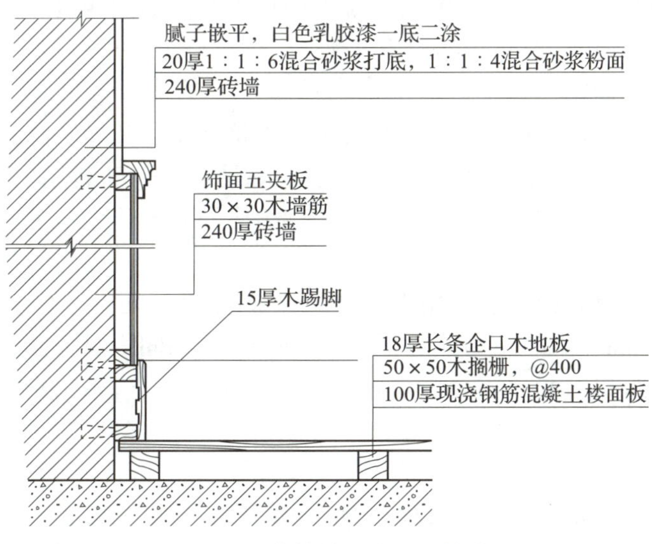

图 7-21 实铺单层木地面构造

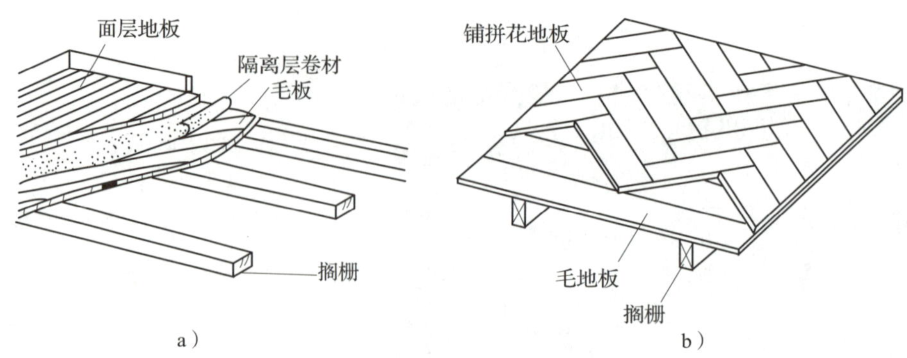

图 7-22 实铺双层木地面构造

a）双层木地面构造层次 b）毛板与拼花面板成角度布置

四、踢脚

踢脚是室内墙面与地面交接的部位，作用是保护室内墙脚，避免扫地或拖地板时污染墙面，高度为 100 ~ 150 mm。踢脚材料可以选择水泥砂浆、水磨石、木材、石材等，一般应与室内地坪材料一致或相适应。

第四节 顶棚

顶棚又称天棚或天花板，是楼板层或屋顶下面的装修层，按构造方式不同，可分为直接式顶棚和悬吊式顶棚。

一、直接式顶棚

直接式顶棚的构造做法是在钢筋混凝土楼板下直接喷刷涂料、抹灰或粘贴饰面材料，多用于民用建筑中，具体包括以下几种。

1. 直接抹灰式顶棚

这类顶棚的特点是在上部屋面板的底面上直接抹灰，其做法是先在顶棚屋面板或楼板上刷一道纯水泥浆，使抹灰层能与基层很好地黏合，然后用 1∶1∶6 混合砂浆打底，再做面层抹灰，然后喷刷内墙涂料或裱糊壁纸、壁布。

2. 直接搁栅式顶棚

当屋面板或楼板底面平整光滑时，也可将搁栅直接固定在楼板的底面上，这种搁栅一般采用 30 mm × 40 mm 方木，以 500 ~ 600 mm 的间距纵横双向布置，表面再用各种板材饰面，如 PVC 板、石膏板、木板及木制品板材。直接搁栅式顶棚如图 7-23 所示。

3. 结构式顶棚

某些大型公共场所的屋面采用特殊的空间结构，如网架结构、悬索结构、拱形结构，这些结构构件本身就非常美观，可将其暴露在外，并将照明、通风、防火、吸声

等设备巧妙地结合在一起，可以形成统一的、优美的空间景观，体现出现代化的施工技术。结构式顶棚如图 7–24 所示。

图 7–23　直接搁栅式顶棚

图 7–24　结构式顶棚

二、悬吊式顶棚

悬吊式顶棚简称吊顶。这种顶棚的装修表面与屋面板或楼板之间留有一定距离，这个距离形成的空腔可以将设备管线和结构隐藏起来，也可使顶棚在这段空间高度上产生变化，形成一定的立体感，增强装饰效果。吊顶一般由吊筋、龙骨和面层三部分组成。

1. 吊筋

吊筋是连接骨架（吊顶基层）与承重结构层（屋面板、楼板大梁等）的承重传力构件，其形式和材料的选择与吊顶的自重及骨架的形式和材料有关。吊筋与钢筋混凝土楼板的固定方法有预埋件锚固、预埋筋锚固、膨胀螺栓锚固和射钉锚固。

2. 龙骨

顶棚龙骨包括主龙骨、次龙骨、横撑龙骨。它们是吊顶的骨架，对吊顶起支撑的作用，使吊顶达到所设计的外形。吊顶的各种造型变化无一不是龙骨的变化而形成的。龙骨的类型有 U 形龙骨、T 形铝合金龙骨、T 形镀锌铁烤漆龙骨、嵌入式金属龙骨等。T 形有主龙骨吊顶的构造及工程实例如图 7–25 所示，T 形无主龙骨吊顶的构造如图 7–26 所示。

3. 面层

面层的作用是装饰室内空间，并有吸声、反射、保温、隔热等功能。饰面材料可分为抹灰类饰面和板材类饰面。抹灰类饰面一般包括板条抹灰、钢丝网抹灰、钢板网抹灰。板材类饰面由于施工简便、速度快、无现场湿作业等优点，现已广泛采用。常用的板材有植物板材、矿物板材、金属板材和新型高分子聚合物板材四类。植物板材包括各种木条板、胶合板、装饰吸声板、纤维板、木丝板、刨花板等；矿物板材包括石膏板、矿棉板、玻璃棉板和水泥板等；金属板材包括铝板、铝合金板、薄钢板、镀锌铁板等；新型高分子聚合物板材包括 PVC 板等。各种板材在使用中

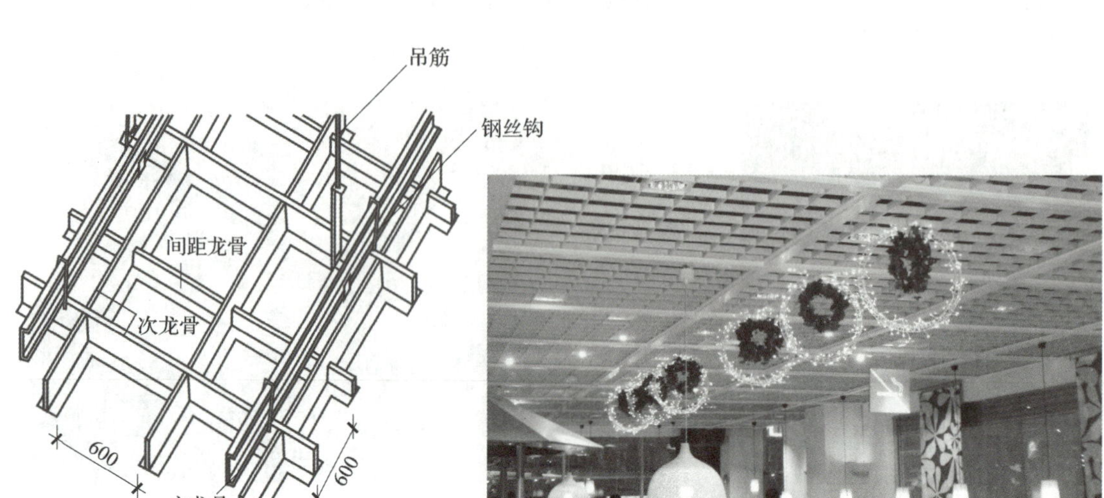

图 7-25　T 形有主龙骨吊顶的构造及工程实例

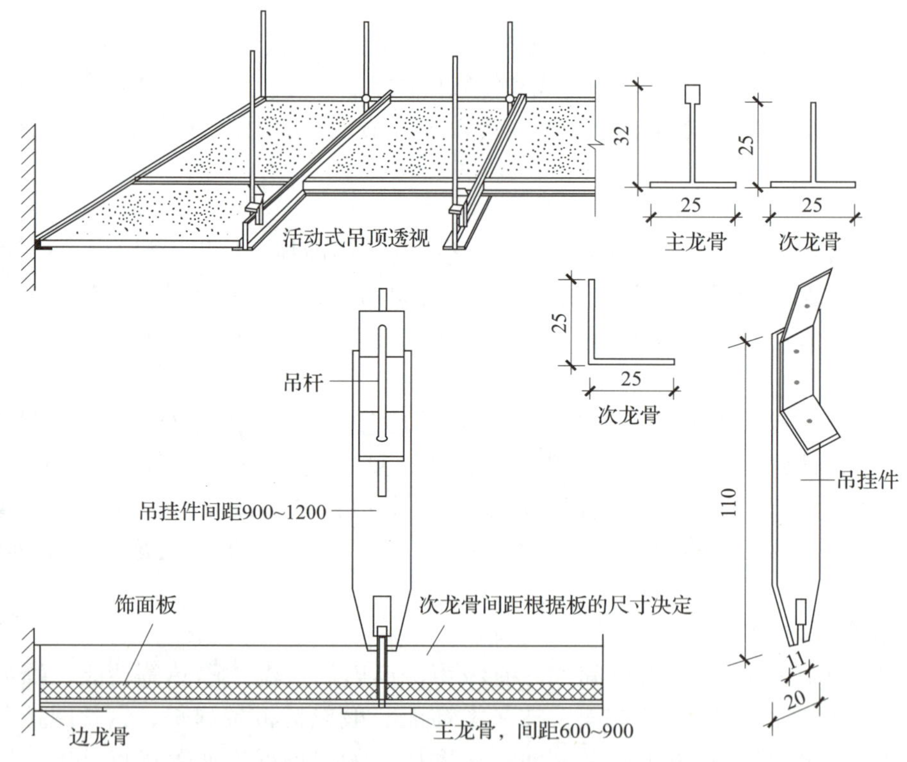

图 7-26　T 形无主龙骨吊顶的构造

要根据所用空间的功能要求（如防潮、防火、防震、防腐蚀等）进行选择。吊顶面层在设计和施工时要结合灯具、风口布置等一起进行。石膏板吊顶构造如图 7-27 所示。

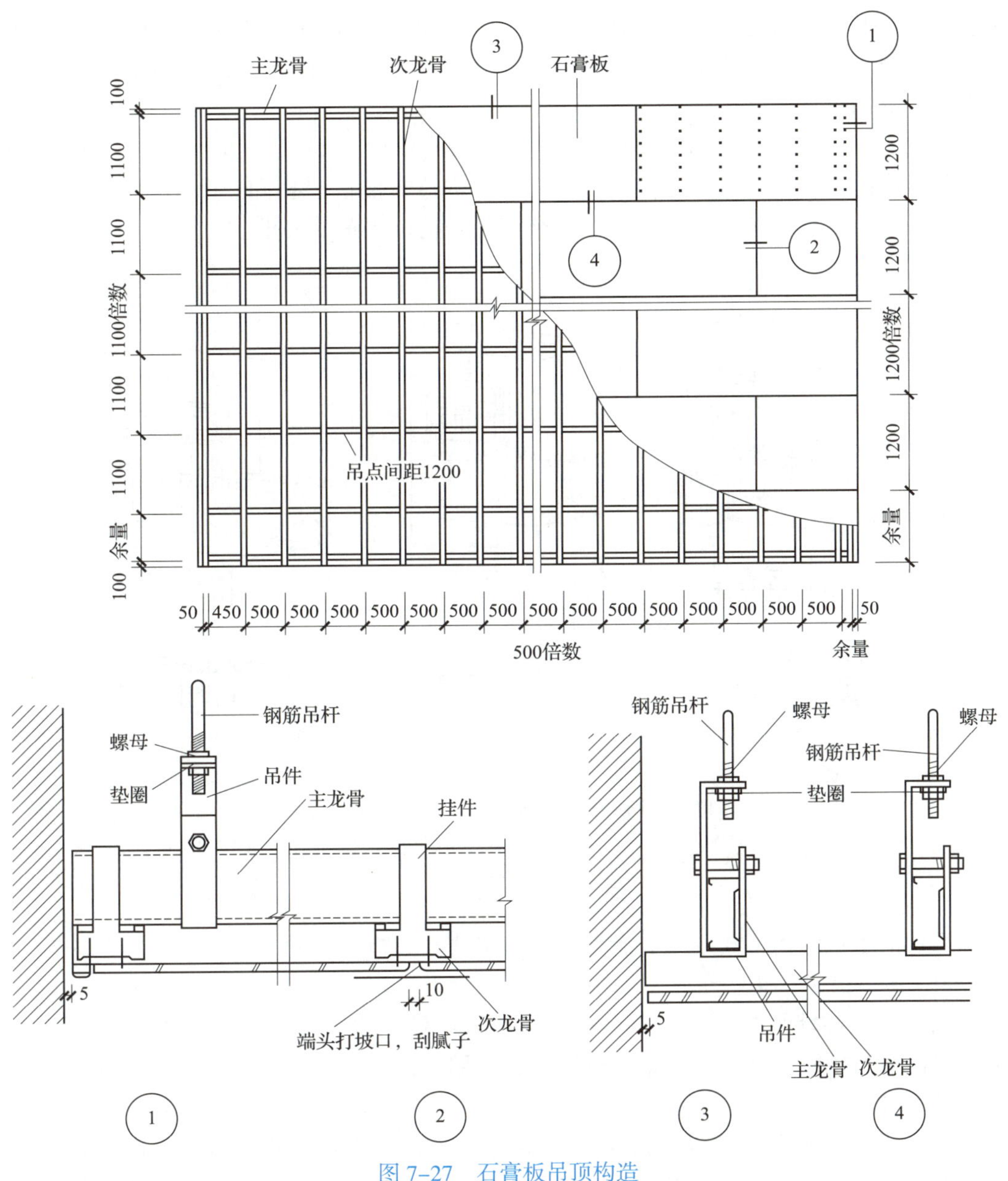

图 7-27　石膏板吊顶构造

第五节　阳台和雨篷

一、阳台

阳台是多层及高层建筑中供人们进行室外活动的平台，是不可缺少的室内外过渡空间。住宅的阳台有生活阳台和服务阳台之分。生活阳台通常与客厅、起居室、卧室相连，主要供人们休息、活动、晾晒衣物用；服务阳台多与厨房相连，主要供人们从事家庭服务操作与存放杂物。阳台的设置大大改善了楼房的居住条件，同时又可以点缀和装饰建筑立面。

阳台按其与外墙的相对位置不同，可分为凸阳台、凹阳台和半凸半凹阳台，如图 7–28 所示。凹阳台实为楼板层的一部分，构造与楼板层相同。凸阳台的受力构件为悬挑构件，其挑出长度和构造做法必须满足结构抗倾覆的要求。

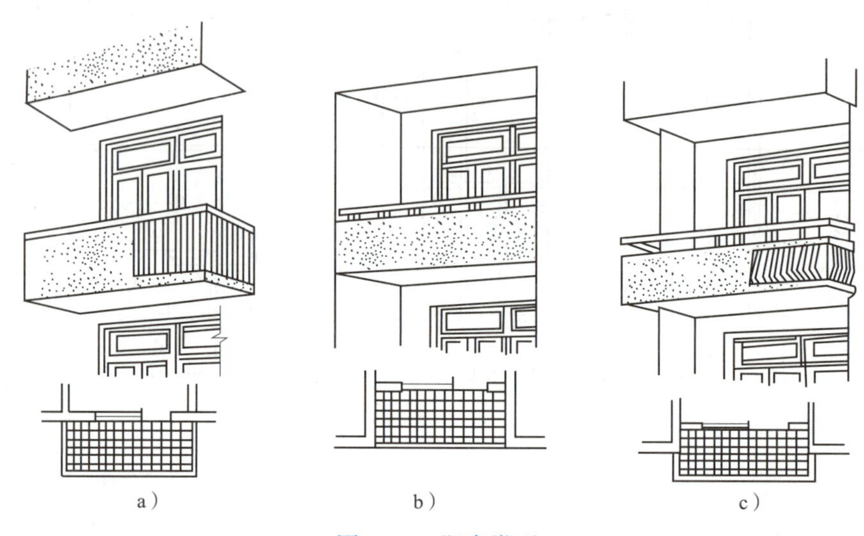

图 7–28　阳台类型

a）凸阳台　b）凹阳台　c）半凸半凹阳台

阳台由承重结构（梁、板）和栏杆组成。

1. 阳台的承重结构

阳台的承重结构形式主要有搁板式、挑梁式、挑板式三种。

（1）搁板式

搁板式也称墙承式，是将阳台板直接搁置在墙上进行支撑的一种承重结构形式，由于阳台板与楼板规格一致，施工较简单，适用于凹阳台。

（2）挑梁式

挑梁式是在阳台两端设置挑梁，挑梁上搁板的一种承重结构形式。其构造简单、施工方便，在施工中较常使用。

（3）挑板式

挑板式阳台由楼板悬挑出墙面而成。这种承重结构形式的阳台板底面平整，造型简洁，阳台长度可以任意调节，但施工较麻烦。

2. 栏杆（板）与扶手

栏杆（板）是为保证人们在阳台上活动安全而设置的竖向构件，要求坚固可靠，舒适美观。其高度应高于人体的重心，并大于 1.1 m，但不宜超过 1.2 m。中高层、高层及寒冷、严寒地区住宅的阳台宜采用实体栏板。

栏杆一般由金属杆或混凝土杆制作，其垂直杆件间净距不应大于 110 mm，并应上

与扶手、下与阳台板连接牢固。金属栏杆一般由圆钢、方钢、扁钢和钢管制作，它与阳台板的连接有两种方法：一是直接插入阳台板的预留孔内，用砂浆灌注；二是与阳台板中预埋的通长扁钢焊牢。根据扶手材料不同，扶手与金属栏杆的连接方式有焊接、螺栓连接等。预制钢筋混凝土栏杆可直接插入扶手和面梁上的预留孔中，也可通过预埋件焊接固定。

栏板可分为砖砌栏板和钢筋混凝土栏板。砖砌栏板厚度一般为 120 mm，为确保安全，必须在砌体内配置通长的钢筋或现浇扶手及加设小构造柱。钢筋混凝土栏板可与阳台板整浇在一起，也可在地面预制成（300 ~ 600）mm × 1 000 mm 的预制板，并与阳台板或梁预埋铁件焊牢。

阳台地面应低于室内地面 60 mm 左右，以免雨水流入室内，并应做一定的坡度和布置排水设施，如地漏和排水支管、雨水管或挑出墙面的水舌，使排水顺畅。

二、雨篷

雨篷是建筑入口处为遮挡雨雪、保护外门免受雨淋的构件。雨篷形式通常包括钢筋混凝土雨篷或钢结构玻璃雨篷，如图 7–29 所示。

图 7–29 雨篷形式

较大的钢筋混凝土雨篷由梁、板、柱组成，其构造与楼板相同。较小的雨篷与凸阳台一样做成悬臂构件，一般由雨篷梁和雨篷板组成。雨篷梁为雨篷板提供支撑，并兼作门过梁，高度一般不小于 300 mm，宽度等于墙厚。板悬挑长度一般为 900 ~ 1 500 mm，宽出门洞 500 mm 以上，可形成变截面的板，根部厚度应不小于门洞跨度的 1/8，且不小于 100 mm，端部厚度不小于 50 mm。悬挑雨篷构造如图 7–30 所示。

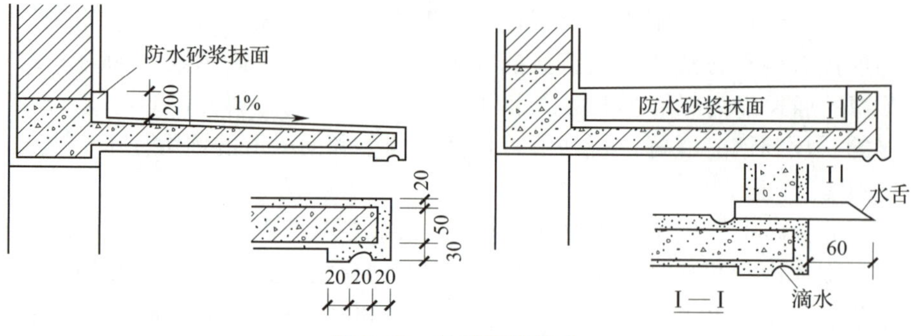

图 7-30　悬挑雨篷构造

雨篷在构造上要解决好两个问题：一是抗倾覆，保证梁上有足够的压重；二是板面要有利于排水。通常沿板四周用砖或现浇混凝土做翻口，高度不小于 60 mm，板面用防水砂浆向排水口做出 1% 的坡度。

思考练习题

1. 楼板层由哪几部分组成？各部分分别起什么作用？
2. 简述楼板的种类。
3. 现浇钢筋混凝土楼板有何特点？
4. 常用的现浇钢筋混凝土楼板有哪几种？分别适用于什么情况？
5. 预制钢筋混凝土楼板有何特点？
6. 阳台栏杆的高度应如何确定？
7. 简述雨篷的作用和形式。
8. 常用的顶棚有哪几种类型？
9. 简述悬吊式顶棚的构造组成。

第八章 楼梯和电梯

学习目标

掌握楼梯的组成、类型和楼梯设计的尺寸要求，掌握现浇钢筋混凝土楼梯的结构形式，了解中小型预制装配式钢筋混凝土楼梯的结构形式，掌握楼梯的细部构造，了解台阶、坡道的设计要求及构造要求，了解电梯的组成。

建筑物不同楼层间的垂直交通设施有楼梯、电梯、自动扶梯、台阶、坡道等。电梯通常在高层和部分多层建筑中使用，自动扶梯一般用于人流较大的公共建筑中。在设有电梯和自动扶梯的建筑物中也必须设置楼梯，以便有紧急情况时使用。楼梯在宽度、坡度、位置、平面形式、细部构造等方面都有严格的规定，如具有足够的通行能力，并且能防滑、防火。台阶和坡道是楼梯的特殊形式，是为了解决建筑物室内外高差而设置的。

第一节 楼梯基本知识

楼梯是多层及高层建筑必需的垂直交通设施。在设计和施工中，楼梯不仅要有足够的通行宽度和疏散能力，而且要坚固、耐久、防火、安全和美观。

电梯用于层数较多或有特殊要求的建筑中，如工厂、医院等，应根据不同电梯厂家提供的设备尺寸、运行速度以及土建相关要求进行具体设计。

自动扶梯适用于具有大量、频繁、连续人流的大型公共建筑，如火车站、地铁站、商场等。

自动扶梯和电梯都是垂直运输行人的交通工具。两者各有长处，通常会在不同的场合使用。与电梯相比，自动扶梯所占空间较多，而且行走速度（特别是垂直速度）相对十分缓慢。但是，自动扶梯是连续运作，乘客不需要等待轿厢，因此总载客量高很多。在人流很高而垂直距离不长的地方，如商场和车站，一般都会使用自动扶梯；至于人流较少但垂直距离大的场合，如办公室大楼，则多数使用电梯。

坡道的特点是省力、通行量大，但占用建筑面积多。坡道多用于有车辆通行、有大量集中人流或有特殊要求的建筑中，如车库、医院、幼儿园和其他有无障碍设计要求的建筑中。

一、楼梯的类型

1. 按结构材料分类

按结构材料不同，楼梯可以分为钢筋混凝土楼梯、木楼梯、金属楼梯、混合材料楼梯等。

2. 按使用性质分类

按使用性质不同，楼梯可以分为主要楼梯、辅助楼梯、安全楼梯和消防楼梯等。

3. 按平面形式分类

按平面形式不同，楼梯可以分为直跑楼梯、多跑楼梯、折角楼梯、双分平行楼梯、剪刀式楼梯、弧形楼梯和螺旋楼梯等，如图 8-1 所示。

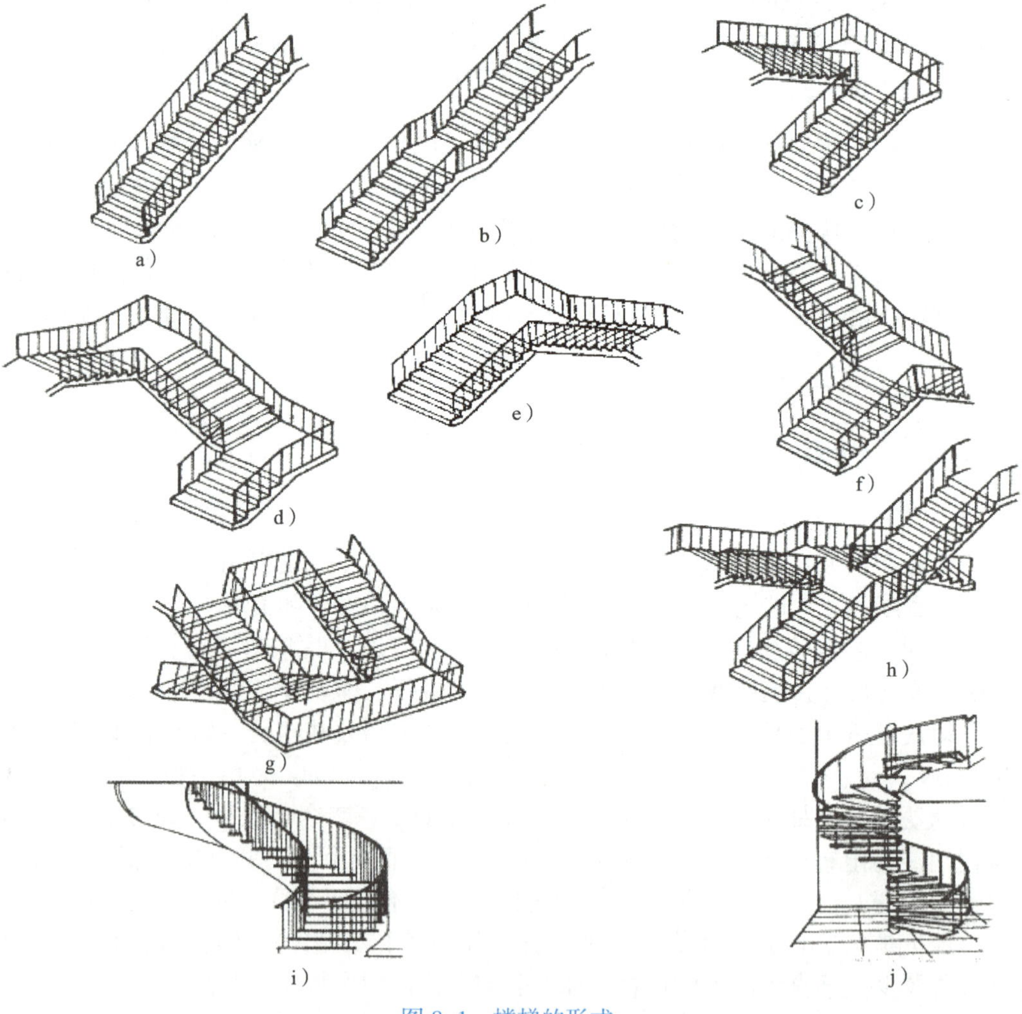

a） b） c） d） e） f） g） h） i） j）

图 8-1 楼梯的形式

a）直跑楼梯（单跑） b）直跑楼梯（双跑） c）双跑楼梯 d）三跑楼梯

e）折角楼梯 f）双分折角楼梯 g）双分平行楼梯 h）剪刀式楼梯 i）弧形楼梯 j）螺旋楼梯

楼梯设计时应根据建筑平面的功能要求和室内美观的需要确定恰当的形式，同时应遵守建筑防火规范的要求。螺旋楼梯由于通行能力有限，不能作为疏散楼梯使用。楼梯的数量要根据建筑防火要求和楼层人数多少确定：公共建筑和走廊式住宅一般应设置两个楼梯；9 层及 9 层以下的单元式住宅，每层建筑面积不超过 300 m^2 且人数不超过 30 人的可设置一个楼梯。

二、楼梯的组成

楼梯由梯段、平台、栏杆和扶手等部分组成，如图 8–2 所示。

1. 梯段和踏步

设有踏步供层间上下行走的通道构件称为梯段，踏步由踏面（水平部分）和踢面（垂直部分）组成，梯段的坡度由踏步形成。为保证人流通行的安全和舒适，规定每个梯段的踏步数不得少于 3 个且不得多于 18 个。

楼梯常用坡度范围在 25° ~ 45°，以 30°左右较为适宜。例如，公共建筑中的楼梯及室外的台阶常采用 26° 34′ 的坡度，即踢面高与踏面宽之比为 1 : 2；居住建筑的户内楼梯坡度可以达到 45°。

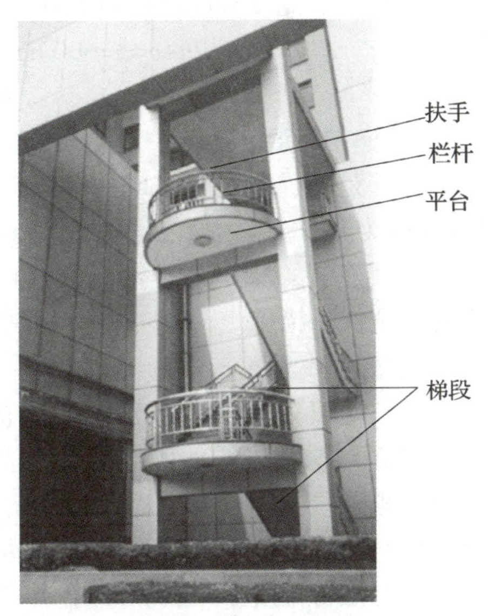

图 8–2　楼梯的组成

2. 平台

连接两个梯段的水平构件称为平台，用于连通楼层、转换梯段方向和供行人中途休息。与楼层标高相一致的平台称为楼层平台，介于两个楼层之间的平台称为中间平台（或休息平台）。

3. 栏杆和扶手

考虑到楼梯上行人行走的安全性，楼梯梯段的边缘和平台临空的一面应设置栏杆，栏杆顶部供人扶用的连续构件称为扶手。

三、楼梯的尺度

1. 踏步尺度

踏步高宽比一般为 1 : 2，影剧院等人流量大的建筑物的楼梯可以平缓些，住宅等人流量小的建筑物的楼梯可以陡些，具体可参考表 8–1 和表 8–2。

表 8–1　常用踏步尺度　mm

踏步	住宅	幼儿园	学校、办公楼	医院	影剧院、会堂
高 h	150 ~ 175	120 ~ 150	140 ~ 160	120 ~ 150	120 ~ 150
宽 b	260 ~ 300	250 ~ 280	280 ~ 340	300 ~ 350	300 ~ 350

表 8-2　　常用层高和踏步高、宽列表

层高（mm）	踏步高度 h（mm）	踏步宽度 b（mm）	总踏步级数
2 700	150	300	18
2 800	175	260	16
3 000	150	300	20
3 150	175	260	18
3 300	150	300	22

计算踏步宽度和高度可以利用下面的经验公式：

$$2h+b=S=600\text{ mm}（S\text{ 为成年女子的平均步长}）$$

$$\text{或 } h+b=450\text{ mm}$$

2. 梯井宽度

梯井是指梯段之间形成的空档，如图 8-3 所示，为了安全起见，梯井宽度以 60 ~ 200 mm 为宜。

公共建筑的梯井宽度大于等于 150 mm 或住宅建筑的梯井宽度大于等于 110 mm 时应有安全保护措施。

3. 梯段宽度

梯段宽度是指墙体定位轴线到扶手中心线间的距离。墙面到扶手中心线间的距离称为梯段的净宽。梯段宽度取决于通行人数和消防要求，一般按每股人流 550 mm+（0 ~ 150）mm 确定（人的平均肩宽 550 mm 再加行走时的摆臂幅度 0 ~ 150 mm），并不应小于两股人流，即最小宽度为 1 100 ~ 1 400 mm，室外疏散楼梯的最小宽度为 900 mm。不同情况时的梯段宽度如图 8-4 所示。

图 8-3　梯井

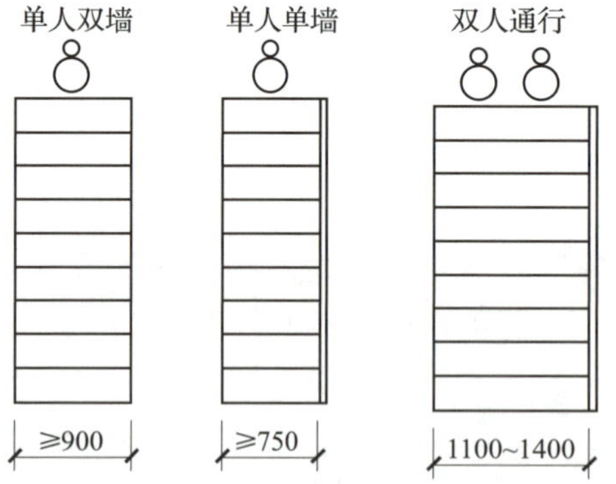

图 8-4　梯段宽度

4. 栏杆和扶手

当梯段宽度大于 1 400 mm 时，应设置靠墙扶手；当梯段宽度超过 2 200 mm 时，

还应增设中间扶手。一般扶手的高度为自踏面中心线以上 900 mm，幼儿使用的楼梯应在 500 ~ 600 mm 高度再设置一道扶手；楼梯水平段栏杆长度大于 500 mm 时，其扶手高度应不小于 1 050 mm，如图 8-5 所示。栏杆净距不大于 110 mm。

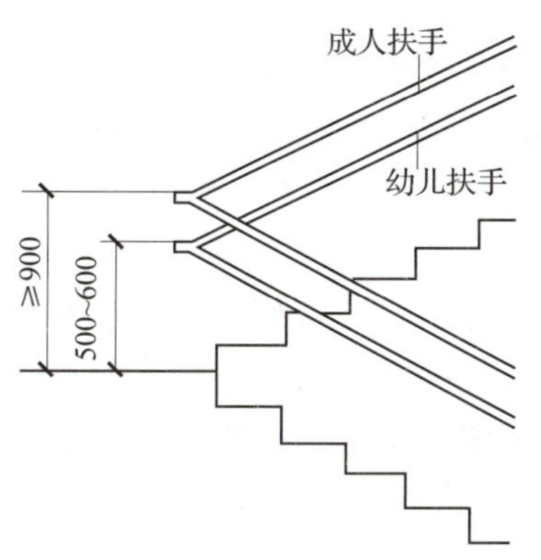

图 8-5　扶手的高度

5. 平台宽度

平台宽度分为中间平台宽度和楼层平台宽度，对于平行和折行多跑等类型楼梯，其中间平台宽度应不小于梯段宽度，以保证通行与梯段同股数人流，同时应便于家具搬运，医院建筑还应保证担架在平台处能转向通行，其中间平台宽度应不小于 1 800 mm。对于直行多跑楼梯，其中间平台宽度不小于 1 000 mm。住宅楼梯平台净宽除应不小于楼梯梯段净宽外，还不得小于 1 200 mm。楼层平台应比中间平台更宽一些，以利于人流分配和停留。

6. 楼梯净空高度

楼梯各部位的净空高度应保证人流通行和家具搬运，楼梯平台上部及下部过道处的净高不小于 2 000 mm，梯段净高不小于 2 200 mm。梯段净高为踏步前缘线至上方凸出物（如平台梁）下缘间的垂直高度。楼梯净空高度如图 8-6 所示。

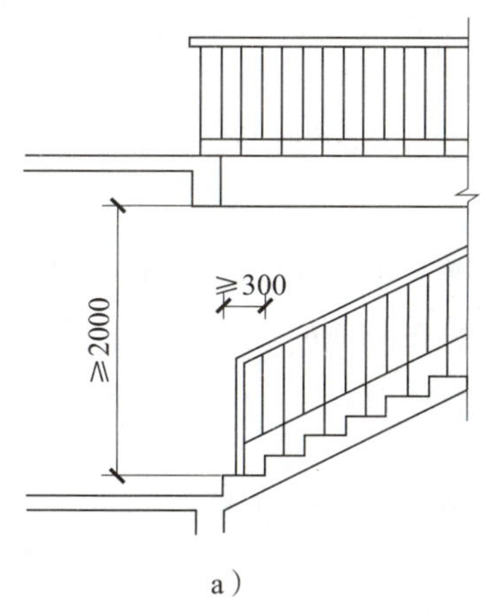

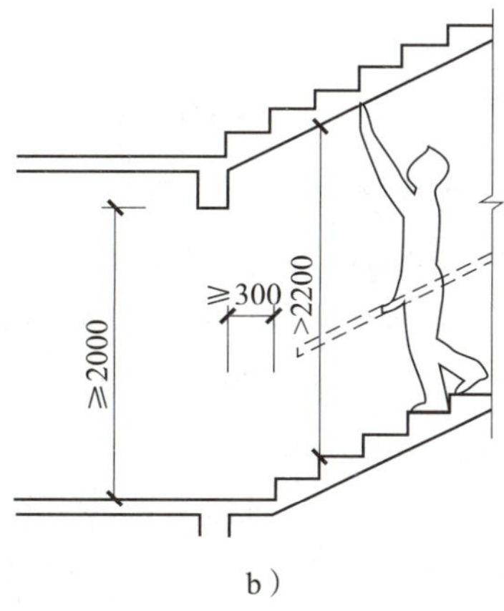

图 8-6　楼梯净空高度

a）平台梁下净高　b）梯段下净高

第二节 钢筋混凝土楼梯构造

在民用建筑中，钢筋混凝土楼梯是使用最广泛的一种楼梯。按施工方式不同，钢筋混凝土楼梯可分为现浇式钢筋混凝土楼梯和预制装配式钢筋混凝土楼梯两类。

一、现浇式钢筋混凝土楼梯

现浇式钢筋混凝土楼梯又称整体式钢筋混凝土楼梯，是指楼梯段、楼梯平台等整体现浇在一起的楼梯。这种楼梯的特点是整体性好、刚度大、对抗震较为有利，但是模板耗费较多，且施工速度缓慢。现浇式钢筋混凝土楼梯适用于抗震设防要求较高的建筑，形状复杂的螺旋形楼梯和弧形楼梯也适于采用现浇式钢筋混凝土楼梯。

现浇式钢筋混凝土楼梯按梯段的传力特点不同，可以分为板式楼梯、梁板式楼梯和悬挑式楼梯。

1. 板式楼梯

如图 8–7 所示，板式楼梯是指楼梯段作为一块整板斜搁在楼梯的平台梁上，平台梁之间的距离便是这块板的跨度。此外，也有带平台板的板式楼梯，即把两个或一个平台板和一个梯段组合成一块折形板，这样平台下的净空扩大了，形式更为简洁。

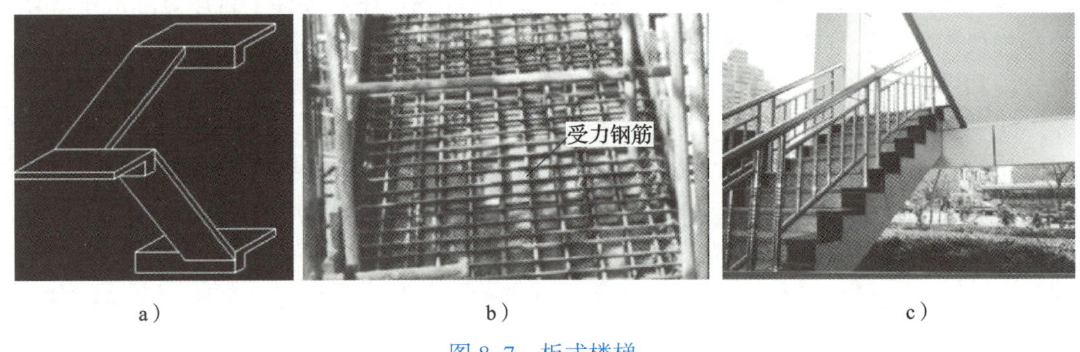

图 8–7　板式楼梯

a）板式楼梯简图　b）板式楼梯配筋　c）板式楼梯实例

2. 梁板式楼梯

梁板式楼梯的梯段支撑在斜梁上，而斜梁支撑在平台梁上，斜梁可以布置在梯段踏步板的下面或侧面（可布置在两侧或一侧，布置在一侧时，梯段另一侧由墙支撑）。与板式楼梯相比，梁板式楼梯可使板跨缩小，板厚减薄，可用于跨度较大的楼梯。梁板式楼梯如图 8–8 所示。

斜梁布置在侧面的时候有明步和暗步两种做法。明步做法是在踏步板下露出一部分斜梁而踏步外露，较为明快，但在板下露出的梁的阴角容易积灰；暗步做法是指斜梁上翻，包住踏步板，梯段底面平整且可防止污水污染梯段下面，但凸出的斜梁将占据梯段的一定宽度。

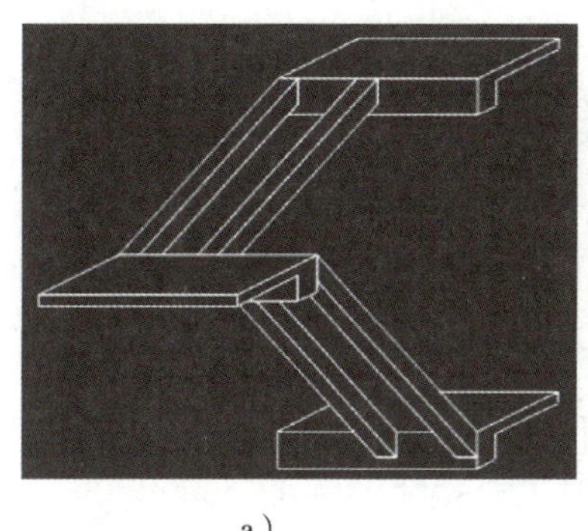
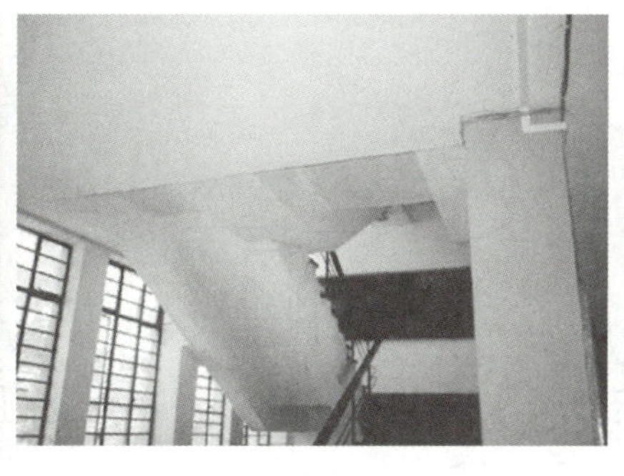

a）　b）　c）

图 8-8　梁板式楼梯

a）梁板式楼梯简图　b）两侧双梁式　c）中间单梁式

3. 悬挑式楼梯

悬挑式楼梯取消了楼梯一端的平台梁及其支座，可取得较好的视觉效果，如图 8-9 所示。

图 8-9　悬挑式楼梯

二、预制装配式钢筋混凝土楼梯

预制装配式钢筋混凝土楼梯有利于节约模板、提高施工速度，构造方式主要有梁承式、墙承式和墙悬臂式三种。

1. 梁承式

这种支撑方式是将预制踏步板搁置在斜梁上形成梯段，梯段斜梁搁置在平台梁上，平台梁搁置在两边墙或柱上，楼梯休息平台可用空心板或槽形板搁在两边墙上或用小型平台板搁在平台梁和纵墙上。为了减少预制构件的类型，最好采用长度相等的两个梯段。梁承式楼梯如图 8-10 所示。

2. 墙承式

墙承式楼梯是把预制的踏步板直接搁置在两侧的墙上，如图 8-11 所示，踏步板一般采用一字形、L 形或┓形断面。墙承式楼梯一般不需设平台梁和斜梁，也不必设栏杆。

3. 墙悬臂式

墙悬臂式楼梯是指将预制钢筋混凝土踏步板一端嵌固于楼梯间侧墙上，另一端凌空悬挑的楼梯形式，如图 8-12 所示。

墙悬臂式钢筋混凝土楼梯用于嵌固踏步板的墙体厚度应不小于 240 mm，踏步板悬挑长度一般不大于 1 800 mm，以保证嵌固端牢固。踏步板一般采用 L 形或┓形带肋断面形式，其入墙嵌固端一般做成矩形断面。

在楼层平台与梯段交接处，由于楼梯间侧墙另一面常有楼板支撑在该墙上，其入墙位置与踏步板入墙位置冲突，需对此块踏步板做特殊处理。

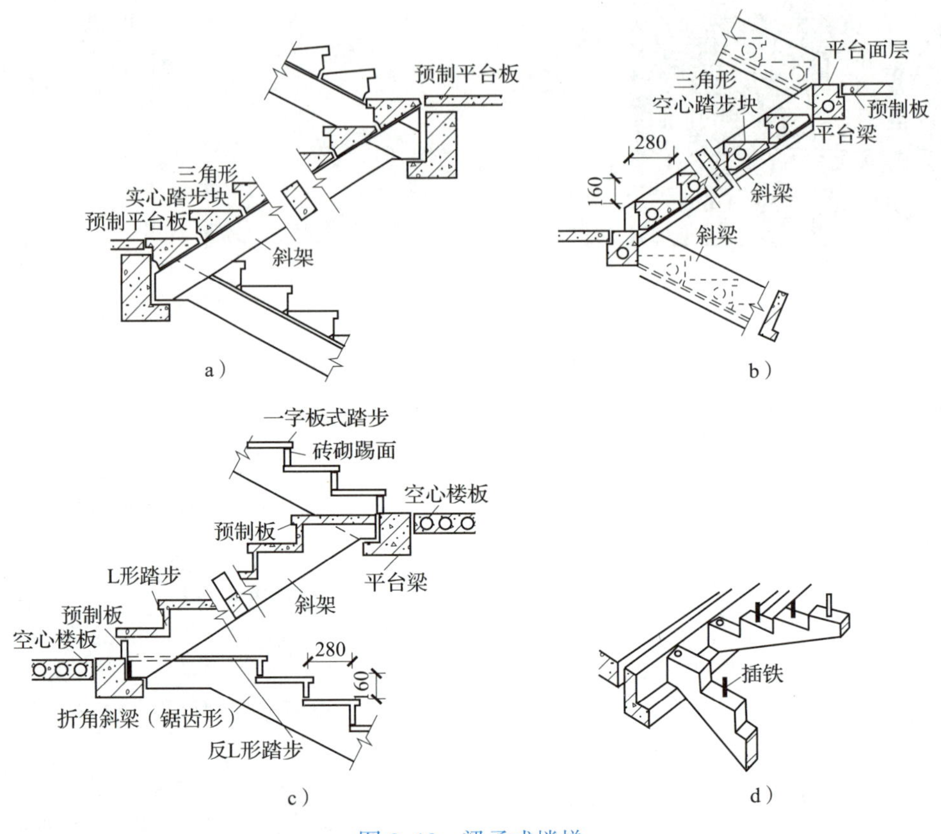

图 8-10　梁承式楼梯

a）三角形踏步块与矩形斜梁组成　b）三角形空心踏步块与 L 形斜梁组成

c）正反 L 形踏步和一字形踏步与锯齿形斜梁组成　d）锯齿形斜梁，每个踏步穿孔，由插铁固牢

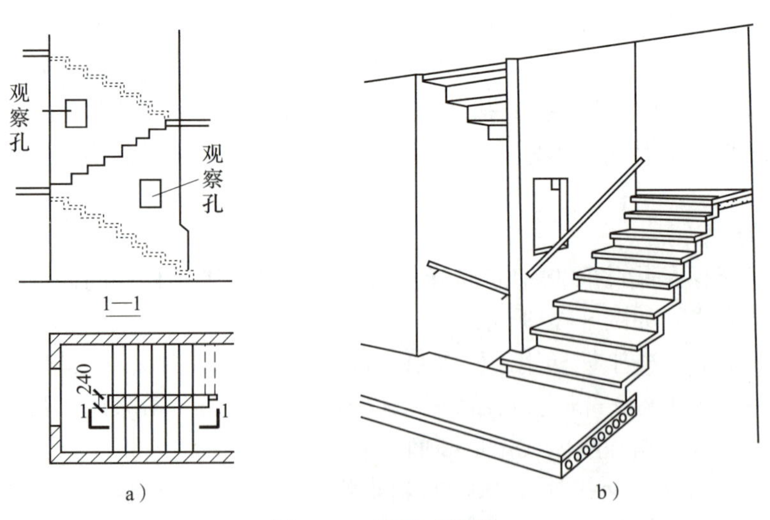

图 8-11　墙承式楼梯

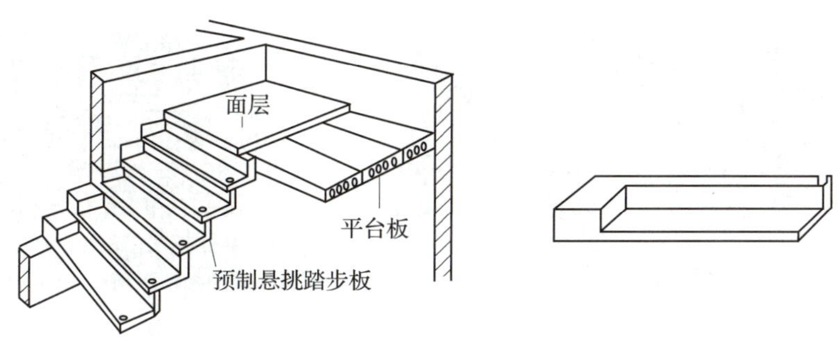

图 8-12　墙悬臂式楼梯

第三节　楼梯细部构造

一、踏步

因为楼梯是有高差的通道，而且在火灾等灾害发生时往往是疏散逃生的唯一通道，所以踏面材料必须防滑，而且在平台和踏步的前缘都要安装防滑条。常用的防滑条材料有水泥铁屑、金刚砂、金属（如铸铁、铝、铜）、陶瓷锦砖及带防滑条的缸砖等。需要注意的是，防滑条应凸出踏步面 2～3 mm，但不能太高，如做得太高，反而使行走不便。

楼梯踏步面层常采用水泥砂浆、水磨石等，也可铺缸砖、贴油地毡或铺大理石板。防滑条的种类及做法如图 8-13 所示，楼梯踏步及防滑做法如图 8-14 所示。

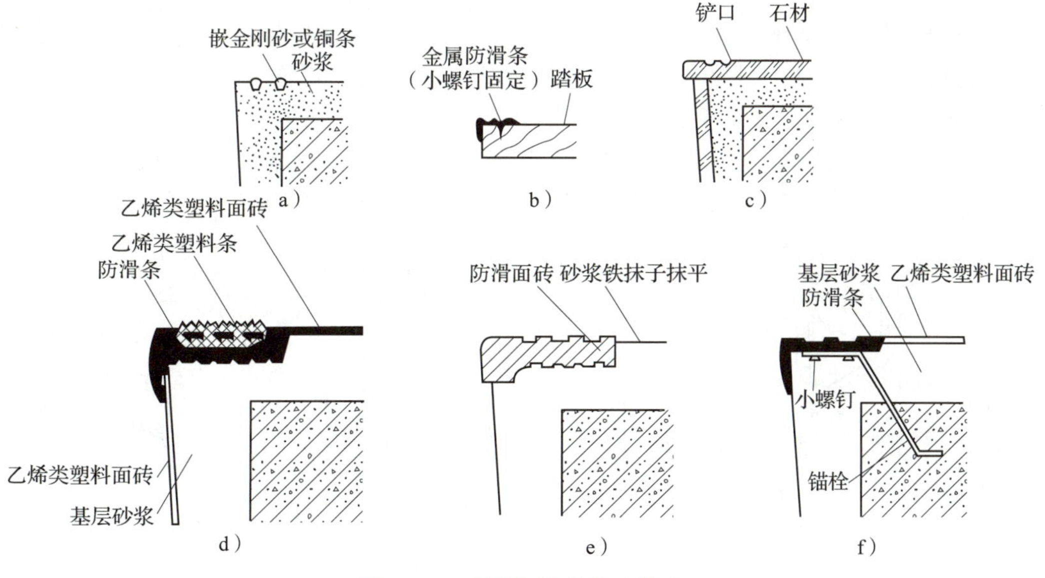

图 8-13　防滑条的种类及做法

a）嵌金刚砂或铜条　b）钉金属防滑条　c）石材铲口防滑
d）粘贴复合材料防滑条　e）防滑面砖防滑　f）锚固金属防滑条

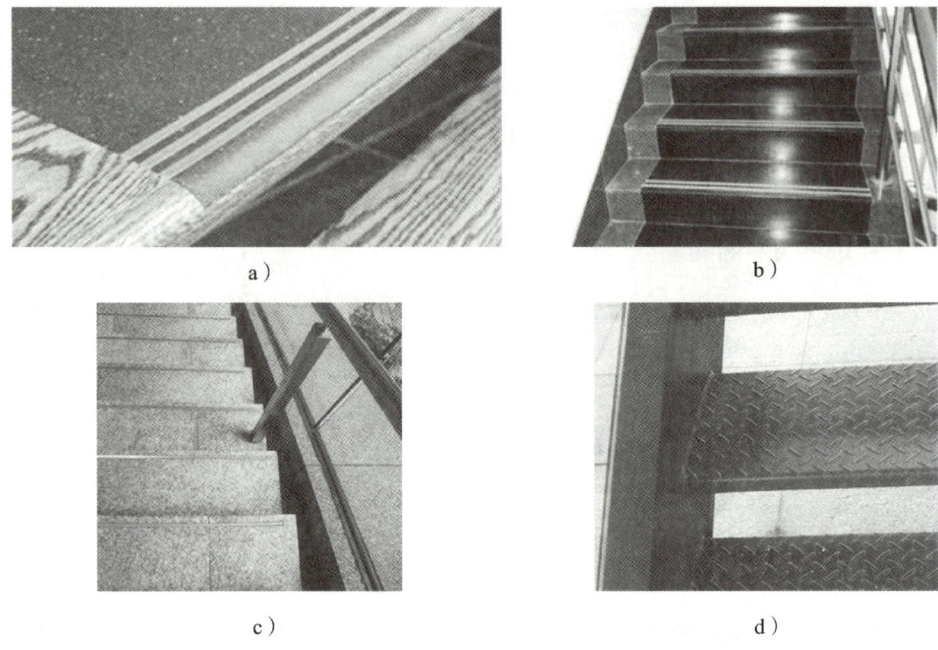
a）　b）　c）　d）

图 8-14　楼梯踏步及防滑做法

a）木地板表面粘贴复合材料防滑条　b）石材表面铲口防滑
c）石材表面嵌金属条防滑　d）钢板表面轧花防滑

二、栏杆及栏杆的形式

1. 栏杆

栏杆材料多为圆钢、方钢、扁钢及钢管。固定方式有与预埋件焊接、开脚预埋（或留孔后装）、与预埋件螺栓连接、用膨胀螺栓固定等，如图 8-15 所示。其安装部位多在踏面的边缘或踏步的侧边。

在立杆之间固定安全玻璃、钢丝网、钢板网等形成栏板。随着建筑材料的改良和发展，有些玻璃栏板甚至可以不依赖立杆而直接作为受力的栏板。

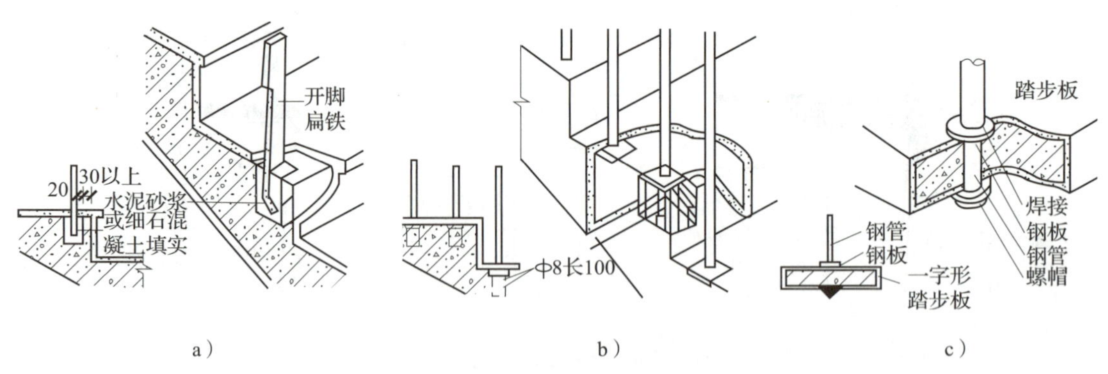

a）　b）　c）

图 8-15　栏杆与梯段的连接

a）锚接　b）焊接　c）螺栓连接

2. 栏杆的形式

栏杆的形式可分为空花式、栏板式、混合式等。

（1）空花式

为了安全起见，空花式杆件形成的空花尺寸不宜过大，通常控制在 120 ~ 150 mm。空花式栏杆如图 8–16a 所示。

（2）栏板式

栏板式栏杆多用钢筋混凝土或配筋砖砌体制作，也有用钢丝网水泥板的。钢筋混凝土栏板有预制和现浇两种。砖砌栏板是用普通砖侧砌，厚 60 mm，外侧用钢筋网加固，再用钢筋混凝土扶手与栏板连成整体。栏板式栏杆如图 8–16b 所示。

（3）混合式

混合式是指空花式和栏板式两种栏杆形式的组合，栏杆竖杆作为主要抗侧力构件，栏板则作为防护和美观装饰构件。栏杆竖杆常采用钢材或不锈钢等材料制作，栏板部分常采用轻质美观材料制作，如木板、塑料贴面板、铝板、有机玻璃板和钢化玻璃板等。混合式栏杆如图 8–16c 所示。

a）

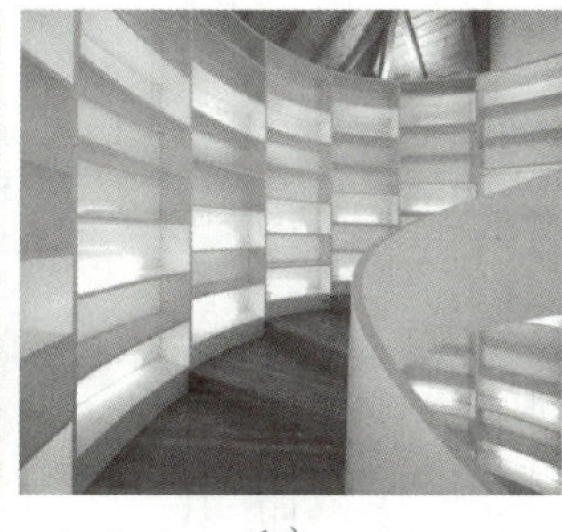

b）

c）

图 8–16　楼梯栏杆的形式

a）空花式　b）栏板式　c）混合式

三、扶手

扶手按照材料不同，可分为木扶手、金属扶手、塑料扶手等；按照构造不同，可分为空花栏杆扶手、栏板扶手和靠墙扶手等。

木扶手和塑料扶手具有手感舒适、断面形式多样的优点，使用最为广泛，常采用硬木制作。塑料扶手可选用生产厂家的定型产品，也可另行设计加工制作。金属扶手具有可弯性，常用于螺旋形和弧形楼梯扶手，但其断面单一。

木扶手由木螺钉通过扁铁与空花栏杆连接，金属扶手则通过焊接或螺钉连接，而栏板上的扶手多采用抹水泥砂浆或贴面砖的处理方式。

第四节 室外台阶与坡道

在建筑入口处设置台阶和坡道是解决建筑室内外地坪高差问题的过渡构造措施，一般多采用台阶，当有车辆、残疾人使用或是内外地坪高差较小时，可设置坡道，有时也将台阶和坡道结合在一起使用。

一、室外台阶

室外台阶的平面形式种类多样，应当与建筑的级别、功能及周围的环境相适应。常见的台阶形式有单面踏步、两面踏步、三面踏步、单面踏步带花池等。台阶的形式和建筑实例如图 8–17 和图 8–18 所示。

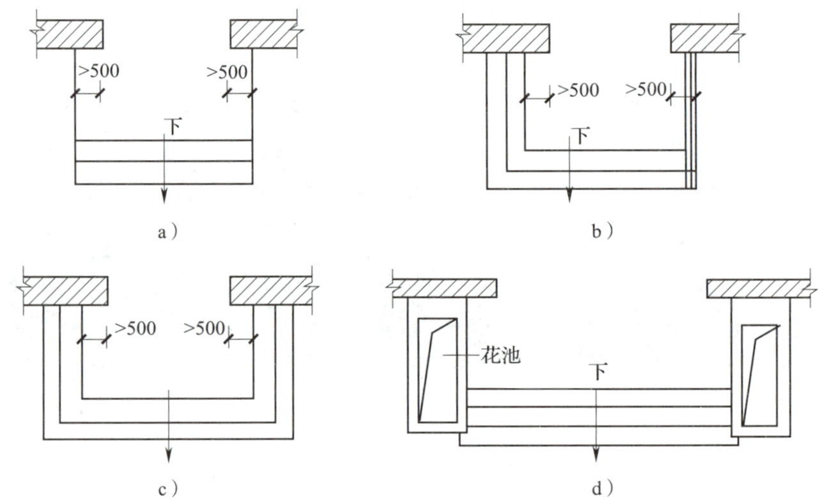

图 8–17 台阶的形式

a）单面踏步 b）两面踏步 c）三面踏步 d）单面踏步带花池

图 8–18 台阶的建筑实例

台阶的坡度一般较平缓，每级台阶踢面高度不超过 150 mm，踢面宽度最好选择在 300 ~ 400 mm，为保证人流出入安全和方便，室外台阶一般不能少于 2 ~ 3 级，且室外台

阶与建筑入口应有一定宽度的缓冲平台，平台表面向室外留 1%～4% 的排水坡，室外台阶和平台应采用耐久性、耐磨性和抗冻性好的材料，如天然石材、混凝土、缸砖等。

室外台阶基础一般挖去腐殖土做一垫层即可，为防止台阶和建筑的基础沉降不均匀所造成的倒泛水甚至破坏，一般可将台阶与建筑连成整体一起沉降，或将台阶基础与建筑物基础分开，各自单独沉降。台阶施工应在主体建筑施工完成以后进行，对减少台阶变形会有一定好处。台阶的构造如图 8–19 所示。

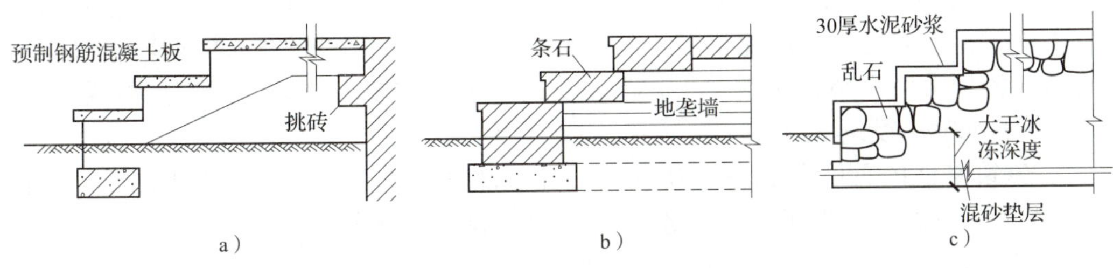

图 8–19　台阶的构造

a）预制钢筋混凝土架空台阶　b）支撑在地垄墙上的架空台阶　c）地基换土台阶

二、坡道

坡道按照用途不同，可以分为行车坡道和轮椅坡道两类。

坡道多为单面坡形式，极少有三面坡的，坡道坡度应以有利于推车通行为佳，一般为 1/10～1/8，也有 1/30 的。还有些大型公共建筑，为考虑汽车能在大门入口处通行，常采用台阶与坡道相结合的形式。

坡道材料常见的有混凝土或石块等，面层以水泥砂浆居多。对经常处于潮湿环境中、坡度较陡或采用水磨石作面层的坡道，必须在其表面做防滑处理，其构造如图 8–20 所示。

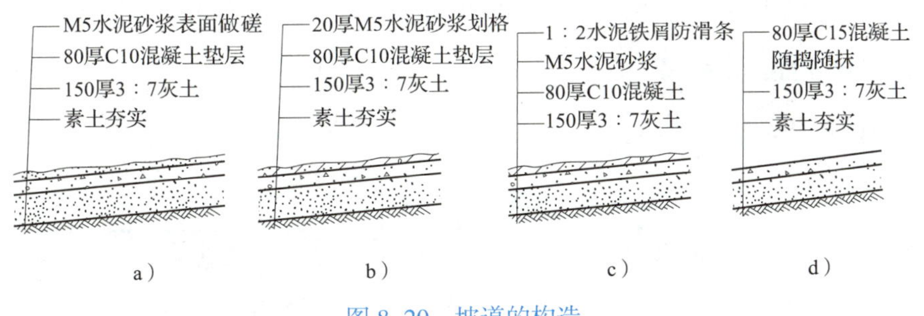

图 8–20　坡道的构造

a）表面做礎　b）表面砂浆划格　c）设置防滑条　d）混凝土抹面

三、无障碍设计

无障碍设计是指在科学技术快速发展的现代社会，一切有关人类衣食住行的公共空间环境以及各类建筑设施、设备的规划设计，都必须充分考虑具有不同程度生理伤残缺陷者和正常活动能力衰退者（如残疾人、老年人）的使用需求，配备能够满足这些需求的服务功能与装置，营造一个充满人文关怀，并切实保障人类安全、方便、舒适的现代生活环境。

建筑中的无障碍设计主要是针对下肢残疾者和有视力缺陷的人士。为了帮助他们走出家门，平等地参与社会生活，体现出社会对特殊人群的关爱，应在公共建筑及市政工程中设置方便残疾人使用的设施，如盲道和轮椅车道、残疾人专用电梯等。

国家标准《无障碍设计规范》(GB 50763—2012)的相关规定如下：

1. 公共建筑基地的无障碍设计应符合下列规定：建筑基地的车行道与人行通道地面有高差时，在人行通道的路口及人行横道的两端应设缘石坡道；建筑基地的广场和人行通道的地面应平整、防滑、不积水；建筑基地的主要人行通道当有高差或台阶时应设置轮椅坡道或无障碍电梯。

2. 建筑基地内总停车数在 100 辆以下时应设置不少于 1 个无障碍机动车停车位，100 辆以上时应设置不少于总停车数 1% 的无障碍机动车停车位。

3. 公共建筑的主要出入口宜设置坡度小于 1∶30 的平坡出入口。

4. 建筑内设有电梯时，至少应设置 1 部无障碍电梯。

5. 当设有各种服务窗口、售票窗口、公共电话台、饮水器等时应设置低位服务设施。

6. 主要出入口、建筑出入口、通道、停车位、厕所电梯等无障碍设施的位置，应设置无障碍标志；建筑物出入口和楼梯前室宜设楼面示意图，在重要信息提示处宜设电子显示屏。

7. 公共建筑的无障碍设施应成系统设计，并宜相互靠近。

第五节 电梯与自动扶梯

电梯是高层住宅与公共建筑、工厂等不可缺少的重要垂直运载设备。自动扶梯则是车站或大型商场中连续输送大流量客流的水平或倾斜运输设备。

一、电梯的设置条件

电梯的设置条件见表 8–3。

表 8–3 电梯的设置条件

建筑类型	设置层数	备注
住宅	7 层及以上或住户入口层楼面距室外设计地面的高度大于 16 m	1. 多层住宅底层用作住宅之外的其他用途（如商店、架空、储存或其他），其住户入口层楼面距该建筑物的室外设计地面高度超过 16 m 时，均必须设置电梯 2. 顶层为跃层户时，跃层部分不计入层数，其顶层住户入口层楼面距该建筑物的室外设计地面高度超过 16 m 时，均必须设置电梯 3. 凡设电梯的住宅均应设置至少 1 台容纳担架电梯，单元式住宅可通过连廊使用

续表

<table>
<tr><th>建筑类型</th><th colspan="2">设置层数</th><th>备注</th></tr>
<tr><td>宿舍</td><td colspan="2">7层及以上或最高入室层超过21 m</td><td>应设计至少1台无障碍电梯</td></tr>
<tr><td>老年人建筑</td><td colspan="2">2层及以上</td><td>应设计至少1台无障碍电梯，2层可用坡道</td></tr>
<tr><td>旅馆</td><td>4级、5级，3层及以上</td><td>1～3级，4层及以上</td><td>应设计至少1台无障碍电梯</td></tr>
<tr><td>医院、疗养院</td><td colspan="2">3层及以上</td><td>应设置病床电梯，至少1台无障碍电梯</td></tr>
<tr><td>办公建筑</td><td colspan="2">5层及以上</td><td>应设计至少1台无障碍电梯</td></tr>
<tr><td>图书馆、档案馆</td><td colspan="2">4层及以上</td><td>应设计至少1台无障碍电梯</td></tr>
<tr><td>商店</td><td colspan="2">大中型商店营业部分4层及以上</td><td>应设计至少1台无障碍电梯</td></tr>
<tr><td>交通建筑、工业建筑</td><td colspan="2">2层及以上</td><td>应设计至少1台无障碍电梯</td></tr>
</table>

注：1. 工业建筑的电梯设置由工艺生产及运输需要确定。

2. 医疗建筑如有条件宜在2层及以上设置电梯。

二、电梯的选用要点和布置原则

1. 电梯的选用要点

（1）熟悉了解电梯的各种类型及规格，确定可靠的规格与尺寸（如井道尺寸、轿厢尺寸、容纳人数、额定载重量、额定速度等）。

（2）根据工程项目的类型、规模及建筑标准高低配置合适的电梯数量，办公楼按建筑面积，旅馆按客房间数，医院按门诊人数和床位数，商业建筑按营业厅面积，展览建筑、交通建筑按使用面积，住宅按居住户数。

（3）按建筑性质及需要选配货梯和服务梯。

（4）按建筑的层数、面积，特别应按防火分区设置消防梯。

（5）按建筑物平面核心筒布置电梯。

（6）与电梯厂家及专业公司配合，通过设计软件计算后调整电梯的配置。

2. 电梯的布置原则

（1）电梯应有足够的数量和适当的运速，所处位置应易于识别并有足够的疏散空间。

（2）电梯应集中布置并与疏散楼梯邻近，以达到高效使用、便于管理的目的。

（3）当建筑物出入口分别在2个以上楼层时，可用自动扶梯作为出口层间的交通联系，使始发站集中在一层，以提高运输效率。

（4）局部需垂直运输的建筑或高层、超高层建筑应分区分层电梯，以达到高效运输与节能的目的。

（5）考虑到检修时的备用，电梯一般应设 2 台以上（单元式住宅除外），并应并排布置。

三、电梯的类型

1. 按使用性质分类

按使用性质不同，电梯可以分为客梯、货梯和消防电梯。客梯主要用于人们在建筑物中的垂直联系，货梯主要用于运送货物及设备，消防电梯主要在发生火灾、爆炸等紧急情况下作安全疏散人员和消防人员紧急救援使用。

2. 按行驶速度分类

按行驶速度不同，电梯可以分为高速电梯、中速电梯和低速电梯。高速电梯的速度大于 2 m/s，梯速随层数增加而提高，消防电梯常用高速电梯；中速电梯速度为 1.5 ~ 2 m/s，一般货梯按中速考虑；低速电梯运行速度在 1.5 m/s 以内。

3. 其他分类

按驱动方式不同，电梯可分为交流电梯和直流电梯；按轿厢容量不同，电梯可分为小型电梯、中型电梯和大型电梯等。

四、电梯的组成

一般来说，电梯由电梯井道、电梯机房和井道底坑等组成，如图 8–21 所示。

1. 电梯井道

电梯井道是电梯运行的通道，井道内包括出入口、电梯轿厢、导轨、导轨撑架、平衡锤及缓冲器等。不同用途的电梯，井道的结构形式是不同的。

2. 电梯机房

电梯机房一般设在井道的顶部。机房和井道的平面相对位置应允许机房任意向一个或两个相邻方向伸出，并满足机房有关设备安装的要求。机房楼板应按机器设备要求的部位预留孔洞。

3. 井道底坑

井道底坑在最底层平面标高下，坑深不小于 1.4 m，作为轿厢下降时所需的缓冲器的安装空间。

五、电梯的构造

1. 电梯井道构造

电梯井道的尺寸应根据电梯的型号、运行速度、设备大小确定，具体见表 8–4，井道尺寸每边按每 10 层放大 10 mm。电梯井道的设计应满足如下要求。

（1）井道的防火要求

井道是建筑中的垂直通道，发生火灾事故时，火焰和烟气容易从中蔓延，因此井道围护构件应根据有关防火规定进行设计，一般采用钢筋混凝土结构。当井道中有超过 2 台电梯时，应用防火围护结构隔开。

机房顶面
制动器
曳引电动机
机房承重吊钩
减速箱
旋转编码器
曳引轮
导向轮
机房线槽
曳引机承重大梁
限速器
机房配电板
对重导轨支架
轿厢导轨支架
机房平面
曳引钢丝绳
顶层终端开关
控制柜
轿厢导轨
轿厢导靴
平层装置
轿厢
轿厢顶检修箱
极限开关打板
开门机
限速器钢丝绳
开门刀
对重导轨
轿厢内操纵箱
轿底超载装置
安全触板（光幕）
安全钳钳体
轿厢门
绳头组件
对重导靴
井道布线槽（线管）
随行电缆
底层极限开关
层门锁
层门平面
对重装置
补偿装置
消防按钮盒
厅外召唤盒
对重缓冲器
层门装置
张紧装置
底坑检修装置
底坑底面
轿厢缓冲器

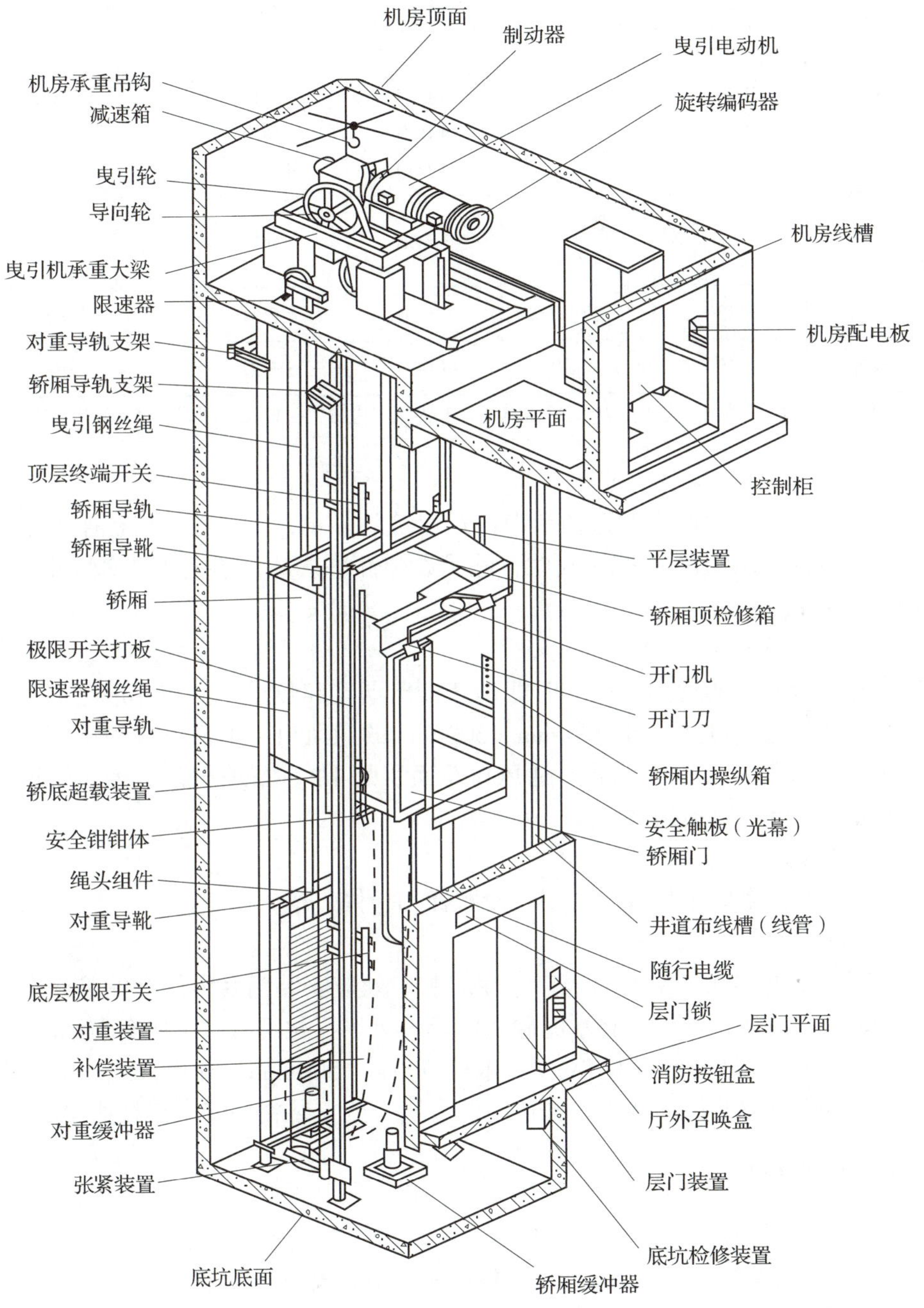

图 8-21　电梯的组成

表 8–4　　电梯类型与井道、机房尺寸　　mm

电梯类型	井道尺寸		机房尺寸		门口尺寸（双扇推拉门）
	H	L	H_1	L_1	
单台乘客电梯	2 200 2 500	2 150 2 400	3 500 4 000 4 000 4 500	3 450 4 500 4 000 4 500	1 100 1 200
载货电梯	2 850	2 670 3 170	3 500	4 000	1 900
	3 450	2 670	4 000	4 000	2 400
病床电梯	2 250	2 950	4 000	5 500	—

注：H 为井道宽度，L 为井道进深，H_1 为机房宽度，L_1 为机房进深，门口尺寸即门的最大开启宽度。

（2）井道的隔振与隔声要求

为减轻电梯运行时产生的振动和噪声对建筑的影响，一般在机房机座下设置弹性垫层。当电梯运行速度超过 1.5 m/s 时，除了设弹性垫层外，还应在机房与井道间设高度为 1.5 ~ 1.8 m 的隔声层。

（3）井道的通风要求

为使井道有良好的通风，火灾时能迅速排出烟气和热量，应在井道底部、底坑和中部适当位置设置尺寸不小于 300 mm × 300 mm 的通风口。上部可以和排烟口（面积不小于井道净面积的 3.5%）结合。通风口总面积的 1/3 应经常开启，通风管道可在井道顶板上或井道壁上直接通往室外。

（4）其他要求

底坑应做好防潮防水处理，坑壁应设爬梯和检修灯槽。

2. 电梯门套

电梯厅门是电梯在各层的出入口，厅门洞口处应安装门套，门套的装修应与电梯厅的室内装修相协调，常见的有水泥砂浆门套、天然石材门套、木门套、钢门套等。

电梯门一般为双扇推拉门，宽度一般为 900 ~ 1 500 mm，开启方式一般为双扇推向同一边或者中央分开推向两边，推拉门的滑槽一般安装在门套下楼板边梁的牛腿上。

六、自动扶梯

1. 设置条件

大型商场、展览馆、火车站、航空港等人流集中的大型公共建筑一般设置自动扶梯。

2. 设置要求

自动扶梯由电动机驱动，踏步与扶手同步运行，可以正向运行，也可以反向运行。自动扶梯的倾斜角不应超过 30°，当提升高度不超过 6 m，额定速度不超过 0.50 m/s 时，倾斜角允许增至 35°。自动扶梯的宽度有 600 mm（单人）、800 mm（单人携物）、1 000 mm、

1 200 mm（双人）等。交叉自动扶梯的载客能力很高，一般为 4 000 ~ 10 000 人 /h。

自动扶梯的具体尺寸应查阅生产厂家的产品说明书。其中，自动扶梯与扶梯边缘楼板之间的安全间距应不小于 400 mm。生产厂家不同，自动扶梯的规格尺寸也不相同。

3. 布置方式

自动扶梯的布置方式包括单排列式、连续排列式、十字交叉排列式和平行道序排列式，自动扶梯的组成及布置方式如图 8–22 所示。

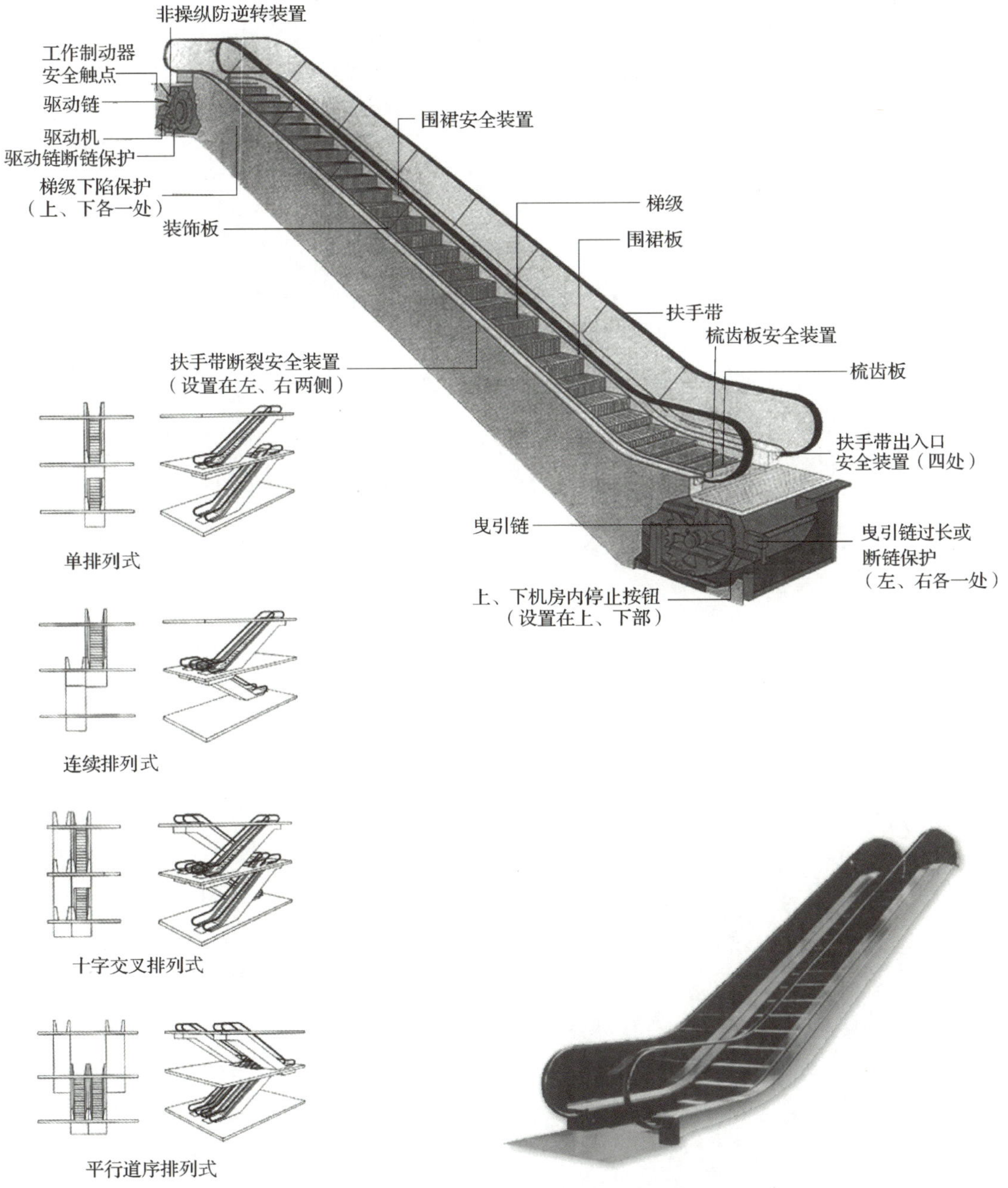

图 8–22　自动扶梯的组成及布置方式

思考练习题

1. 楼梯由哪几部分组成？各组成部分有何作用？
2. 常见楼梯的形式有哪些？
3. 现浇钢筋混凝土楼梯常见的结构形式有哪几种？各有何特点？
4. 楼梯踏面的防滑措施有哪些？
5. 什么是无障碍设计？坡道的无障碍设计有哪些要求？
6. 电梯主要由哪几部分组成？电梯井道的构造要求如何？

第九章 门和窗

学习目标

了解门窗的作用和要求，掌握门的分类，熟悉木门的构造与组成，掌握门的安装方法，掌握窗的分类，熟悉木窗的构造与组成，掌握窗的安装方法，了解塑钢、铝合金门窗的特点，了解建筑中遮阳的作用与形式，了解门窗节能的措施和材料。

门和窗是建筑的重要组成部分，是围护结构中相当重要的两个构件。门和窗的地位虽然没有建筑物其他主要构造组成部分那么重要，但却对建筑能否正常、安全、舒适地使用具有较大的影响。

在设计门窗时，要根据有关规范和建筑的使用要求选择其形式和尺寸、材质和造型，规格类型应该尽量统一并符合国家标准《建筑模数协调标准》（GB/T 50002—2013）的要求，以适应建筑工业化生产的需要。

第一节 门窗概述

一、门窗的作用

门在建筑上的主要功能是围护、分隔和室内外的交通疏散，并兼有采光、通风和装饰的作用。窗的主要建筑功能是通风和采光，兼有装饰、观景的作用。寒冷地区建筑通过门窗缝隙损失的热量占全部采暖耗热量的 25% 左右，所以门窗的密闭性要求是建筑节能的重要内容。

同时，门窗还对建筑造型、立面处理以及室内装饰有较重要的影响。

门窗按照制作材料不同，可以分为木门窗、钢门窗、铝合金门窗、塑钢门窗、彩钢门窗等。

二、门窗的形式

1. 门的形式

按照开启方式不同，门可以分为平开门、弹簧门、推拉门、折叠门、转门等。

（1）平开门

如图 9–1 所示，平开门是水平开启的门，用铰链将门扇一侧与门框相连，有单扇、双扇、内开、外开之分。平开门构造简单，开启度大，制作简单，易于维修，是建筑中最常见、使用最广泛的门。

（2）弹簧门

如图 9–2 所示，弹簧门也是水平开启的门，门扇一侧用弹簧铰链与门框相连，开启后能自动关闭，常用于商店、医院、学校等人流出入频繁且有自动关闭要求的场所。为避免进出人流相撞，弹簧门的门扇上部应镶嵌玻璃。

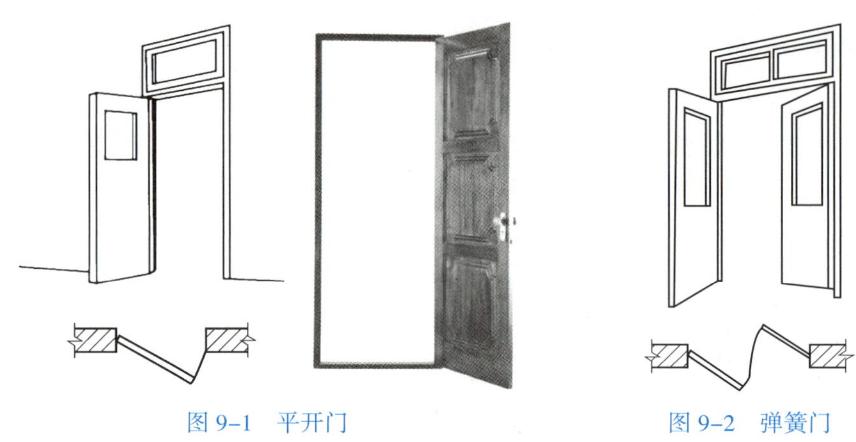

图 9–1　平开门　　图 9–2　弹簧门

（3）推拉门

如图 9–3 所示，推拉门也叫移门，开启时门扇沿着轨道向左右滑行。按照轨道安装的位置不同，推拉门可以分为上挂式和下滑式；按照其他分类方式，推拉门还可以分为单扇或双扇、多轨多扇或双轨多扇。推拉门开启时不占用空间，受力合理，不易变形，但密闭性差，构造复杂，一般可用做工业建筑的仓库和车间大门，在民用建筑中一般用于分隔内部空间。

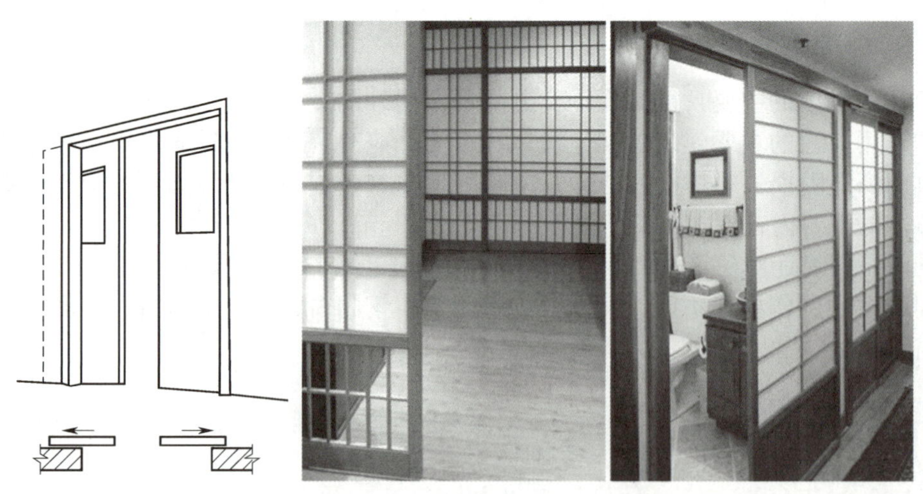

图 9–3　推拉门

（4）折叠门

如图 9–4 所示，折叠门的门扇可以拼合，折叠后可以推移到门洞的一侧或两侧。折叠门开启时占用空间少，但构造较复杂，一般在公共建筑或住宅中做灵活分隔空间使用。

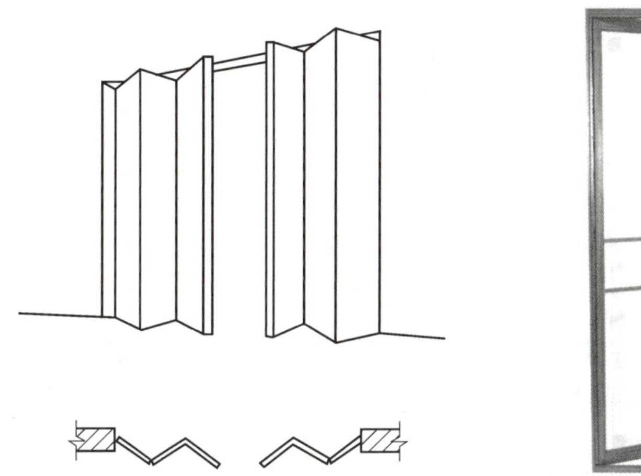

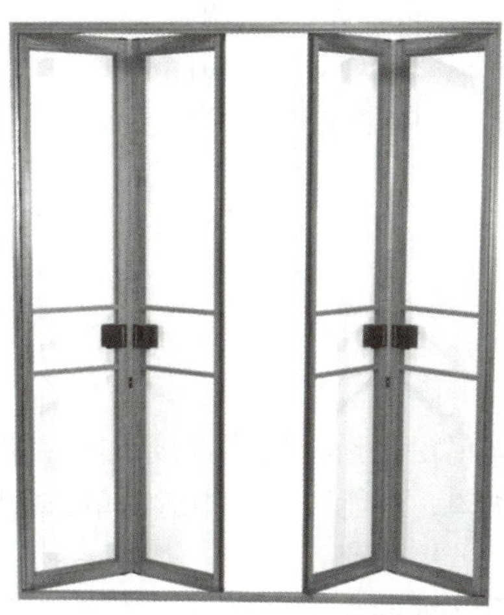

图 9–4　折叠门

（5）转门

如图 9–5 所示，转门是由两个固定的弧形门套和垂直旋转的门扇组成，可以隔绝室内外的气流，可用做寒冷地区公共建筑的外门，或用于有采暖和空调的公共建筑的外门。转门构造复杂、造价高，不能作为疏散门，需要在其两侧设置平开门或弹簧门作为疏散门。

图 9–5　转门

2. 窗的形式

按照开启方式不同，窗可以分为固定窗、平开窗、推拉窗、悬窗等，悬窗又可包括上悬窗、中悬窗和下悬窗等，如图 9–6 所示。

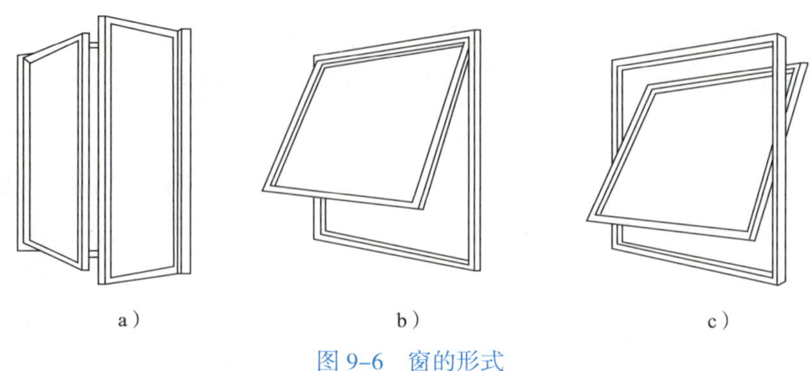

图 9-6　窗的形式

a）平开窗　b）上悬窗　c）中悬窗

（1）固定窗

固定窗是指将玻璃直接镶嵌在窗框上，没有窗扇，不能开启的窗。固定窗仅供采光和眺望，不能通风，构造简单，密闭性好。

（2）平开窗

平开窗的窗扇和窗框采用铰链连接，水平开启，可以内开或外开。外开窗不占室内空间，可防止雨水进入室内，应用较多。平开窗构造简单，开启灵活，制作维修方便，是民用建筑中使用最为广泛的一种窗。

（3）推拉窗

推拉窗是指窗扇沿水平或竖直的导轨或滑槽推拉的窗，分水平推拉窗和竖直推拉窗两种。推拉窗开启时不占室内空间，但不能全部开启，通风效果不如平开窗。

（4）悬窗

悬窗是窗扇绕水平轴转动的窗，按照转轴的位置不同，可以分为上悬窗、下悬窗和中悬窗。上悬窗和中悬窗向外开启，防雨效果好，利于通风，可以用做外门和门上的亮子以及大空间建筑的高侧窗。下悬窗不能防雨，通风较好，不宜用作外窗，一般用于门上的亮子。

三、门窗的尺寸

1. 门的尺寸

门主要用于交通疏散，因此门洞的尺寸要满足人流、疏散、搬运家具设备的要求，同时还应符合《建筑模数协调标准》（GB/T 50002—2013）的有关规定。门的尺寸主要根据人体尺度确定，当通行量小、使用频率低而且无须通过大尺度家具设备时，门的尺寸可以按照通过一股人流考虑；当通行量大，使用频率高时，门的尺寸应按通过两股或两股以上人流考虑。某些人流集中的建筑的门，其宽度还需要通过疏散计算确定。

一般情况下，门的宽度应能满足一个人随身携带一件物品通过，大多数房间门的宽度为 900 ~ 1 000 mm。对一些面积小、使用人数少、家具设备尺度小的房间，门的宽度可以适当减小，一般为 700 ~ 800 mm。当门洞的宽度较大时，可以采用双扇门或多扇门，而不是把门扇的宽度过分加大。如果门扇的尺度过大，其自重就要随之增加，

用料也会增多，还会给开关增加困难，而且容易变形。因此，单扇门的宽度一般为700～1 000 mm，双扇门的宽度为1 200～1 800 mm。

门的高度不宜小于2 100 mm，当门洞高度较大时，通常在门洞上部设亮子，否则就会使门的尺度过大，给制作和使用带来困难。亮子高度一般为300～600 mm，门洞高度一般为2 400～3 000 mm。由于门是构成室内整体空间效果的主要因素之一，因此门洞的高度应与房间的高度相适应。公共建筑大门的高度可以视需要适当提高。

为了使用方便，一般民用建筑门窗都编制成标准图，在图上标明门窗类型和尺寸，设计时可以按需要选用。

2. 窗的尺寸

窗的尺寸主要根据房间的采光和通风要求确定，同时也要考虑建筑立面造型和结构方面的要求。窗的尺寸通常要满足国家标准《建筑模数协调标准》(GB/T 50002—2013)的有关规定，但有时由于受到房间开间、层高等客观因素的限制，其宽度和高度的尺寸就有可能打破模数的限制。窗的整体结构比较单薄，是围护结构的薄弱环节，而且造价较高，热工性能也没有墙体好。因此，不论是从经济、节能、安全方面考虑，还是从结构方面考虑，均应适当控制窗的面积，寒冷地区建筑北向窗的面积更要严格控制，不宜开得太大。

窗扇是窗的活动部分，需要开启灵活。为了节省用料、方便开启、确保窗的坚固性，窗扇的尺寸不宜过大。平开窗扇的宽度一般不超过600 mm，高度一般不超过1 500 mm；上、下悬窗的窗扇高度为300～600 mm；中悬窗的窗扇高度不宜大于1 200 mm，宽度不宜大于1 000 mm；推拉窗的高、宽均不宜大于1 500 mm。当窗洞高度较大时，可以加设亮子。

四、门窗编号

门窗是建筑用量较大的构件，为了设计、施工和制作方便，应对门窗进行编号。只有洞口尺寸、分格形式、用材、层数、开启方式均相同的门窗才能使用同一编号。门的代号用“M”表示，如M–1、M–2、M–3；窗的代号用“C”表示，如C–1、C–2、C–3。住宅中经常出现阳台门和窗结合在一起的情况（俗称门连窗），此时用“CM”表示，如CM–1、CM–2、CM–3。有些特殊的门窗也有自己的表示方式，如防火门用“FM”表示，人防建筑的密闭门用“MM”表示。

五、门窗的种类

门窗的发展经历过木门窗、钢门窗、铝合金门窗等阶段，目前常用的门窗种类有以下几种。

1. 成品木门窗

成品木门窗采用标准化、工厂化、组装成型的新工艺生产，目前广泛应用于酒店、宾馆、办公大楼、中高档住宅等。成品木门主要有实木复合门、实木门、模压木门等。

实木复合门的门芯多以松木、杉木或进口填充材料等黏合而成，外贴密度板和实木木皮，经高温热压后制成，并用实木线条封边。实木门是以天然原木做门芯，经过干燥处理，然后经下料、刨光、开榫、打眼、高速铣形等工序加工而成。模压木门是用于木方根据相应造型做骨架，并在骨架上双面粘贴带造型和仿真木纹的高密度纤维模压门皮板，经机械压制而成。

2. 铝合金门窗

铝合金门窗是表面处理过的铝材经下料、打孔、铣槽、攻螺纹等加工，制作成门窗框料，然后与连接件、密封件、五金件等一起组合装配而成。

铝合金门窗具有自重轻、密封性好、耐腐蚀、强度高、刚度高、色泽美观、便于工业化生产等诸多优点，但它造价较高，制作技术比较复杂，故适用于有密闭、保温、空调等使用要求的房间以及内外装修标准较高的工业和民用建筑中。铝合金门和铝合金窗的型材用料基本相同，但往往铝合金门用型材的壁厚比铝合金窗用型材稍大。

根据开启方式不同，铝合金门主要有平开门、推拉门和地弹簧门三种。地弹簧门是目前铝合金门中采用较多的一种，它装有向内、向外均可开启的双作用地弹簧，门扇可以向内或向外开启。当开启角度小于90°时，门扇可以自动关闭；当开启角度为90°时，门扇可以固定不动，关门速度还能根据使用要求进行调节。铝合金地弹簧门分为有框和无框两种，有框门又分成封闭型和非封闭型。这种门具有使用方便、美观大方的特点，广泛应用于商场、酒店、学校、医院、办公楼等建筑。在人流通行频繁或儿童集中的建筑中使用时，地弹簧门应采用厚度不小于6 mm的钢化玻璃或夹层玻璃。

3. 彩钢门窗

彩钢门窗是用彩色镀锌钢板经过机械加工而成的门窗。它具有质量轻、硬度高、采光面积大、防尘性好、隔声性好、保温性好、密闭性好、造型美观、色彩绚丽、耐腐蚀等特点。

彩钢门窗有带副框和不带副框两种。当外墙面为花岗石等贴面材料时，常采用带副框的门窗，安装时，先用自攻螺钉将连接件固定在副框上，再用密封胶对洞口与副框以及副框与窗樘之间的缝隙进行密封。当外墙装修为涂料或抹灰时，常用不带副框的彩钢门窗，即直接用膨胀螺栓将门窗樘子固定在墙上。

4. 塑钢门窗

以聚氯乙烯、改性聚氯乙烯或其他树脂为主要原料，添加一定比例的改性剂、填充剂、稳定剂等，经挤压机挤压成空腹型材，在其内腔中衬入钢材，即成为塑钢门窗。

塑钢门窗线条清晰、挺拔，造型美观，表面光洁细腻，不但具有良好的装饰性，而且有良好的隔热性和密封性。它的气密性为木窗的3倍，铝窗的1.5倍，热损耗为金属窗的1/1 000，隔声效果比铝窗高30 dB以上。同时，塑料本身具有耐腐蚀性，不用刷涂料，可以节约施工时间及费用，在正常使用条件下，使用寿命可达50年左右。

塑钢门窗按其开启方式不同，分为平开门窗、推拉门窗、上提窗、悬窗、半玻门、板式门等多种形式；按其构造层次不同，分为单层玻璃门窗、双层玻璃门窗、纱门窗等；按其框料截面宽度不同，分为45、58、60、70、80、85等系列。

第二节 门

一、门的选用与布置

1. 门的选用

（1）一般公共建筑经常出入的向西或向北的门应设置双道门或门斗。外面一道门用外开形式，里面的一道门宜采用双面弹簧门或电动推拉门。

（2）湿度大的门不宜采用纤维板门或胶合板门。

（3）体育馆内运动员经常出入的门，门扇净高不得低于 2.2 m。

（4）托儿所、幼儿园建筑的儿童用门，不得选用弹簧门，以免挤手碰伤。

（5）所有的门如果没有隔声要求，不得设门槛。

2. 门的布置

（1）两个相邻并经常开启的门，应避免开启时互相碰撞。

（2）向外开启的平开门应有防止风吹碰撞的措施，如将门退进墙洞，或设门挡风钩等固定措施，并应避免与墙垛腰线等凸出物碰撞。

（3）门开向不宜朝西或朝北。

（4）凡无间接采光通风要求的套间内门，不需设亮子和纱扇。

（5）经常出入的外门宜设雨篷。

（6）变形缝处不得利用门框盖缝，门扇开启时不得跨缝。

（7）住宅内门的位置和开启方向应结合家具布置考虑。

二、木门的构造

木门具有外形美观、开启方便、隔声效果好、加工方便等优点，目前在民用建筑中被大量采用，一般由门框、门扇、亮子、五金零件及附件组成，如图 9–7 所示。

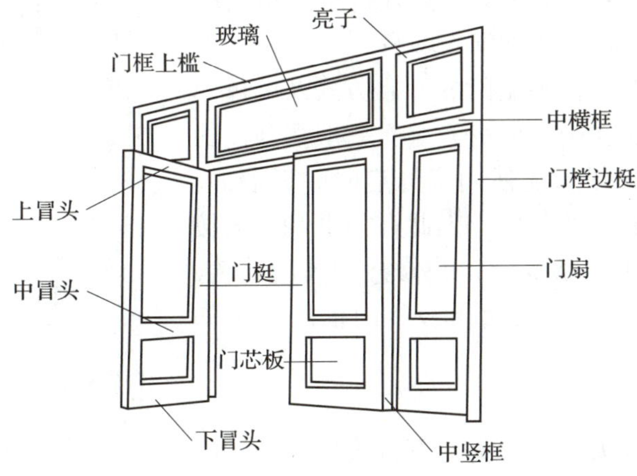

图 9–7 木门的组成

亮子又称腰头窗，在门的上方，有辅助采光和通风的作用，有固定式、平开式、上悬式、中悬式、下悬式等几种形式。门框是门扇与墙的联系构件。五金零件一般有铰链、插销、门锁、拉手、门碰头等。附件有贴脸板、筒子板等。

1. 门框

门框又称门樘，其主要作用是固定门扇和亮子，并与门洞相连。门框由两根竖直的边框和上框（上冒头）组成，有亮子的门还有中横框，多扇门还有中竖框等。

门框的安装方式有塞口和立口两种，如图 9–8 所示。

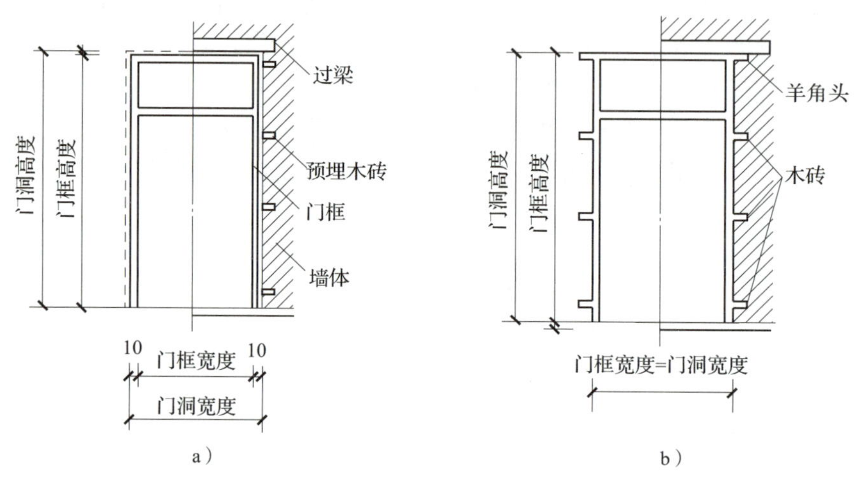

图 9–8　门框的安装方式

a）塞口　b）立口

塞口是在墙砌好后再安装门框。砌墙时预留门洞口的宽度应该比门框大 20 ~ 30 mm，高出门框 10 ~ 20 mm。门洞两侧墙上每隔 600 ~ 1 000 mm 预埋木砖或预留缺口，以便用圆钉或水泥砂浆将门框固定住。门框与墙间的缝隙用沥青麻丝嵌填。

立口是在砌墙前先用支撑将门框立好，然后再砌墙。为使门框与砖墙连接牢固，应在门框的上框伸出 120 mm 的端头，俗称羊角头，并在边框外侧每隔 500 ~ 700 mm 设一木砖或铁脚砌入墙身。

门框在门洞中的位置根据门的开启方式及墙体厚度不同分为外平齐、立中、内平齐等。一般多与门的开启方向一侧平齐，尽可能使门扇开启时贴近墙面。门框四周的抹灰极易开裂脱落，因此在门框和墙的接合处应做贴脸板和木压条盖缝，装修标准高的建筑，还可以在门洞两侧和上方设筒子板。门框的装饰如图 9–9 所示。

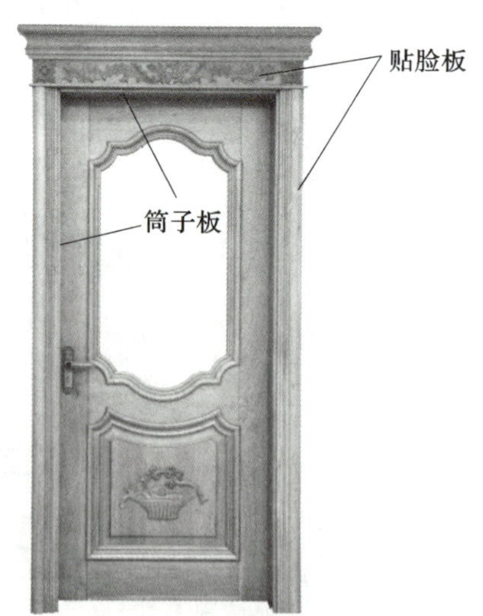

图 9–9　门框的装饰

2. 门扇

门扇一般由上冒头、中冒头、下冒头、门梃、门芯板、玻璃等组成，如图 9–7 所示。

木门扇的种类较多，根据用料及构造不同，可以分为镶板门、玻璃门、纱门、夹板门和拼板门等。

（1）镶板门、玻璃门、纱门

镶板门门扇由骨架内装门芯板组成。门芯板一般用厚度为 10 ~ 15 mm 的木板拼成整块，也可以采用多层胶合板、硬质纤维板等材料，如图 9–10 所示。当采用玻璃时，即为玻璃门，若采用玻璃纱（或铁纱），即为纱门。

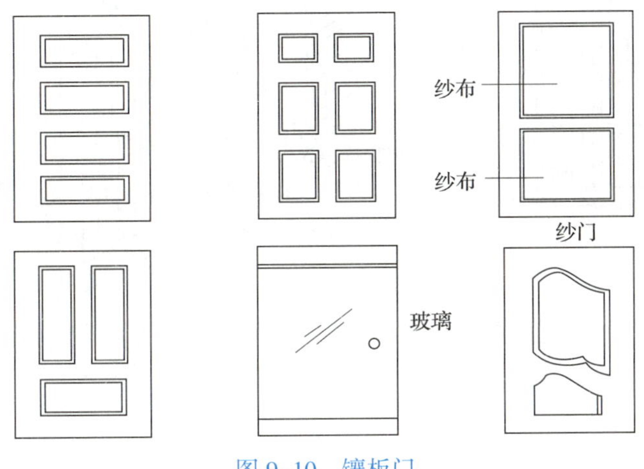

图 9–10　镶板门

（2）夹板门

夹板门门扇由木骨架两面粘贴面板组成。骨架由厚 32 ~ 35 mm、宽 34 ~ 60 mm 的木方做成，中间的肋条为厚约 30 mm、宽 10 ~ 25 mm 的木条。面板一般为胶合板、纤维板、塑料板等。夹板门构造简单，可以利用短料、小料，自重轻，外形简洁，一般用做民用建筑的内门，如图 9–11 所示。

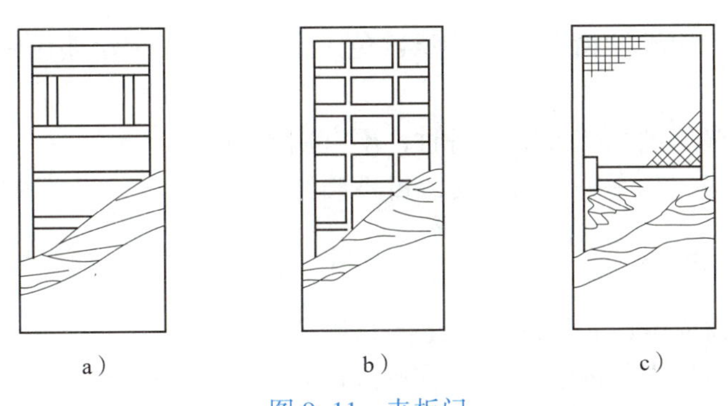

图 9–11　夹板门

a）水平骨架　b）双向骨架　c）格状骨架

（3）拼板门

拼板门门扇构造与镶板门相同，由骨架和拼板组成，只是拼板门的拼板用 35 ~ 45 mm 厚的木板拼接而成，因而自重较大，但坚固耐久，多用于库房、车间的外门，如图 9–12 所示。

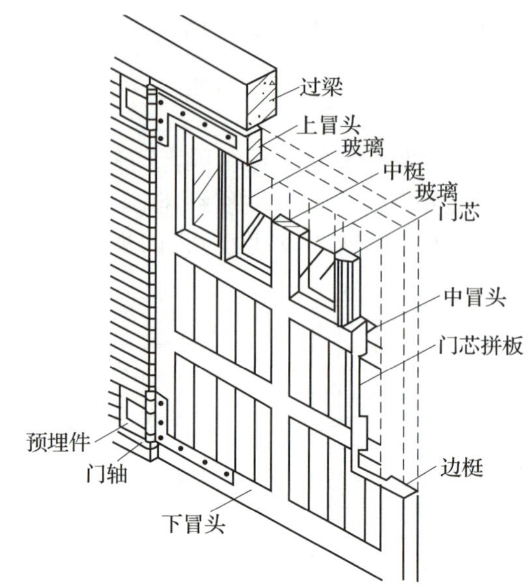

图 9-12　拼板门

第三节　窗

一、窗的选用

窗的选用应注意以下几点：

1. 面向外廊的居室、厨卫窗均应向内开，或在人的高度以上外开，并应考虑防护安全和密闭性要求。

2. 民用建筑均应设纱窗，并应注意避免走道、楼梯间、次要房间漏装纱窗而进蚊蝇。

3. 高温、高湿环境及防火要求高时，不宜用木窗。

4. 用于锅炉房、车库等处的外窗，可不装纱窗。

二、窗的布置

1. 楼梯间外窗应考虑各层圈梁的走向，避免冲突。

2. 楼梯间外窗作内开窗时，开启后不得在人的高度内凸出墙面。

3. 窗台高度由工作面需要而定，一般不宜低于工作面（900 mm），如果窗台过高或上部开启时，应考虑开启方便，必要时加设开闭设施。

4. 需做暖气片时，窗台板下净高、净宽需满足暖气片及阀门操作的空间需要。

5. 窗台高度低于 800 mm 时，需有防护措施，窗前有阳台或大平台时除外。

6. 错层住宅屋顶不上人处，尽量不设窗，为采光或检修需设窗时，应有可锁闭的铁栅栏，以免儿童上屋顶发生事故，并可减少屋面损坏。

三、木窗的构造

木窗一般是由窗框、窗扇、五金零件组成，根据不同要求还有贴脸板、窗台板、筒子板、窗帘盒等附件，如图 9–13 所示。五金零件有铰链、插销、拉手、风钩等。

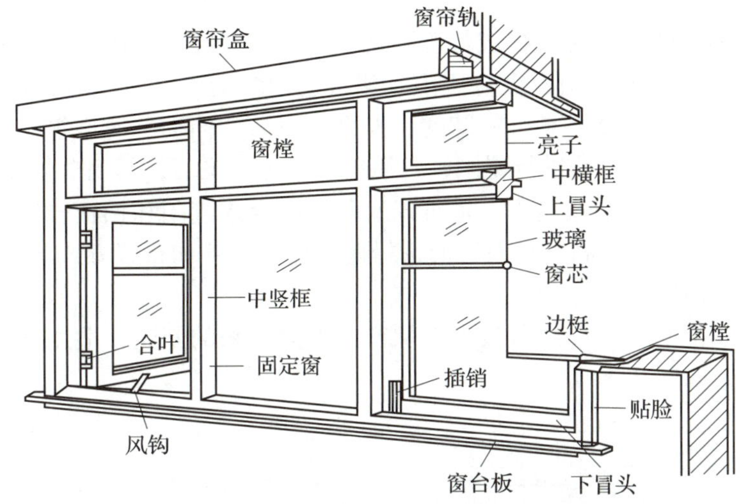

图 9–13　木窗的组成

1. 窗框

窗框由两边的边框、上框（上冒头）和下框（下冒头）组成矩形轮廓，如有亮子时，则加中横框（中冒头）。窗框的安装方法与门框基本相同。窗框与墙体之间的缝隙应用砂浆或油膏填实，以满足防风、挡雨、保温、隔声等要求。窗框可以与窗洞口外平齐、内平齐或居中设置。安装时窗框凸出砖面 20 mm，以便墙面粉刷后与抹灰面平齐。

2. 窗扇

窗扇由上冒头、下冒头、边梃、窗芯等组成。窗扇的用料应在保证自身刚度的前提下当尽量轻巧些，不同地区的窗扇用料尺寸也略有差异。在寒冷地区，为了解决临时的通风换气问题，经常在窗扇上设置气窗。窗扇厚度为 35 ~ 42 mm，一般为 40 mm。上冒头、下冒头及边梃的宽度一般为 50 ~ 60 mm。玻璃常用厚度为 3 mm，面积较大时，玻璃厚度可采用 5 mm 或 6 mm。为了隔声、保温等需要，可采用双层中空玻璃；需要保护隐私时，可选用磨砂玻璃或压花玻璃；为了安全，可以采用夹丝玻璃、钢化玻璃和有机玻璃等；为了防晒，可采用有色玻璃、涂层玻璃或变色玻璃等。

第四节　遮阳与门窗节能

遮阳是为了避免阳光直射室内，防止局部过热，减少太阳辐射热或产生眩光以及保护室内物品而采取的建筑措施。建筑遮阳方法很多，如室外进行绿化、室内设置窗帘和百叶窗等均是有效方法，但对于太阳辐射热强烈的地区，特别是朝向不利的墙面、门窗洞口等，应设置专用遮阳设施。在窗外设置遮阳设施对室内通风和采光都会产生不利影响，对建筑造型和立面设计也会产生影响。因此，遮阳设计应根据采光、通风、遮阳和美观等要求统一考虑。

一、遮阳的形式

低层建筑利用植物对建筑物进行遮阳是一种有效又经济的措施，多层建筑和高层建筑可以在窗户前加设遮阳板进行遮阳。建筑遮阳构造可以是永久性的，如遮阳板、遮阳挡板、屋檐等；也可以是可拆卸的，如百叶、活动挡板、花格等。简易活动遮阳是利用苇席、布篷、竹帘等进行遮阳，它简单、经济、灵活，但耐久性差。

遮阳的形式包括水平式遮阳、垂直式遮阳、综合式遮阳和挡板式遮阳，在建筑工程中，应根据太阳光线的高度角及方向选择遮阳板的尺寸和布置方式。

1. 水平式遮阳

水平式遮阳能够遮挡高度角较大、从窗口上方射来的阳光，适用于南向窗口和接近南向的窗口，如图 9–14 所示。

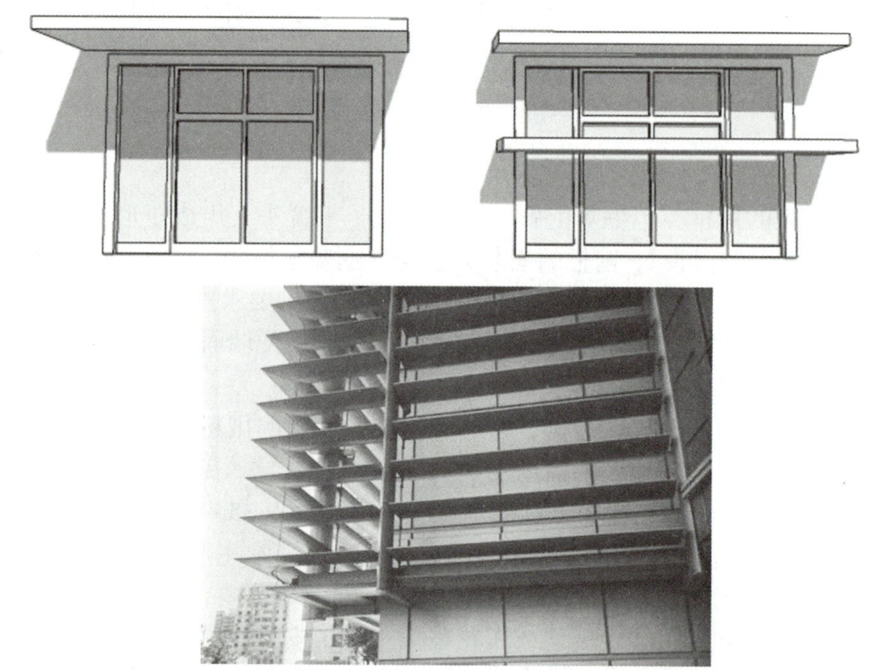

图 9–14　水平式遮阳

2. 垂直式遮阳

垂直式遮阳能够遮挡高度角较小、从窗口两侧斜射来的阳光，适用于偏东、偏西的南或北向窗口，如图 9–15 所示。

3. 综合式遮阳

综合式遮阳是水平式遮阳和垂直式遮阳的综合，对遮挡高度角较小、从窗洞侧斜射下来的阳光最为有效，适用于南、东南、西南向的窗口，如图 9–16 所示。

图 9-15 垂直式遮阳

图 9-16 综合式遮阳

4. 挡板式遮阳

挡板式遮阳能够遮挡高度角较小、正射窗口的阳光，适用于东、西向的窗口，挡板可以做成百叶式，有利于通风，如图 9-17 所示。

图 9–17　挡板式遮阳

二、门窗节能

建筑门窗是建筑围护结构的组成部分，是建筑物热交换、热传导最活跃、最敏感的部位，其热损失是墙体热损失的 5 ~ 6 倍。门窗传热方式包括辐射传热、对流放热、导热（传热）和换气传热四种方式。在当前能源紧张、环境问题越来越严峻的形势下，建筑节能被提到了越来越重要的位置，而门窗节能是建筑节能的一个重要组成方面。

门窗节能措施主要有以下两点：一是提高材料（玻璃、窗框材料）的光学性能、热工性能和密封性；二是改善门窗的构造（更换双层或多层玻璃、更换内外遮阳系统、控制各朝向的窗墙比、更换保温窗帘）。

门窗节能材料主要是指玻璃和窗框使用的节能材料。

1. 门窗框扇断热型材

门窗框扇断热型材的节能原理是在特定设计的铝合金（或镀锌彩钢）空腔之中灌注 PU 树脂作为隔热条，再将铝壁分离形成断桥，从而阻止热量的传导。铝合金断热型材如图 9–18 所示。

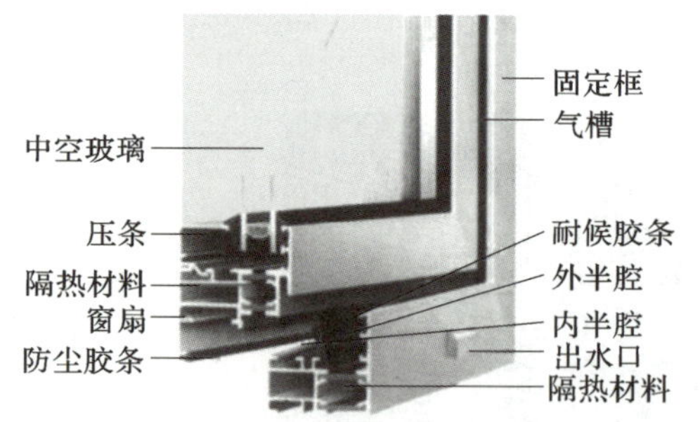

图 9–18　铝合金断热型材

2. 隔热保温玻璃

（1）热反射玻璃（镀膜玻璃）

热反射玻璃是对太阳辐射具有较高反射能力而又保持良好透光性的平板玻璃。它对太阳辐射有较强的反射能力，遮光性能好，具有单向透光的特性，对可见光的透过率小，多作为高层建筑的幕墙。

（2）变色玻璃

变色玻璃包括光致变色玻璃和电致变色玻璃两种。光致变色玻璃可以随光线增强而改变颜色，它是在钠硼硅玻璃基料中加入感光剂卤化剂（氯化银等），或直接在玻璃或有机夹层中加入钼或钨形成的感光化合物。采用光致变色玻璃装饰建筑，既使得室内光线柔和、色彩多变，又使得建筑色彩斑斓、变幻莫测，与建筑的日照环境协调一致。光致变色玻璃一般用于建筑物门窗、幕墙等。

电致变色玻璃的表面镀有一层超薄氧化钨涂层。当该涂层上通过低电压时，氧化钨的氧化状态会发生改变。因此，通过电压控制，就可以使玻璃产生从完全透明到深蓝等多种变化。电致变色玻璃可作为汽车等交通工具的风窗玻璃和大面积显示器，在建筑、运输及电子等工业领域有着广泛的应用前景。

（3）中空玻璃

中空玻璃由两层或两层以上平板玻璃构成，四周用高强度、气密性好的复合黏结剂将两片或多片玻璃与铝合金框、橡胶条或玻璃条黏合，密封玻璃之间留出的空间（间距一般为 10 ~ 30 mm）充入干燥气体（一般为空气），以获得优良的绝热性能。

中空玻璃具有保温绝热、减少噪声、节能、可避免冬季窗户结露并保持室内湿度一定等特点。无色透明的中空玻璃一般可用于普通住宅、空调房间、空调列车、商用冰柜等。有色中空玻璃一般用于有一定建筑艺术要求的建筑物，如影剧院、展览馆和银行等。

1. 门和窗各有哪几种开启方式？各有何特点？各自的使用范围是什么？
2. 安装木门框的方法有哪些？各有什么特点？
3. 铝合金门窗和塑钢门窗有哪些特点？
4. 建筑遮阳措施有哪些？

第十章 屋顶

学习目标

熟悉屋顶的类型与设计要求，掌握有组织排水的方案，了解屋顶排水设计的内容，掌握平屋顶卷材防水屋面、刚性防水屋面、涂膜防水屋面的构造做法、细部构造，掌握平屋顶的保温与隔热构造做法，了解坡屋顶的承重方案，了解平瓦屋面的构造，了解坡屋顶的保温与隔热构造，了解变形缝的种类及构造做法。

屋顶是建筑物最上层的覆盖构件，其主要作用是抵御自然界风、雨、雪、太阳辐射、气温变化等不利因素的影响，保证建筑内部有一个良好的使用环境，承受屋顶自重、风雪荷载以及施工和检修屋面的各种荷载。同时，屋顶的形式对建筑造型有很大的影响，是体现建筑风格的重要手段。

第一节 屋顶类型和设计要求

一、屋顶的类型

按照所使用的材料不同，屋顶可以分为钢筋混凝土屋顶、瓦屋顶、金属屋顶、玻璃屋顶等；按照排水坡度、结构形式不同，屋顶可分为平屋顶、坡屋顶、其他形式的屋顶等。

1. 平屋顶

民用建筑大都采用混合结构或者框架结构，结构空间多为矩形，平屋顶易于协调统一建筑与结构的关系，也较为经济合理，所以在民用建筑中被广泛采用，如图 10-1 所示。为排除屋顶的雨水，屋顶必须有一定的坡度，一般不大于 5%，常用坡度为

图 10-1　平屋顶

2%～3%，上人屋顶坡度通常为 1%～2%。

2. 坡屋顶

坡屋顶是指坡度在 5% 以上的屋顶，屋面防水材料多为瓦材，坡度一般为 20°～30°。它是我国传统的建筑屋顶形式，在民用建筑中应用非常广泛。现代城市建筑中，某些建筑为满足景观或建筑风格的要求，也常采用各种形式的坡屋顶。

坡屋顶的常见形式有单坡、硬山、悬山、四坡、庑殿、歇山、卷棚以及圆形或多角形攒尖屋顶等，如图 10–2 和图 10–3 所示。

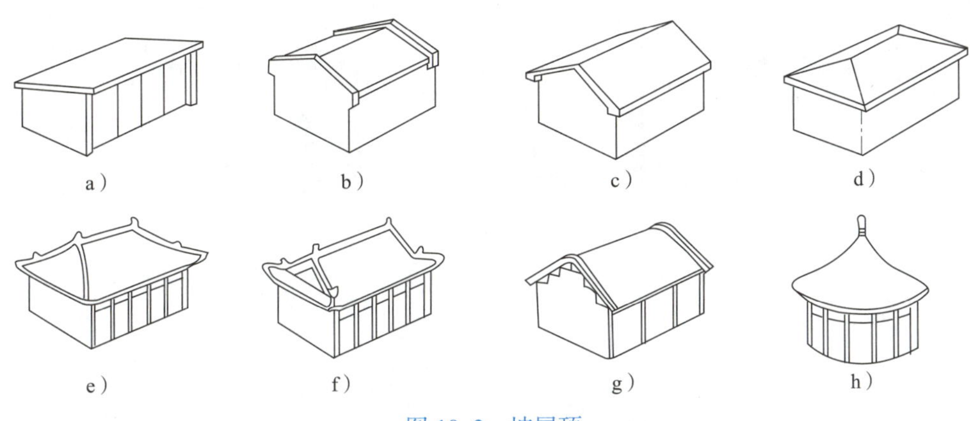

图 10–2　坡屋顶

a）单坡　b）硬山　c）悬山　d）四坡　e）庑殿　f）歇山　g）卷棚　h）攒尖

图 10–3　坡屋顶实例

a）庑殿顶　b）歇山顶　c）悬山顶　d）硬山顶

3. 其他形式的屋顶

随着建筑科学技术的发展，出现了许多新型屋顶形式，如悬索屋顶、网架屋顶、拱形屋顶、薄壳屋顶、桁架屋顶、折板屋顶等，这类屋顶结构的内力分布均匀合理，节约材料，适用于大跨度、大空间和造型特殊的建筑，如体育馆、展览馆等，如图 10-4 所示。

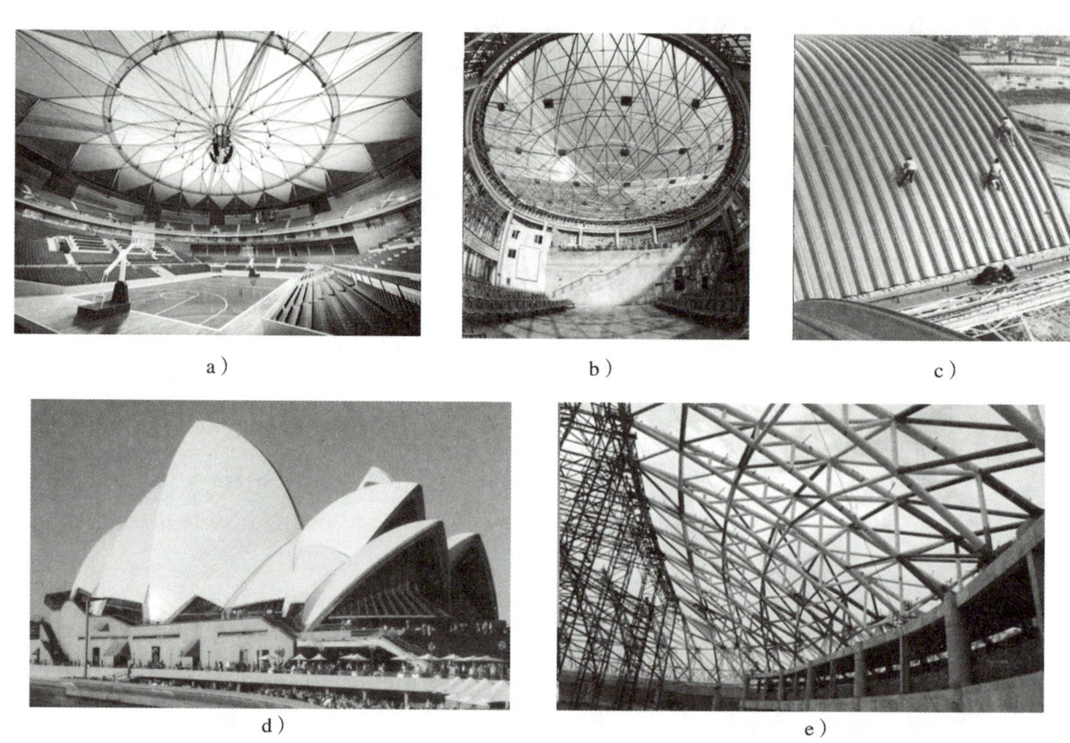

a） b） c） d） e）

图 10-4 其他形式屋顶

a）悬索屋顶 b）网架屋顶 c）拱形屋顶 d）薄壳屋顶 e）桁架屋顶

二、屋顶的设计要求

1. 防水和排水要求

作为围护结构，屋顶最基本的功能是防止渗漏，通过选择不透水的屋面材料及进行合理的构造处理，可以达到防水目的。同时，屋顶应采取合适的屋面坡度和排水措施，将屋面雨水迅速排出。

2. 强度和刚度要求

屋顶要承受风、雨、雪等荷载及其自重，如果是上人屋顶，还要承受人和家具等活荷载。因此，屋顶也是承重结构，必须具有足够的强度，以保证建筑物的结构安全。另外，从防水的角度考虑，也不允许屋顶受力后有过大的结构变形，应具有足够的刚度，否则易使防水层开裂，造成屋面渗漏。

3. 保温隔热要求

屋顶应该具有保温隔热能力，寒冷地区的屋顶应满足冬季保温要求；南方炎热地区的屋顶应该满足夏季隔热要求，避免室外高温及强烈的太阳辐射对室内产生的不利影响。

4. 建筑艺术要求

屋顶是建筑外部形体的重要组成部分，其形式对于建筑物的造型具有很大的影响，在设计中应该注意屋顶的建筑艺术处理。

第二节　屋顶构造

一、平屋顶的构造

平屋顶与坡屋顶相比，具有构造简单、施工方便等特点，还可以利用屋面做种植屋面或屋顶花园，但平屋顶排水慢，屋面积水机会多，容易产生渗漏，保温隔热效果也不如坡屋顶，在建筑造型方面也略显单调。

平屋顶主要由结构层（承重层）、保温隔热层、防水层（屋面）组成，有时根据构造要求可以设置找平层、找坡层、隔汽层等，如图 10–5 所示。

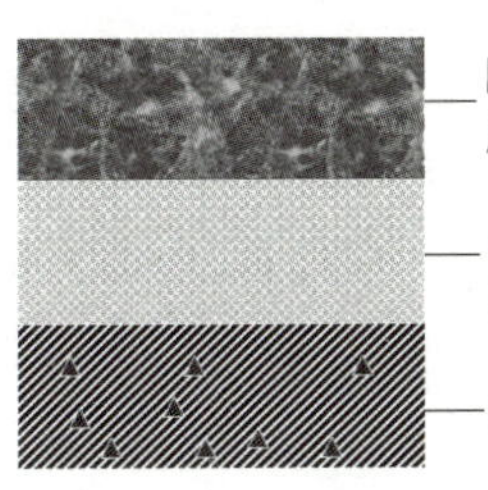

图 10–5　平屋顶的构造

1. 结构层（承重层）

结构层的作用是承受屋顶自重和上部荷载，并传递给承重墙或梁等。结构层通常采用预制或现浇钢筋混凝土板。

2. 保温隔热层

保温隔热层一般采用轻质、多孔、松散材料，如膨胀珍珠岩、膨胀蛭石、加气混凝土、聚苯乙烯泡沫塑料等，设置于结构层和防水层之间。

3. 防水层（屋面）

根据做法和材料不同，防水层（屋面）可以分为柔性防水屋面和刚性防水屋面。柔性防水屋面用沥青油毡、防水涂料或高分子卷材等柔性材料作为防水层，它具有一定的延伸性，有利于屋面适应一定温度的变形，价格便宜；刚性防水屋面用细石混凝土或防水砂浆等刚性材料作为防水层，施工方便、构造简单、造价低，但是对温度变化和结构变形较为敏感、容易产生裂缝、施工要求较高。

二、坡屋顶的构造

坡屋顶在我国有着悠久的历史，它造型丰富、隔热保温效果好，目前仍被广泛应用。坡屋顶的屋面坡度大于 5%，常用的有单坡、硬山、四坡、歇山等形式。

1. 坡屋顶的组成

坡屋顶主要由承重结构、屋面、保温隔热层和顶棚等组成（见图 10–6）。

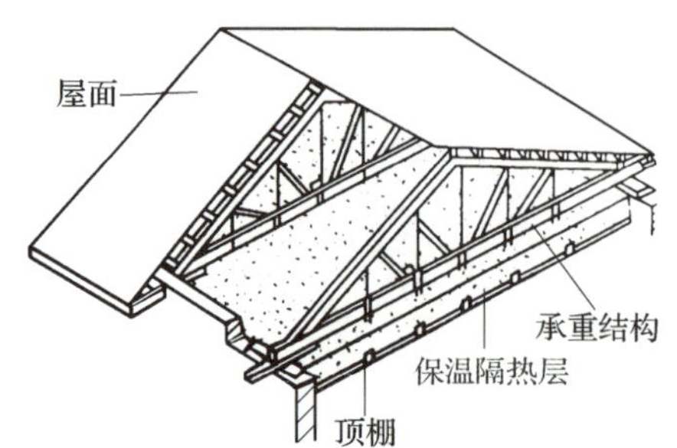

图 10–6　坡屋顶的组成

（1）承重结构

承重结构包括屋架、檩条、屋面大梁等，它承担屋面的自重和荷载，并把荷载传递给承重墙或柱子。

（2）屋面

屋面包括屋面瓦和基层（如木椽、挂瓦条、屋面板等）两部分。

（3）保温隔热层

南方炎热地区一般在顶棚以上设置隔热层，在屋面上或顶棚内做架空通风间层；北方寒冷地区可以在屋面层以下或顶棚之上设置保温层，常用的保温材料有膨胀蛭石、膨胀珍珠岩、矿棉、加气混凝土、泡沫塑料等。

（4）顶棚

顶棚是屋面下面的遮挡部分，可以使室内天花板平整，同时起到保温、隔热、装饰的作用。

2. 坡屋顶的承重结构系统

坡屋顶的承重结构系统主要有三种，即山墙承重系统、屋架承重系统和钢筋混凝土屋面板承重系统。

（1）山墙承重系统

山墙承重是指将建筑物内外横墙砌成尖顶形式，在上面搁置檩条来支撑屋面的荷载。山墙承重系统构造简单、施工方便，适用于小开间且横墙承重的建筑物，如图 10–7 所示。

（2）屋架承重系统

屋架又称桁架，可以采用木材、钢材或钢筋混凝土材料制作，形式有三角形或梯形等，以三角形屋架应用最为普遍。采用屋架承重时，檩条搁置在屋架上，屋架搁置在纵向外墙或柱子上。与山墙承重系统相比，屋架承重系统可以省去承重的横墙，增大室内开间，如图 10–8 所示。

（3）钢筋混凝土屋面板承重系统

钢筋混凝土屋面板承重系统以预制或现浇钢筋混凝土屋面板直接搁置在两面山墙或屋架上，也称为无檩屋面，如图 10–9 所示。

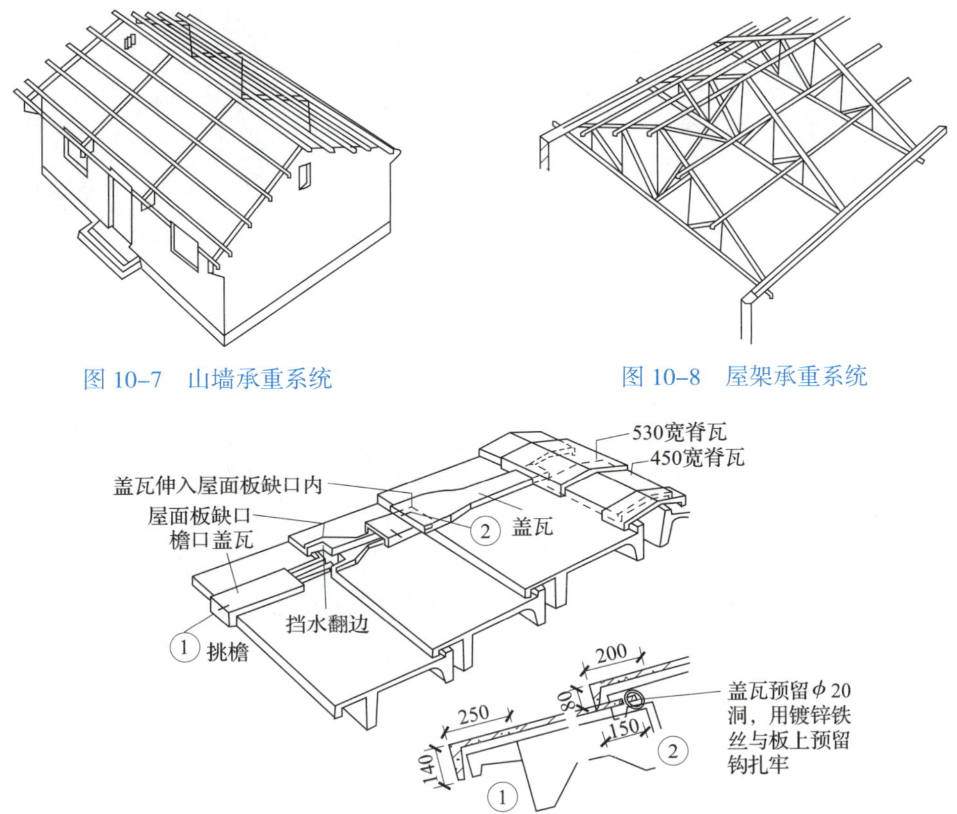

图 10-7 山墙承重系统

图 10-8 屋架承重系统

图 10-9 钢筋混凝土屋面板承重系统

3. 坡屋顶的屋面构造

坡屋顶的屋面包括基层和面层两部分：基层是指支撑屋面瓦材的构造层，如有檩体系中的椽条、挂瓦条或无檩体系中的屋面板等；面层主要有平瓦、油毡瓦、块瓦型钢板彩瓦等。一般根据面层瓦材选择合适的屋面承重基层。

（1）平瓦屋面

平瓦包括彩釉面或素面陶瓦、彩色或普通水泥平瓦、黏土平瓦等，每片瓦的尺寸为 400 mm × 230 mm，互相搭接后的有效尺寸为 330 mm × 200 mm，瓦面有排水槽，背面有挂瓦爪。常用的平瓦屋面有以下三种构造。

1）冷摊瓦屋面。冷摊瓦屋面做法是在屋架上弦或椽条上钉挂瓦条，在挂瓦条上铺瓦，如图 10-10 所示。这种做法构件少，结构简单，造价低，但保温性能和防漏性能都很差，多用在简易建筑物。施工时，先在檩条上顺水流方向钉木椽条，断面一般为 40 mm × 60 mm 或 50 mm × 50 mm，中距为 400 mm 左右，然后垂直于水流方向钉挂瓦条，最后盖瓦。挂瓦条的断面尺寸一般为 30 mm × 30 mm，中距为 330 mm。

2）木望板瓦屋面。木望板瓦屋面的做法是在檩条上钉 15 ~ 25 mm 厚的屋面板（称为望板），板上沿屋脊方向铺油毡一层，沿排水方向钉顺水条，其断面尺寸为 30 mm × 15 mm，中距为 500 mm，再在顺水条上钉挂瓦条，挂瓦。这种屋面由于有木望板和油毡，避风保温效果优于冷摊瓦屋面，如图 10-11 所示。

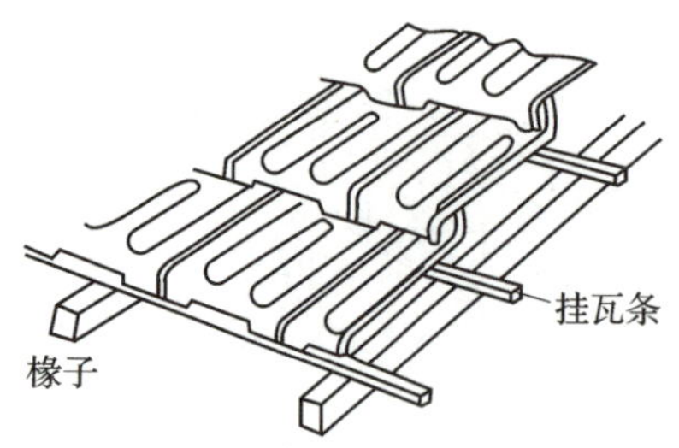

图 10-10　冷摊瓦屋面

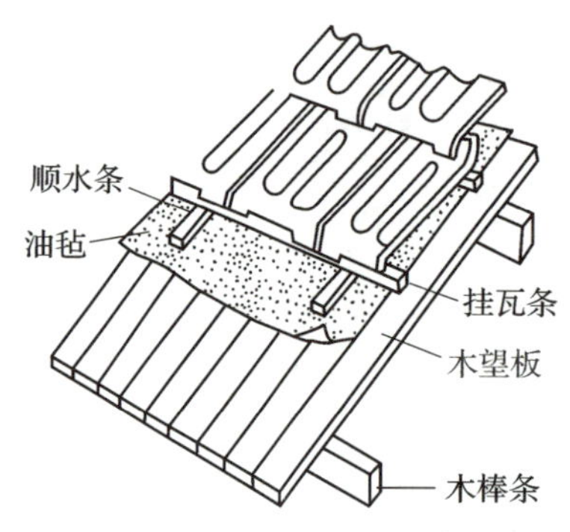

图 10-11　木望板瓦屋面

3）钢筋混凝土挂瓦板平瓦屋面。挂瓦板采用钢筋混凝土构件，它把檩条、屋面板、挂瓦条的功能结合在一起。挂瓦板板肋根部预留有泄水孔，可以排出瓦缝渗下的雨水。挂瓦板的断面有 T 形、F 形等，板肋用来挂瓦，中距为 330 mm。板缝用 1∶3 水泥砂浆嵌填，F 形挂瓦板瓦屋面如图 10-12 所示。这种屋面顶棚平整、构造简单，但容易渗水。

平瓦屋面的铺瓦方式包括水泥砂浆卧瓦、钢挂瓦条挂瓦、木挂瓦条挂瓦，其屋面防水构造做法如图 10-13 所示。钢、木挂瓦条有两种固定方法，一种是挂瓦条固定在顺水条上，顺水条钉牢在水泥砂浆（或细石混凝土）找平层上；另一种是不设顺水条，将挂瓦条和支撑垫块直接钉在水泥砂浆（或细石混凝土）找平层上。

平瓦屋面应特别注意平瓦与屋面基层的加强措施。一般来说，地震地区和风荷载较大的地区全部瓦材均应采取固定加强措施。非地震和大风地区，当屋面坡度大于 1∶2 时，全部瓦材也应该采取固定加强措施。

（2）油毡瓦屋面

油毡瓦也称为沥青瓦，是以无纺玻璃纤维毡为胎基，经浸涂石油沥青后，一面覆盖彩色矿物粒料，另一面撒隔水材料所制成的瓦状屋面防水材料，规格一般为 1 000 mm × 333 mm × 3 mm。铺瓦方式采用钉粘结合，以钉为主。油毡瓦屋面构造与工程实例如图 10-14 所示。

图 10-12　F 形挂瓦板瓦屋面

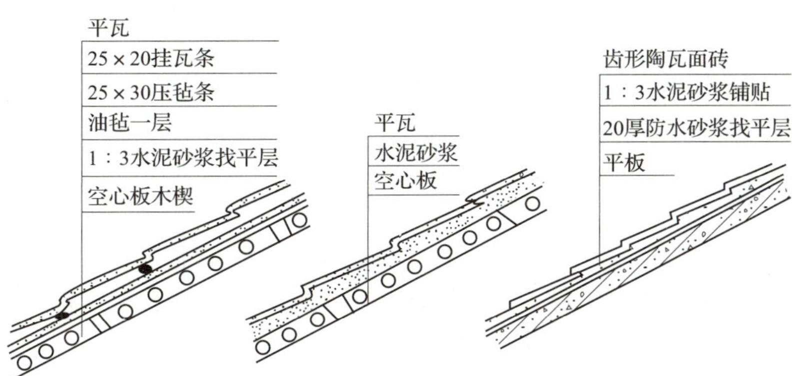

图 10-13　平瓦屋面防水构造做法

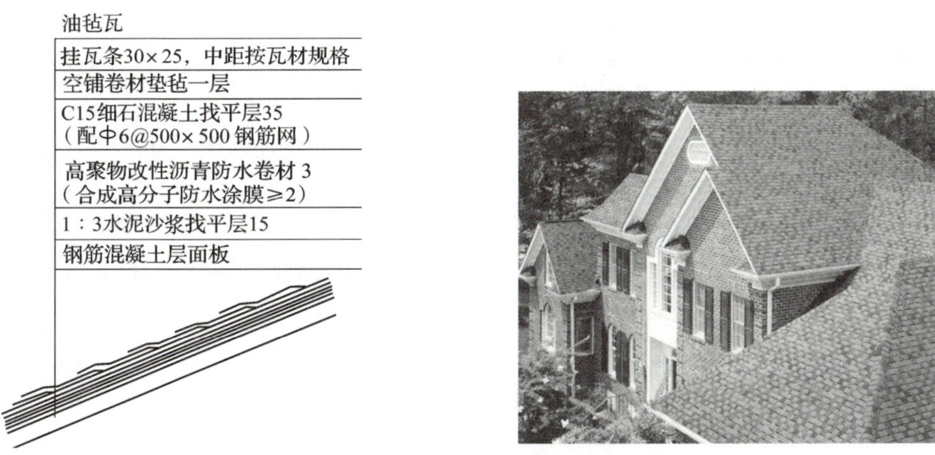

图 10-14　油毡瓦屋面构造与工程实例

（3）块瓦型钢板彩瓦屋面

块瓦型钢板彩瓦是采用彩色薄钢板冷压成连片块瓦形状的屋面防水板材，瓦材用自攻螺钉固定于冷弯型钢挂瓦条上。块瓦型钢板彩瓦屋面构造层次如图 10-15 所示。

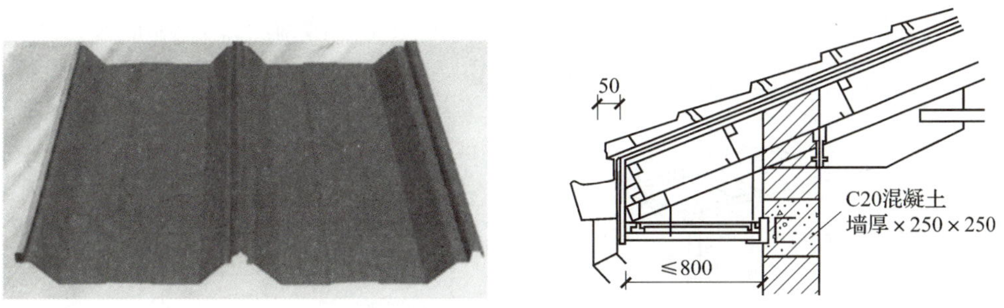

图 10-15　块瓦型钢板彩瓦屋面构造层次

第三节 屋顶排水

一、排水坡度

平屋顶的排水坡度一般用屋顶的高度与坡面水平投影长度的百分比来表示，如 i=1%、i=3% 等。坡屋顶的坡度一般用屋面与水平面的夹角来表示，如 α=25°、α=30° 等；或者用屋顶高度与坡面水平长度之比来表示，如 1∶3、1∶20 等。

1. 影响排水坡度的因素

（1）年降雨量的影响

我国南方地区降雨量大，屋面容易发生渗漏，应该适当加大排水坡度；我国北方地区降雨量比较小，可以采用比较小的排水坡度。

（2）防水材料尺寸大小的影响

如果防水材料的尺寸小、接缝多、易产生渗漏，则应该采用较大的排水坡度，以便将屋面积水尽快排出，如小青瓦、平瓦等一般采用的排水坡度为 20°～25°。如果防水材料的覆盖面积大、接缝少且严密，屋面可以采用较小的坡度。如果采用卷材或现浇混凝土等，屋面坡度为 1°～5°即可。

（3）其他因素的影响

如果屋面排水路线较长、屋顶为上人屋顶或采用屋顶蓄水隔热的话，屋面坡度可以适当小一些。

2. 坡度的形成

坡度的形成有材料找坡和结构找坡两种方式。

（1）材料找坡

材料找坡也称垫置坡度，是在水平搁置的屋面板上铺设找坡层，常用的材料有水泥炉渣或石灰炉渣，保温屋顶中有时用保温材料兼作找坡。这种做法的室内顶棚面平整，但屋面荷载加大，因此坡度不宜过大，一般用于小跨度的屋面中。材料找坡及工程实例如图 10–16 所示。

（2）结构找坡

结构找坡也称搁置坡度，是把支撑屋面板的墙或梁做成一定的倾斜坡度，屋面板

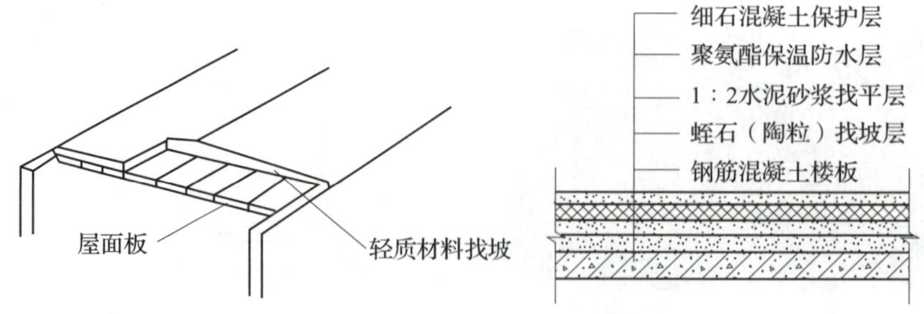

图 10–16 材料找坡及工程实例

直接搁置在该斜面上，形成排水坡度。这种做法省工、省料且较为经济，但顶棚面是倾斜的，在一般民用建筑中少用，多用于生产性建筑和有吊顶的公共建筑。坡屋顶的坡度形成也属于结构找坡。结构找坡及工程实例如图 10–17 所示。

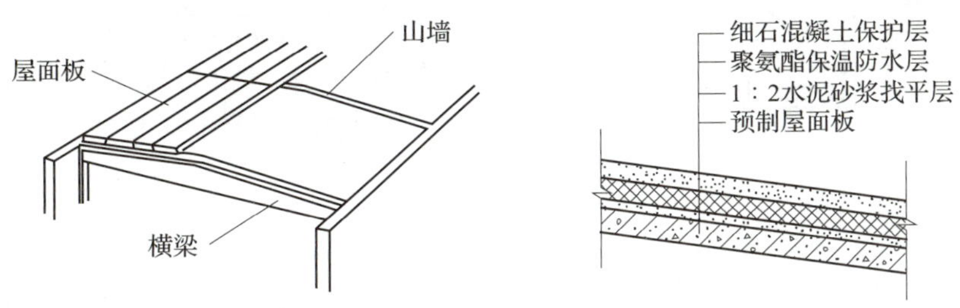

图 10–17 结构找坡及工程实例

二、排水方式

屋顶的排水方式分为无组织排水和有组织排水两大类。

1. 无组织排水

无组织排水也称自由落水，是指屋面雨水经挑檐自由下落至室外地面的排水方式，如图 10–18 所示。这种做法构造简单、造价低、不会发生堵塞，但雨水有时会溅湿勒脚甚至污染墙面，一般用于低层或次要建筑及降雨量较少地区的建筑。

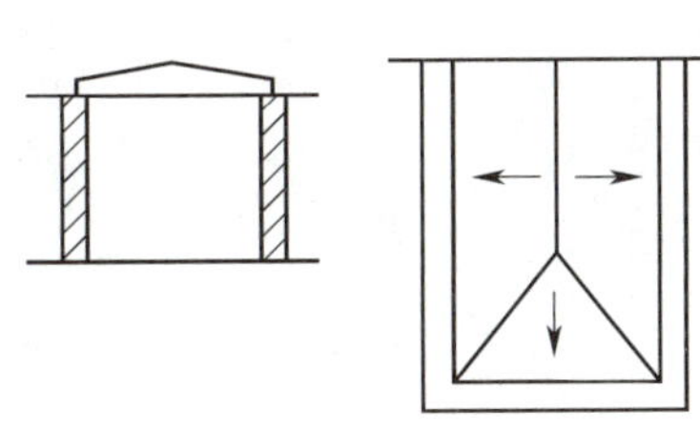

图 10–18 无组织排水

2. 有组织排水

有组织排水也称天沟排水，是指在屋面设置天沟，将雨水汇集起来，经雨水口排至雨水管后，排到室外地面或室内地下排水管网的排水方式。这种排水方式构造复杂、造价高，但雨水不会冲刷墙面，广泛应用于多层及高层建筑、高标准的低层建筑及严寒地区建筑等。有组织排水分为外排水和内排水两种方式，外排水又可分为檐沟外排水和女儿墙外排水。

（1）檐沟外排水

这种方案在平屋顶中通常采用钢筋混凝土悬挑檐沟，使雨水直接流入檐沟内，再由沟内纵坡导入水落口，如图 10–19 所示。在坡屋顶中，檐沟通常悬挂在坡屋顶的挑檐处，可以采用镀锌铁皮或石棉水泥等轻质材料制作。檐沟的纵坡一般由檐沟斜挂形成，不宜在沟内垫置起坡材料。

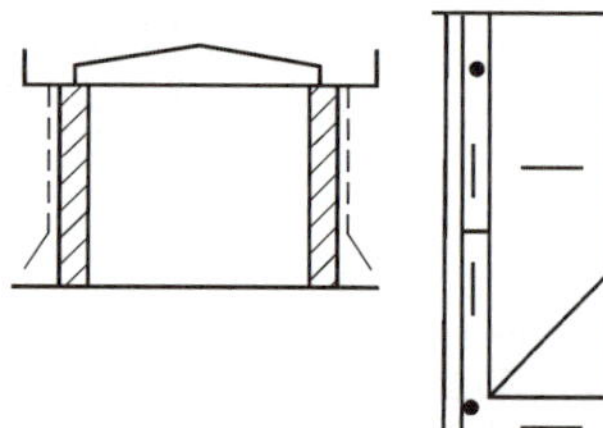

图 10–19　檐沟外排水

（2）女儿墙外排水

建筑物周围高于屋面的外墙称为女儿墙，可以将女儿墙与屋面交接处做坡度为 1% 的纵坡，让雨水沿此纵坡流向弯管式水落口，再流入墙外的水落斗及水落管，即形成女儿墙外排水，如图 10–20 所示。这种排水方式不如檐沟外排水通畅。

平屋顶女儿墙外排水施工简单、经济性好，是一种常用的排水形式。坡屋顶女儿墙外排水的内檐沟排水不畅，容易渗漏，应当慎用。

图 10–20　女儿墙外排水

（3）内排水

多跨建筑、高层建筑、严寒地区及有特殊需要时采用内排水。雨水管可设在建筑跨中的管道井内，也可设在外墙内侧，当屋顶空间较大或设有较高吊顶空间时，也可采用内落外排水。内排水方案的屋面向内倾斜，坡度方向与外排水相反，如图 10–21 所示。屋面雨水汇集到中间天沟内，再沿天沟纵坡流向水落口，最后排入室内水落管，经室内地沟排往室外。内排水方案的水落管在室内接头比较多，容易渗漏，多用于不宜采用外排水的建筑屋顶，如高层或多跨建筑以及寒冷地区建筑等。

总之，在民用建筑中，应根据建筑物的高度、地区年降雨量及气候等情况，恰当地选用排水方式。采用无组织排水时，必须做挑檐；采用有组织排水时，必须设置天沟。天沟的断面尺寸应根据地区降雨量和汇水面积的大小确定，净宽应不小于 200 mm，沟底的纵向坡度一般为 1% ~ 5%，天沟上口与分水线的距离应不小于 120 mm。雨水管的间距宜在 18 m 以内，最大不超过 24 m，雨水管直径常选用 100 mm。

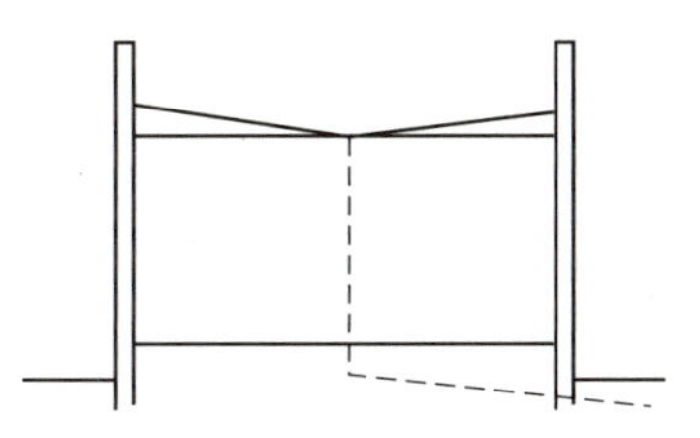

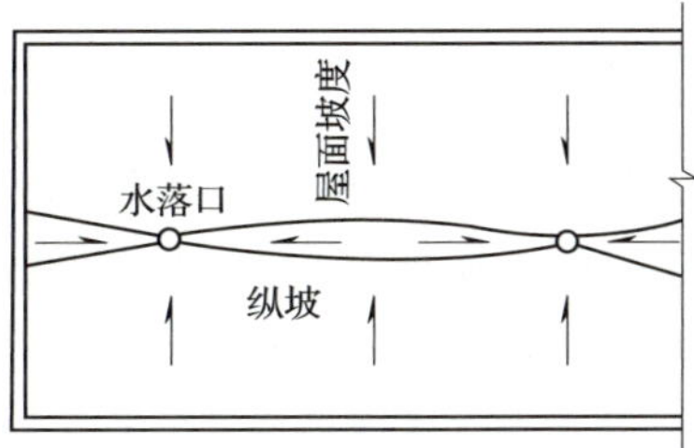

图 10–21 内排水

第四节 屋顶防水

按防水层的性质不同，屋面可分为柔性防水屋面和刚性防水屋面。柔性防水屋面的防水层具有一定的延伸性和适应变形的能力，包括卷材防水屋面、涂膜防水屋面等。柔性防水屋面能适应温度、振动、不均匀沉降因素的变化，能承担一定的水压，整体性好，不易渗漏，但施工操作较复杂，技术要求较高，适用于防水等级为Ⅰ～Ⅳ级的屋面防水。刚性防水屋面的防水层抗拉强度低，常用的有细石混凝土防水屋面。它的构造简单、施工方便、造价较低，缺点是容易开裂，对气温变化和建筑物不均匀沉降的适应性较差，一般多用于我国南方地区防水等级为Ⅲ级的屋面防水，或者作为防水等级为Ⅰ、Ⅱ级屋面的多道防水中的一道防水层。屋面防水等级和设防要求见表 10–1。

表 10–1 屋面防水等级和设防要求

项目	屋面防水等级			
	Ⅰ	Ⅱ	Ⅲ	Ⅳ
建筑物类别	特别重要或对防水有特殊要求的建筑	重要的建筑和高层建筑	一般的建筑	非永久性的建筑
防水层合理使用年限	25 年	15 年	10 年	5 年
防水层选用材料	宜选用合成高分子防水卷材、高聚物改性沥青防水卷材、金属板材、合成高分子防水涂料、细石混凝土等材料	宜选用高聚物改性沥青防水卷材、合成高分子防水卷材、金属板材、合成高分子防水涂料、高聚物改性沥青防水涂料、细石混凝土、平瓦、油毡瓦等材料	宜选用三毡四油沥青防水卷材、高聚物改性沥青防水卷材、合成高分子防水卷材、金属板材、高聚物改性沥青防水涂料、合成高分子防水涂料、细石混凝土、平瓦、油毡瓦等材料	可选用二毡三油沥青防水卷材、高聚物改性沥青防水涂料等材料
设防要求	三道或三道以上防水设防	二道防水设防	一道防水设防	一道防水设防

一、卷材防水屋面

卷材防水屋面是指以防水卷材和胶结材料分层粘贴而构成防水层的屋面。按功能要求不同，卷材防水屋面又分为保温屋面与非保温屋面、上人屋面与不上人屋面、有架空通风层屋面和无架空通风层屋面等。

1. 卷材防水屋面的材料

（1）卷材

常用的卷材有高聚物改性沥青类防水卷材和高分子类卷材。高聚物改性沥青类防水卷材包括 SBS 改性沥青油毡、再生胶改性沥青聚酯油毡、丁苯橡胶改性沥青油毡等；高分子类卷材以合成橡胶或合成树脂作为主要原料，如三元乙丙橡胶防水卷材、氯化聚乙烯防水卷材、氯丁橡胶防水卷材、聚乙烯橡胶防水卷材等。高分子类卷材具有质量轻（2 kg/m^2）、使用温度范围宽（–20 ~ 80 ℃）、耐候性好、抗拉强度高（2 ~ 18 MPa）、延伸率大（>450%）等特点，近年来在我国的各种防水工程中应用得越来越广泛。

（2）卷材胶黏剂

卷材胶黏剂包括适用于改性沥青类卷材的 RA–86 型氯丁胶胶黏剂、SBS 改性沥青胶黏剂等；三元乙丙橡胶卷材防水屋面的基层处理剂有聚氨酯底胶，胶黏剂有氯丁橡胶为主体的 CX–404 胶；氯化聚乙烯橡胶卷材的胶黏剂有 LYX–603 胶、CX–404 胶等。

2. 卷材防水屋面的构造

卷材防水屋面由多层材料叠合而成，它的基本层次有结构层、找平层、结合层、防水层和保护层，如图 10–22 所示。带保温层的卷材防水屋面的主要构造层次有承重层、找平层、隔汽层、保温层、结合层、防水层和保护层。

（1）结构层

结构层一般采用现浇或预制钢筋混凝土屋面板。

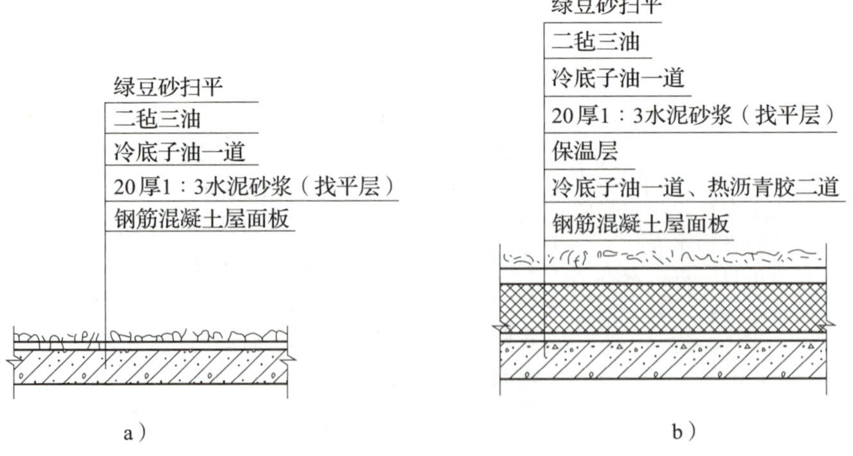

图 10–22　卷材防水屋面

a）柔性防水非保温屋面　b）柔性防水保温屋面

（2）找平层

找平层一般设在保温层或找坡层之上，以形成平整坚固的基层，避免卷材凹陷或断裂，一般采用 20 mm 厚 1 : 3 水泥砂浆，也可以采用 1 : 8 沥青砂浆。找平层应该留分格缝，缝宽一般为 5 ~ 20 mm，纵横间距一般不宜大于 6 m。屋面板为预制时，分格缝应设在预制板的端缝处。

（3）隔汽层

隔汽层的作用是防止水蒸气进入保温层，降低其保温效果。其做法是在保温层之下和找平层之上刷冷底子油一道、热沥青两道，质量要求较高或室内湿度很大时可做一毡二油隔汽层。

（4）保温层

保温层是为了防止夏季或冬季气候使建筑物顶层室内过热或过冷而设的，多用水泥膨胀珍珠岩、水泥膨胀蛭石、加气混凝土板、聚苯乙烯泡沫塑料板等，其厚度应按规定由设计人员计算确定，也可参照当地同类建筑选用。

（5）结合层

结合层的作用是在基层与卷材胶黏剂间形成胶质薄膜，使卷材与基层胶结牢固。沥青类卷材通常用冷底子油作结合层，高分子类卷材则采用配套基层处理剂，也有采用冷底子油或稀释乳化沥青作结合层。

（6）防水层

防水层由卷材和相应的卷材黏结剂构成。

1）高聚物改性沥青防水层。高聚物改性沥青防水卷材的铺贴做法有冷粘法和热熔法两种。冷粘法使用胶黏剂将卷材粘贴在找平层上，或利用某些卷材的自黏性进行铺贴。铺贴卷材时注意平整顺直，搭接尺寸准确，不扭曲，应排出卷材下面的空气并辊压黏结牢固。热熔法施工时用火焰加热器将卷材均匀加热至表面光亮发黑，然后立即滚铺卷材使之平展，并辊压密实。

2）高分子卷材防水层（以三元乙丙卷材防水层为例）。先在找平层上涂刮基层处理剂（如 CX-404 胶），要求薄而均匀，干燥不黏后即可铺贴卷材。卷材一般应由屋面低处向高处铺贴，并按水流方向搭接；卷材可垂直或平行于屋脊方向铺贴；卷材铺贴时要求保持自然松弛状态，不能拉得过紧。卷材长边应搭接 50 mm，短边应搭接 70 mm，铺好后立即滚压密实，搭接部位用胶黏剂均匀涂刷黏合。

（7）保护层

保护层设置在防水层上，目的是保护卷材防水层，使卷材在阳光和大气作用下不致迅速老化，延长其使用寿命，同时降低夏季室内温度。保护层分不上人屋面、上人屋面及架空屋面几种做法。

1）不上人屋面。对沥青类防水层宜采用 3 ~ 5 mm 粒径绿豆砂或铝银粉涂料；对高聚物改性沥青及合成高分子类防水层可用铝箔面层、彩砂及涂料等。

2）上人屋面。可在防水层上浇筑 30 ~ 40 mm 厚的 C20 细石混凝土，分成面积不大于 36 m^2 的方格，缝内灌沥青胶；也可以用沥青胶或水泥砂浆粘贴 25 mm × 300 mm × 300 mm 的 C20 细石混凝土预制板，缝内灌沥青胶。

3）架空屋面。用砖或砌块砌筑矮墩，上面用砂浆铺设混凝土板，板面勾缝或抹面。

3. 卷材防水屋面的细部构造

在卷材防水屋面中，要特别注意不同构造交接处及高差不同部位的防渗漏问题，这些地方的构造处理称为细部构造。

（1）泛水

泛水是屋面与垂直墙面交接处的防水处理。女儿墙、烟囱、变形缝、高低跨等屋面与垂直墙面相交部位，都需要做泛水处理。卷材防水屋面泛水构造如图 10–23 所示。

1）水与屋面相交处的基层须用水泥砂浆或混凝土做成 R=50 ~ 100 mm 的圆弧或钝角，防止卷材粘贴时因直角转弯而折断或不能铺实。

2）卷材在竖直面的粘贴高度不小于 250 mm，一般为 300 mm。

3）泛水处的卷材与屋面卷材相连接，并在底层加铺一层。

4）泛水上端应固定在墙上，并有挡雨措施，以免卷材下滑剥落。

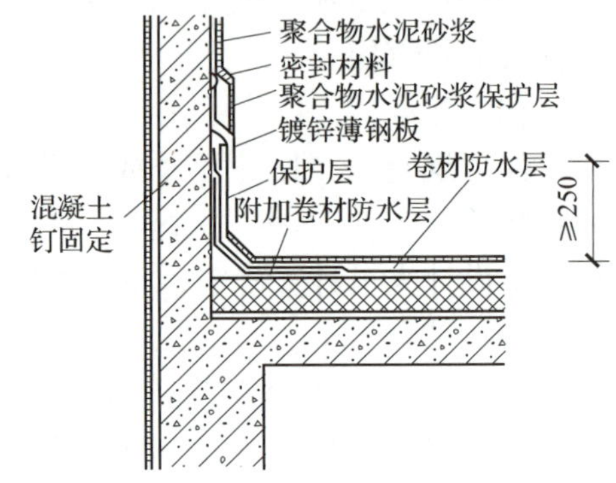

图 10–23 卷材防水屋面泛水构造

（2）檐口

卷材防水屋面的檐口包括自由落水檐口、挑檐沟檐口、女儿墙内檐沟檐口、女儿墙外檐沟檐口等。挑檐和挑檐沟的构造要点是都应注意处理好卷材的收头固定，使屋顶四周的卷材封闭，避免雨水渗入。同时，应做好檐口饰面及挑檐和挑檐沟板底面的滴水，使雨水迅速下落。卷材防水屋面檐口构造如图 10–24 所示。

（3）屋面变形缝

屋面变形缝的构造处理原则是既要保证屋顶有自由变形的可能，又能防止雨水经

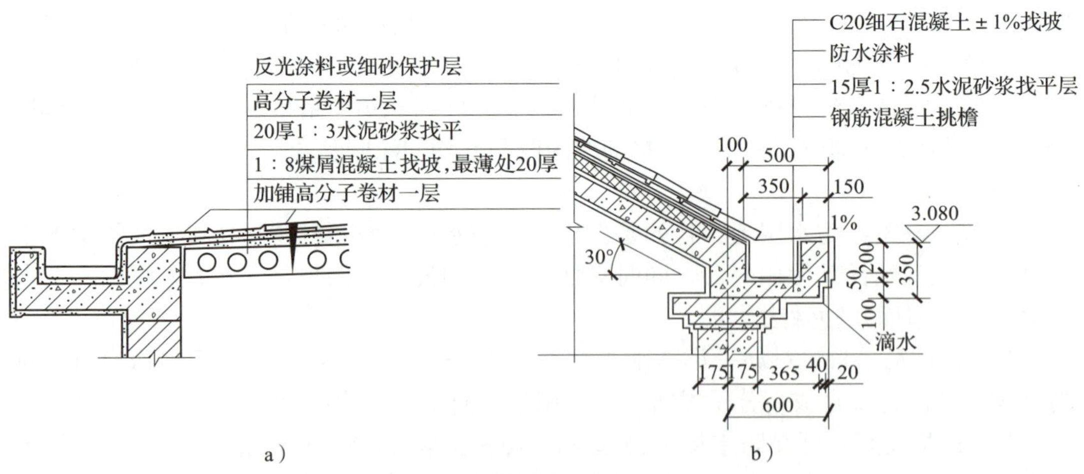

图 10–24 卷材防水屋面檐口构造

a）平屋顶檐口构造 b）坡屋顶檐口构造

由变形缝渗入室内。屋面变形缝按照建筑设计可以设在同层等高屋面上，也可以设在高低屋面的交接处。

等高屋面的变形缝在缝的两边屋面板上砌筑矮墙，挡住屋面雨水，如图 10–25 所示。矮墙的高度应大于 250 mm，厚度为半砖墙厚，屋面卷材与矮墙的连接处理与泛水构造相同。矮墙顶部可用镀锌薄钢板盖缝，也可以铺一层油毡后用混凝土板压顶。

高低屋面变形缝则是在低侧屋面板上砌筑矮墙，如图 10–26 所示。当变形缝宽度较小时，可用镀锌薄钢板盖缝并固定在高侧墙上，做法同泛水构造，也可从高侧墙上悬挑钢筋混凝土板盖缝。

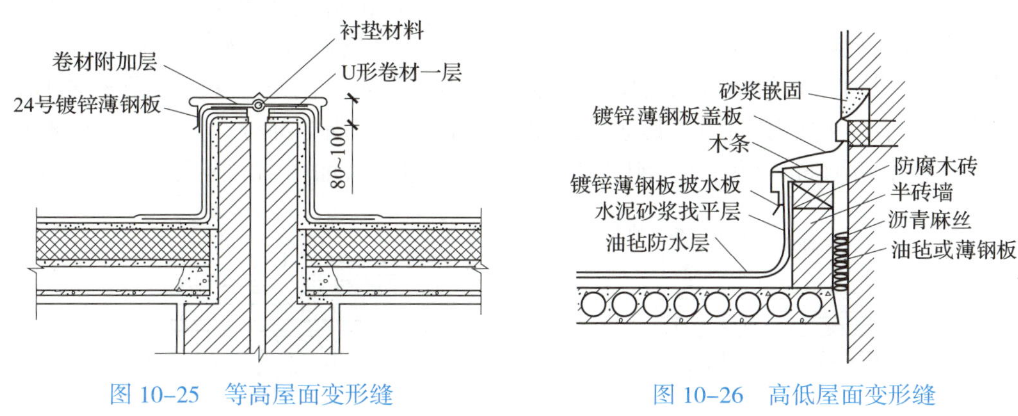

图 10–25 等高屋面变形缝

图 10–26 高低屋面变形缝

二、刚性防水屋面

刚性防水屋面是采用防水砂浆或细石混凝土刚性材料现浇而成的整体防水层屋面。

1. 刚性防水屋面的构造层次和做法

刚性防水屋面一般由结构层、找平层、隔离层和防水层组成，如图 10–27 所示。

（1）结构层

结构层要具有足够的强度和刚度，一般采用现浇屋面板。当采用预制钢筋混凝土屋面板时，应用掺微膨胀剂的强度等级不低于 C20 的细石混凝土灌缝。屋面的排水坡度宜在结构层现浇或铺设时形成，坡度为 2% ~ 3%。

（2）找平层

当结构层为预制钢筋混凝土板时，通常应在结构层上用 20 mm 厚 1∶3 水泥砂浆找平。若采用现浇钢筋混凝土屋面板或设有纸筋灰等材料时，可不设找平层。

（3）隔离层

为减少结构层变形及温度变化对防水层的不利影响，宜在防水层下设置隔离层，一般可用纸筋灰、麻刀灰、低强度等级砂浆，也可采用薄砂层上干铺卷材等做法。当防水层中加有膨胀剂类材料时，其抗裂性有所改善，也可不做隔离层。

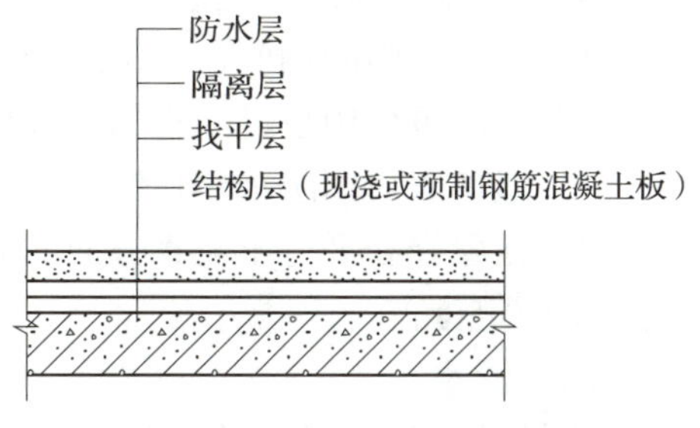

图 10–27 刚性防水屋面构造

（4）防水层

刚性防水层宜采用强度等级不低于 C20 的细石混凝土浇筑，其厚度不应小于 40 mm，并应配置直径 4 ~ 6 mm、间距 100 ~ 200 mm 的双向钢筋网片，钢筋保护层厚度不小于 10 mm。为提高细石混凝土的防水性能，细石混凝土中宜掺入膨胀剂、减水剂、防水剂等。

2. 刚性防水屋面的细部构造

刚性防水屋面的细部构造包括分格缝、泛水等部位的构造处理。

（1）分格缝

分格缝是刚性防水层的变形缝，设置目的在于防止由于结构变形、温度变形及混凝土干缩等引起防水层开裂。因此，分格缝应设置在结构变形敏感的部位及温度变形允许的范围以内，如预制板的支座处、预制板搁置方向变化处、现浇混凝土与预制板相接处、屋脊、女儿墙四周、其他凸出屋面的结构物四周等部位，其纵横间距不宜大于 6 m，缝中的钢筋必须断开。刚性防水屋面分格缝做法如图 10–28 所示。

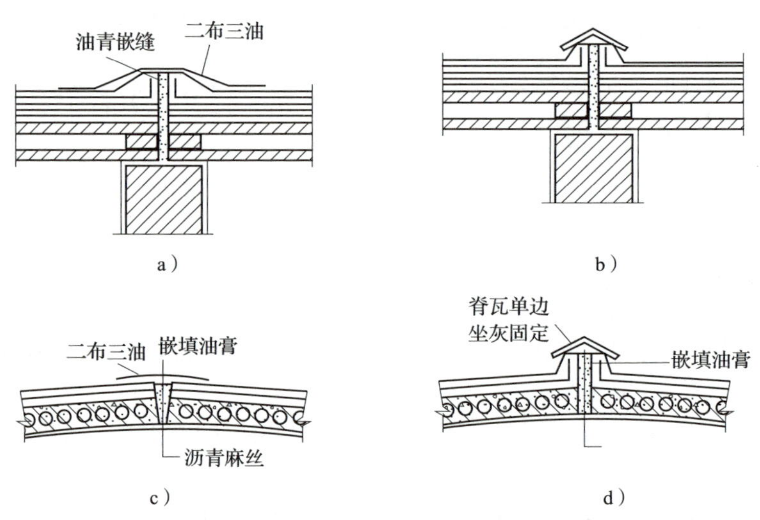

图 10–28　刚性防水屋面分格缝做法

分格缝有平缝和凸缝两种。在横向分格缝处，常将细石混凝土防水层抹成凸出上表面 30 ~ 40 mm 的梯形或圆弧形的分水线，以免分格缝处积水。缝的宽度为 20 ~ 40 mm，缝内嵌填密封材料，上部铺贴防水卷材。

分格缝施工时应该注意以下几点。

1）防水层内的钢筋在分格缝处应断开。

2）屋面板缝用浸过沥青的木丝板等密封材料嵌填，缝口用油膏等嵌填。

3）缝口表面用防水卷材铺贴盖缝，卷材的宽度为 200 ~ 300 mm。

4）在屋脊和平行于流水方向的分格缝处，也可将防水层做成翻边泛水，用盖瓦单边坐灰固定覆盖。

（2）泛水

刚性防水屋面的泛水构造要点与卷材屋面具有相同之处：泛水应有足够的高度，

一般不小于 250 mm，应嵌入墙上的凹槽并用压条和水泥钉固定。不同之处是：刚性防水层与山墙、女儿墙交接处应留分格缝，宽度一般为 30 mm，并用密封材料嵌填；泛水处应铺设卷材或涂膜附加层。

三、涂膜防水屋面

涂膜防水屋面又称涂料防水屋面，是指用防水涂料涂刷在屋面基层，形成不透水的薄膜来达到防水目的的屋面。涂膜防水屋面具有质量轻、防水性好、黏结力强、耐腐蚀、耐老化、无毒、冷作业、施工方便、弹性好等特点，目前已广泛用于各类防水工程中，一般适用于防水等级为Ⅲ、Ⅳ级的屋面防水，也可用于Ⅰ、Ⅱ级屋面多道防水设防中的一道。

1. 氯丁胶乳沥青防水涂料屋面

氯丁胶乳沥青防水涂料以氯丁胶乳和石油沥青为主要原料，选用阳离子乳化剂和其他助剂，经软化和乳化而成，是一种水乳型涂料。

如图 10–29 所示，氯丁胶乳沥青防水涂料屋面的做法是先在屋面板上用 1 : 2.5 ~ 1 : 3 的水泥砂浆做 15 ~ 20 mm 的找平层并设分格缝，分格缝宽 20 mm，间距不大于 6 m。然后将稀释的防水涂料均匀涂布于找平层上，干后再刷 2 ~ 3 遍涂料作为底涂层。中涂层是在已干的底涂层上干铺玻璃纤维网格布，展开后加以点粘固定，并依次涂刷 2 ~ 3 遍防水涂料，待涂层干后再铺第二层网格布，然后再涂刷 1 ~ 2 遍涂料，干后在其表面刮涂增厚涂料（防水涂料：细砂 =1 : 1 ~ 1 : 1.2）。面层可根据需要做细砂保护层或涂覆着色层。

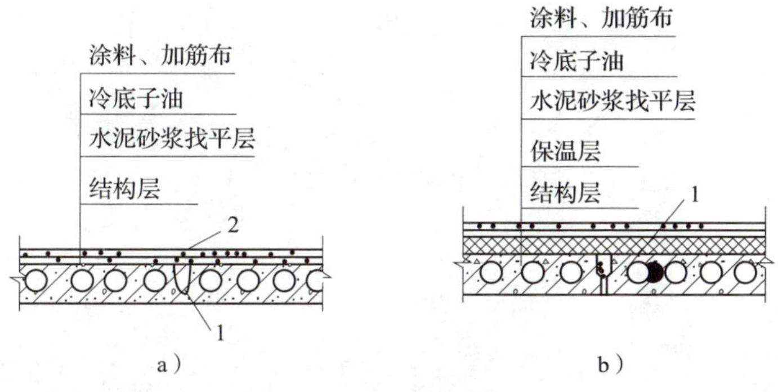

图 10–29 氯丁胶乳沥青防水涂料屋面

a）无保温层涂料屋面 b）有保温层涂料屋面

1—细石混凝土 2—油膏嵌缝

2. 塑料油膏防水屋面

塑料油膏以废旧聚氯乙烯塑料、煤焦油、增塑剂、稀释剂、防老化剂及填充材料等配制而成。做法是：先用预制油膏条冷嵌于找平层的分格缝中，在油膏条与基层的接触部位和油膏条相互搭接处刷 1 ~ 2 遍冷黏剂，然后按照产品要求的温度将油膏热熔液化，按基层表面涂油膏、铺贴玻纤网格布、压实、表面再刷油膏、刮板收齐边沿的顺序进行，根据要求可以做成一布二油或二布三油。

涂膜防水屋面的细部构造要求和做法类似于卷材防水屋面。

第五节 屋顶节能

建筑能耗在我国总能耗中所占的比例是很大的，但与世界发达国家相比还有相当大的差距。例如，我国绝大多数采暖地区围护结构的热功能性都比气候相近的发达国家要差许多，外墙传热系数为他们的 3.5 ~ 4.5 倍，外窗传热系数为 2 ~ 3 倍，屋面传热系数为 3 ~ 6 倍；而且单位建筑面积的能耗较高，能源利用率较低，仅为 28%，欧美平均近 50%，日本为 57%。提高围护结构的保温性能是降低建筑能耗的关键。屋顶作为一种建筑物外围护结构所造成的室内外温差传热耗热量，大于任何一面外墙或地面的耗热量。提高屋顶的保温隔热性能，对提高抵抗夏季室外热作用的能力尤其重要，这也是减少空调耗能、改善室内热环境的一个重要措施。在多层建筑围护结构中，屋顶所占面积较小，能耗占总能耗的 8% ~ 10%。据测算，室温每降低 1 ℃，空调能耗减少 10%，而人体的舒适性会大大提高。因此，加强屋顶保温节能对建筑造价影响不大，节能效益却很明显。图 10–30 所示为清华大学超低能耗示范楼。

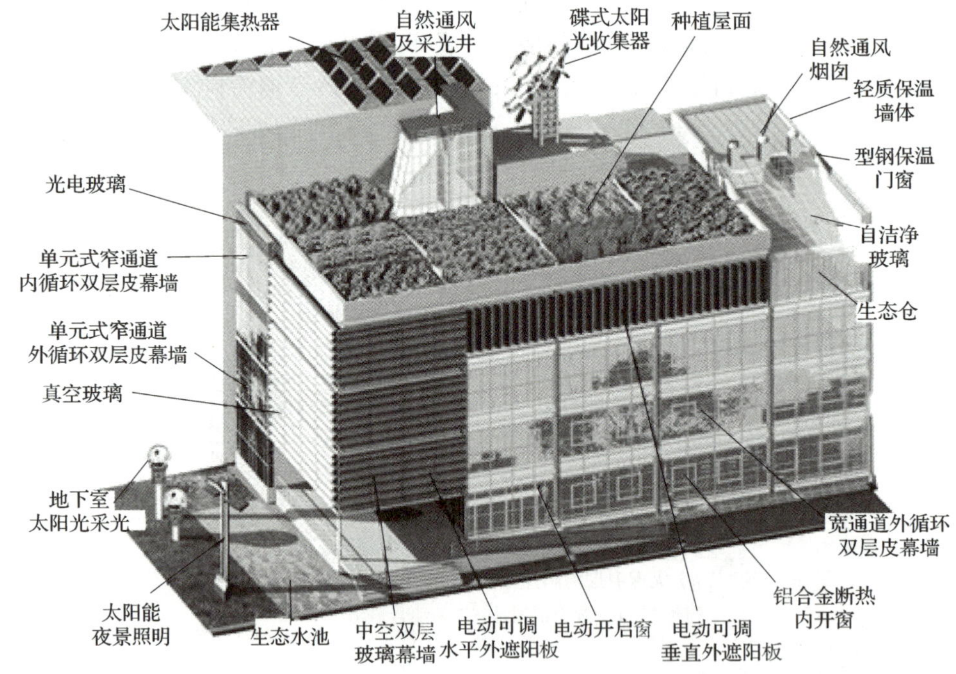

图 10–30 清华大学超低能耗示范楼

一、屋顶保温

1. 保温材料

保温材料一般为轻质、疏松、多孔或纤维的材料，按照形状不同，可以分为以下三种类型。

（1）松散保温材料

松散保温材料包括膨胀蛭石、膨胀珍珠岩、矿棉、岩棉、玻璃棉、炉渣等。

（2）整体保温材料

整体保温材料通常用水泥或沥青等胶结材料与松散保温材料拌和，整体浇筑在需要保温的部位，如沥青膨胀珍珠岩、水泥膨胀珍珠岩、水泥膨胀蛭石、水泥炉渣等。

（3）板状保温材料

板状保温材料包括加气混凝土板、泡沫混凝土板、膨胀珍珠岩板、膨胀蛭石板、矿棉板、泡沫塑料板、岩棉板、刨花板、甘蔗板等。有机纤维板材的保温性能一般较无机板材好，但耐久性差，一般只适用于通风良好、不易腐烂的场合。

2. 平屋顶的保温

在采暖地区的冬季，室内外温差较大，为防止室内热量散失过大，需在屋顶设置保温层。保温层的设置位置有以下几种。

（1）保温层设在结构层之上，防水层之下，也称为正置式保温屋面

这是一种构造简单、施工方便的做法，被广泛采用（见图 10–31a）。正置式保温屋面在保温层下必须设置隔汽层，这是由于冬季室内气温高于室外，热气流从室内向室外渗透，空气中的水蒸气随热气流从屋面板的孔隙渗透进保温层，由于水的导热系数比空气大得多，一旦多孔隙的保温材料受潮，将大大降低其保温效果。同时，积存在保温材料中的水分遇热也会转化为蒸汽而膨胀，容易导致卷材防水层起鼓。因此，正置式保温屋面的保温层下应铺设隔汽层，常用做法是“一毡二油”或“一布四油”。

（2）保温层设在防水层之上，多称为倒置式保温屋面

这种做法的优点是防水层不受外界气温变化的影响，不易受外来作用力的破坏；缺点是保温材料受限制，要求吸湿性低、耐候性强（如聚氨酯和挤塑型聚苯乙烯发泡材料、膨胀沥青珍珠岩等），保温层上要用混凝土、卵石等较重的覆盖层压住（见图 10–31b）。倒置式保温屋面因保温材料价格较高，一般用于高标准建筑中。

（3）保温层与结构层结合

其做法有两种，一种是在槽形板内设置保温层，另一种是用加筋的加气混凝土板将承重和保温功能结合在一起。这种做法减少了屋顶的构造层次，简化了施工工序，但构件制作工艺复杂，自重较大，板底易出现裂缝，板肋和板缝处易产生“热桥”现象。

3. 坡屋顶的保温

坡屋顶保温有屋面保温和顶棚层保温两种。当采用屋面保温时，保温层可设在瓦材下面或檩条之间；也可在檩条之下钉保温板材，上设通风层，避免产生冷凝水。当采用顶棚层保温时，先在顶棚搁栅上铺板，板上铺油毡作隔汽层，在隔汽层上铺设保温材料。这样可收到保温和隔热的双重效果。

二、屋顶隔热

为避免夏季室内温度过高，南方炎热地区可根据条件采取下列隔热措施。

1. 通风隔热

通风隔热是在屋顶上设置架空的空气间层，利用空气的流动散发热量。具体做法

有两种。

（1）在结构层上组织通风

在结构层上组织通风即设置架空屋面，如图 10–32 所示。架空通风层通常采用砖、瓦、混凝土等材料及制品制作，其中最常用的是砖墩架空混凝土板通风层。

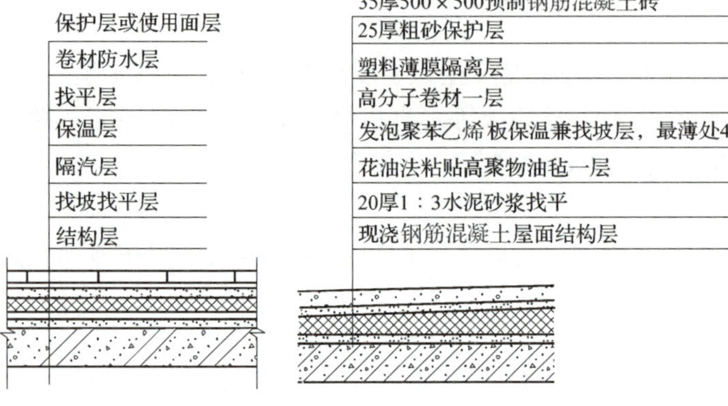

■屋面保温板粘贴时黏合剂条状设置，可形成透气的空隙

a）

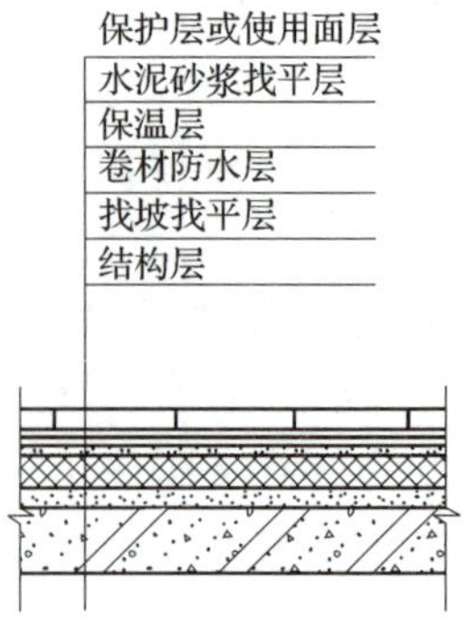

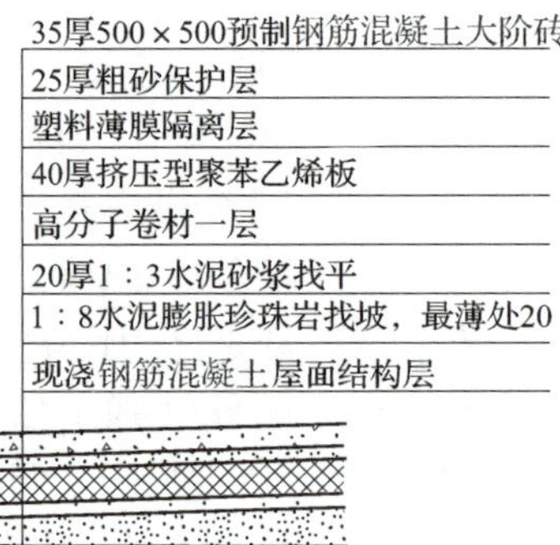

■屋面保温板自带防水卷材

b）

图 10–31 屋顶保温构造

a）正置式保温屋面构造及工程实例 b）倒置式保温屋面构造及工程实例

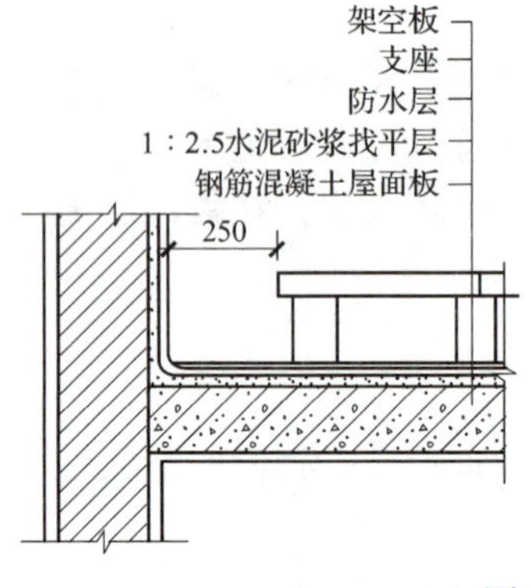

图 10–32 在结构层上组织通风

（2）在结构层下组织通风

在结构层下组织通风即屋面板下做吊顶，檐墙开设通风孔，如图 10–33 所示。顶棚通风层应有足够的净空高度，一般为 500 mm 左右；需设置一定数量的通风孔并应考虑防飘雨措施。

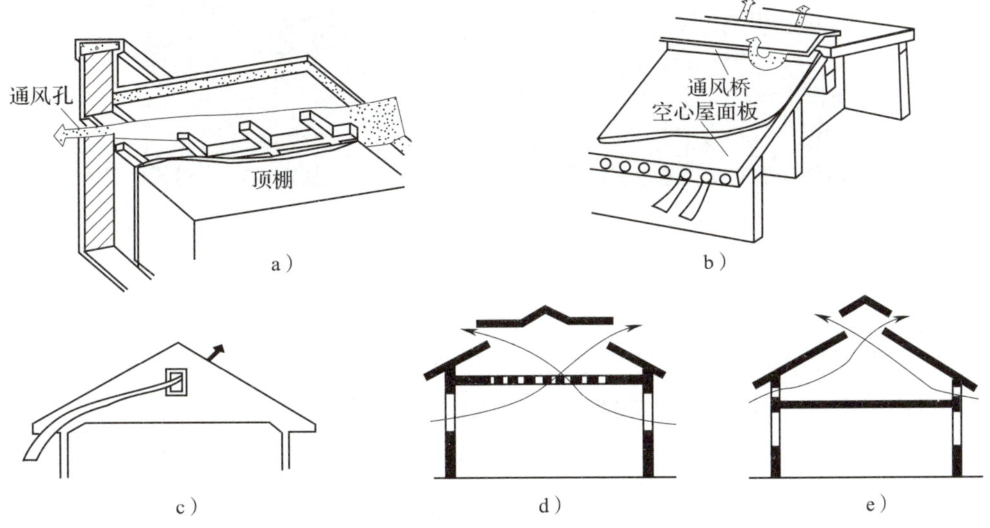

图 10–33 在结构层下组织通风

a）在外墙上设通风孔 b）空心板通风孔

c）檐口及山墙通风孔 d）外墙及天窗通风孔 e）顶棚及天窗通风孔

2. 植被隔热

植被隔热是指在屋顶上种植植物，利用植被的蒸腾和光合作用吸收太阳的辐射热，从而达到降温隔热的目的，如图 10–34 所示。植被隔热提高了屋顶的保温隔热性能，有利于屋面防水防渗并保护防水层，还有利于减少建筑能耗，净化空气，美化城市景观，改善城市生态环境，提高建筑综合利用效益。

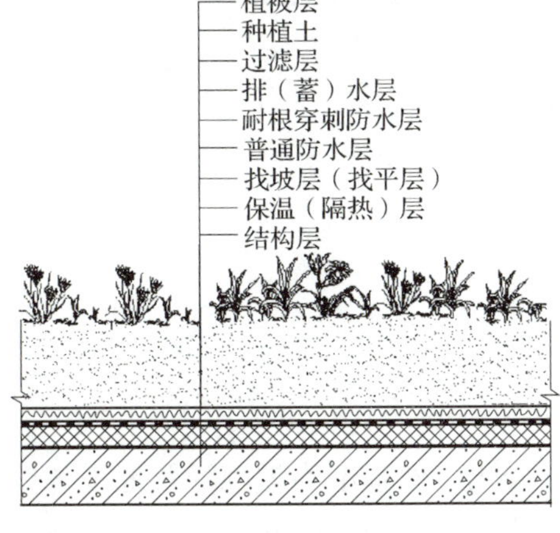

图 10-34　植被隔热

3. 蓄水隔热

用现浇钢筋混凝土作防水层，并长期储水的屋面称为蓄水屋面（见图 10-35）。蓄水屋面中的水能在太阳辐射的作用下蒸发为气体，可以带走大量的热量，水还能反射阳光，减少太阳辐射热对室内的影响。另外，混凝土长期浸在水中可避免碳化、开裂，提高耐久性。蓄水屋面既可隔热降温，还可养殖鱼虾等，非常适宜在我国南方地区推广使用。

图 10-35　蓄水屋面

第六节　变形缝

一、变形缝的基本概念与设置原则

1. 变形缝的基本概念

变形缝是为防止建筑物在外界因素（如温度变化、地基不均匀沉降及地震）作用下产生变形，导致开裂甚至破坏而人为设置的构造缝，如图 10-36 所示，它包括伸缩缝、沉降缝和防震缝三种类型。

图 10-36　变形缝

2. 变形缝的设置原则

（1）伸缩缝

为防止建筑构件因温度变化导致热胀冷缩，使建筑物出现裂缝甚至破坏，沿建筑物长度方向每隔一定距离设置的垂直构造缝称为伸缩缝，也称温度缝。

伸缩缝的位置和间距与建筑物的材料、结构形式、使用情况、施工条件及当地温度变化情况有关。

伸缩缝要求从基础顶面开始，将墙体、楼板、屋盖等构件全部断开，基础因埋在土中，受气温影响小，不必断开。伸缩缝的宽度为 20 ~ 30 mm。

（2）沉降缝

为防止建筑物各部分由于地基不均匀沉降引起破坏所设置的垂直构造缝称为沉降缝。

沉降缝将建筑物从基础到屋盖的全部构件断开，使两侧各为独立的单元，沉降缝宜设置在下列部位。

1）建筑平面转折部位。

2）高度差异或荷载差异处。

3）长高比过大的砌体承重结构或钢筋混凝土框架结构的适当部位。

4）地基土压缩性有显著差异处。

5）建筑结构（或基础）类型不同处。

6）分期建造建筑物的交接处。

沉降缝的宽度与地基情况及建筑高度有关，建筑物的地基越软，沉陷的可能性越高，沉降后所产生的倾斜距离越大。

（3）防震缝

建造在抗震设防烈度为 6 度至 9 度地区的建筑物，为避免破坏，按抗震要求设置的垂直构造缝称为防震缝。防震缝一般设在结构变形敏感的部位，沿建筑物基础顶面全高设置。缝的两侧均应设置墙体，使建筑物分为若干形体简单、结构刚度均匀的独立单元。

防震缝的设置原则依抗震设防烈度、建筑物结构类型和高度不同而异。对多层砌体建筑物来说，遇下列情况时宜设置防震缝：建筑物立面高差在 6 m 以上；建筑物有错层，且楼板高差较大；建筑物相邻各部分结构刚度、质量截然不同。

缝的宽度应根据抗震设防烈度、结构材料种类、结构类型、结构单元的高度和高差确定。一般多层砌体建筑物的缝宽采用 50 ~ 100 mm。地震设防区建筑物的伸缩缝和沉降缝应符合防震缝的要求。

多层和高层钢筋混凝土建筑物宜选用合理的建筑结构方案，不设防震缝；当需要设置防震缝时，防震缝最小宽度应符合下列规定。

1）框架结构建筑物，当高度不超过 15 m 时，可采用 70 mm；超过 15 m 时，地震设计烈度为 6 度、7 度、8 度和 9 度时相应每增加高度 5 m、4 m、3 m 和 2 m，宜加宽 20 mm。

2）框架—抗震墙结构建筑物的防震缝宽度，可采用上一项规定数值的 70%，抗震墙结构建筑物的防震缝宽度，可采用上一项规定数值的 50%，且均不宜小于 70 mm。

3）防震缝两侧结构类型不同时，宜按需要较宽防震缝的结构类型和较低建筑物高度确定缝宽。

一般情况防震缝应与伸缩缝、沉降缝协调布置，做到一缝多用。沉降缝可以兼起伸缩缝的作用，伸缩缝却不能代替沉降缝。当伸缩缝与沉降缝结合设置或防震缝与沉降缝结合设置时，基础也应断开。

二、变形缝的构造

1. 墙体变形缝

墙体变形缝的构造处理既要保证变形缝两侧的墙体自由伸缩、沉降或摆动，又要密封较严，以满足防风、防雨、保温隔热和外形美观的要求。因此，在构造上对变形缝需给予覆盖和装修。

（1）伸缩缝

根据墙体的材料、厚度及施工条件，伸缩缝可做成平缝、错口缝、企口缝等形式。

为防止外界自然条件对墙体及室内环境的影响，外墙伸缩缝内应填塞具有防水、保温和防腐性能的弹性材料，如沥青麻丝、泡沫塑料条、橡胶条、油膏等。当缝口较宽时，外侧缝口还应用镀锌薄钢板或铝片等金属调节片覆盖。内侧缝口通常用具有一定装饰效果的木质盖缝条、金属片或塑料片遮盖，仅一边固定在墙上。内墙伸缩缝缝内一般不填塞保温材料，缝口处理与外墙内侧缝口相同。

（2）沉降缝

沉降缝一般兼起伸缩缝的作用，其构造与伸缩缝构造基本相同，只是调节片或盖缝板在构造上应保证两侧墙体在水平方向和垂直方向均能自由变形。一般外侧缝口宜根据缝的宽度不同，采用两种形式的金属调节片盖缝，内墙沉降缝及外墙内侧缝口的盖缝同伸缩缝。

（3）防震缝

防震缝构造与伸缩缝、沉降缝基本相同。考虑防震缝宽度较大，构造上更应注意盖缝的牢固、防风、防雨等，寒冷地区的外缝口还需用具有弹性的软质聚氯乙烯泡沫塑料、聚苯乙烯泡沫塑料等保温材料填实。

2. 楼地层变形缝

楼地层变形缝的位置和宽度应与墙体变形缝一致。变形缝一般贯通楼地面各层，缝内采用具有弹性的油膏、金属调节片、沥青麻丝等材料做嵌缝处理，面层和顶棚应加设不妨碍构件之间变形需要的盖缝板，盖缝板的形式和色彩应与室内装修协调。

3. 屋盖变形缝

屋盖变形缝的位置和宽度应与墙体、楼地层的变形缝一致，缝内用金属调节片、沥青麻丝等材料做嵌缝和盖缝处理。屋盖变形缝按建筑设计可设于同层等高屋面上，也可设于高低屋面交接处。同层等高屋面依其上人或不上人等要求，屋盖变形缝构造做法也各不相同。

（1）柔性防水屋盖变形缝

1）同层等高不上人屋面。不上人屋面的变形缝一般是在缝两侧各砌半砖厚矮墙，并做好屋面防水和泛水构造处理，矮墙顶部用镀锌薄钢板或钢筋混凝土盖板盖缝。

2）同层等高上人屋面。上人屋面为便于行走，缝两侧一般不砌小矮墙，此时应切实做好屋面防水，避免雨水渗漏。

3）高低屋面。高低屋面交接处的变形缝应在低侧屋面板上砌半砖矮墙，与高侧墙之间留出变形缝隙，并做好屋面防水和泛水处理。矮墙之上可用从高侧墙上悬挑的钢筋混凝土板或镀锌薄钢板盖缝。

（2）刚性防水屋盖变形缝

刚性防水屋盖变形缝的做法与柔性防水屋盖基本相同，只是防水材料不同。

4. 基础变形缝

基础变形缝的构造处理方案有双墙式、挑梁式和交叉式三种，如图 10–37 所示。

（1）双墙式

双墙式处理方案施工简单、造价低，但易出现两墙之间间距较大或基础偏心受压的情况，因此常用于基础荷载较小的建筑物。

（2）挑梁式

挑梁式处理方案是将沉降缝一侧的墙和基础按一般构造做法处理，而另一侧则采用挑梁支撑基础梁、基础梁上支撑轻质墙的做法，轻质墙可减少挑梁承受的荷载，但挑梁下基础的底面要相应加宽。这种做法两侧基础分开较大，相互影响小，适用于沉降缝两侧基础埋深相差较大或新旧建筑毗连时的情况。

（3）交叉式

交叉式处理方案是将沉降缝两侧的基础均做成墙下独立基础，交叉设置，在各自的基础上设置基础梁以支撑墙体。这种做法受力明确、效果较好，但施工难度大，造价也较高。

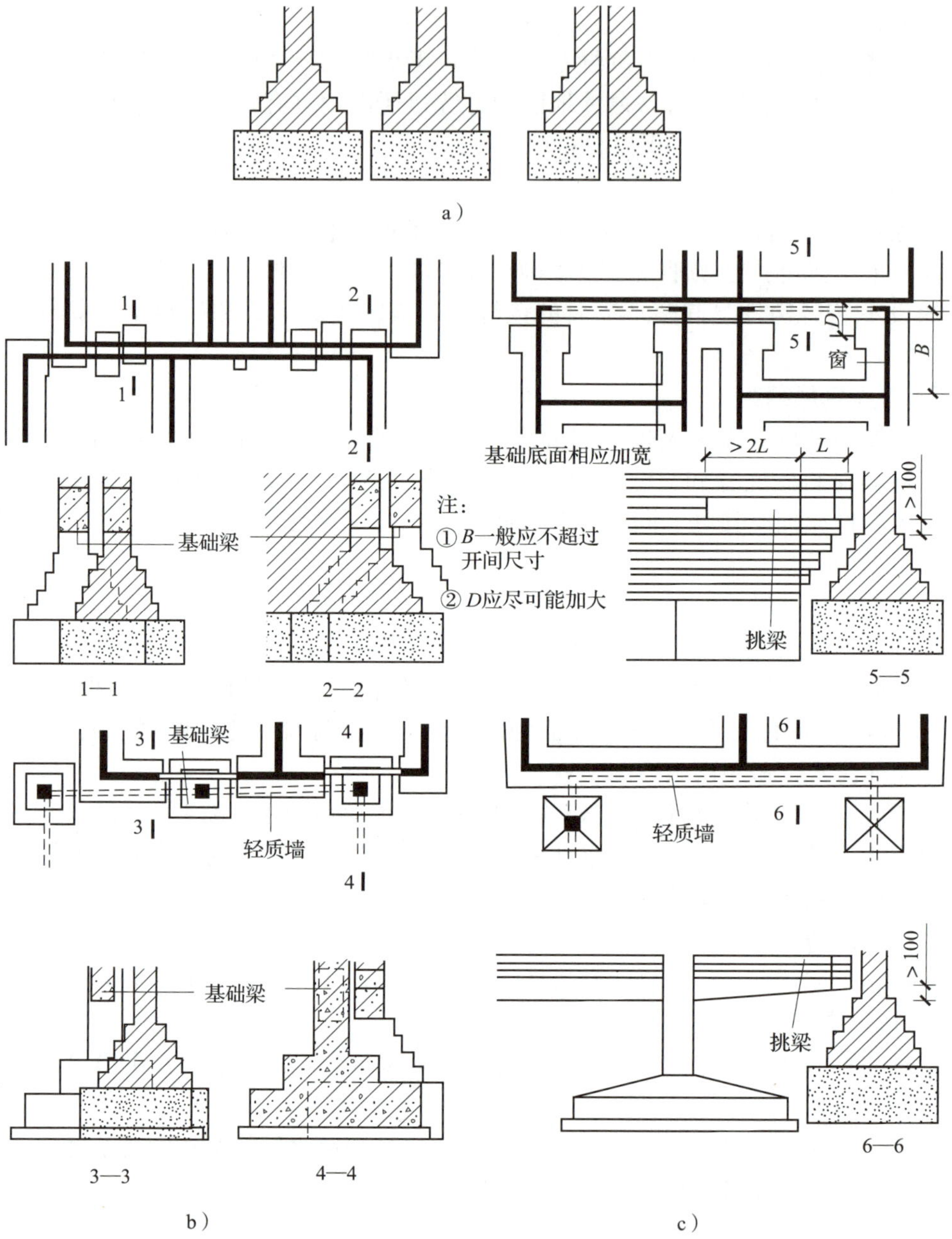

a）

注：
① B一般应不超过开间尺寸
② D应尽可能加大

b） c）

图 10-37 基础变形缝

a）双墙式 b）交叉式 c）挑梁式

思考练习题

1. 屋顶设计应满足哪些要求？

2. 影响屋顶坡度的因素有哪些？屋顶坡度的形成方法有哪些？各方法有何优缺点？

3. 什么是无组织排水和有组织排水？常见的有组织排水方案有哪几种？各适用于什么情况？

4. 屋顶排水设计的内容和要求是什么？

5. 卷材屋面的构造层有哪些？各层的做法如何？

6. 卷材防水屋面泛水的构造要点是什么？

7. 刚性防水屋面的基本构造层次有哪些？各层做法如何？为何要设置隔离层？

8. 什么是涂膜防水屋面？

9. 屋顶的保温材料有哪几类？

10. 建筑在哪些情况下应设置伸缩缝、沉降缝和防震缝？